图论与算法

程 龚 / 编著

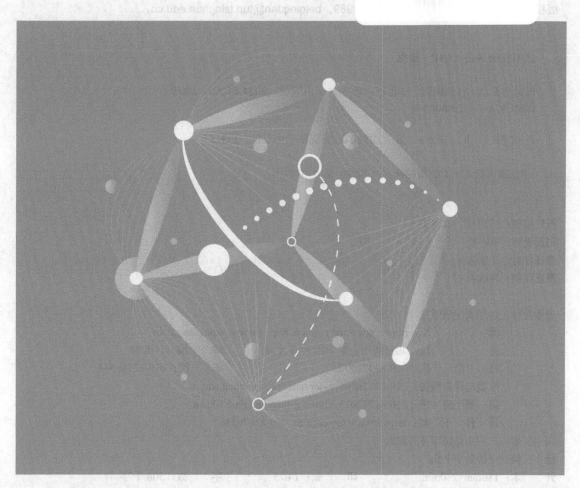

清华大学出版社
北京

内 容 简 介

本书由实际问题展开,在介绍用图建立数学模型并阐述相关数学原理的基础上,进一步介绍用计算机解决相关问题的方法,包括经典算法的设计和基于数学原理的算法分析,使理论与算法融会贯通,并通过大量的思考题引导读者自己完成推导过程。

本书共 10 章:第 1 章介绍图的基本概念;第 2~4 章介绍图的连通性和遍历方法,包括基于圈的特殊遍历方法;第 5 章介绍匹配;第 6 章和第 7 章分别介绍赋权图和有向图,包括流网络;第 8 章介绍独立、覆盖和支配;第 9 章介绍边和顶点的染色;第 10 章介绍平面,包括面的染色。每节后均附有练习题,包括理论题和编程练习题。

本书可作为高等学校计算机及相关专业本科生和研究生的教材。

图书在版编目(CIP)数据

图论与算法 / 程龚编著. 一北京:清华大学出版社,2024.4(2025.3重印)
ISBN 978-7-302-66043-9

Ⅰ. ①图⋯ Ⅱ. ①程⋯ Ⅲ. ①图论算法-算法程序 Ⅳ. ①O157.5

中国国家版本馆 CIP 数据核字(2024)第 070797 号

责任编辑: 张瑞庆 常建丽
封面设计: 刘 乾
责任校对: 王勤勤
责任印制: 曹婉颖

出版发行: 清华大学出版社
    网　　　　址: https://www.tup.com.cn, https://www.wqxuetang.com
    地　　　　址: 北京清华大学学研大厦 A 座　　　**邮　　编:** 100084
    社　总　机: 010-83470000　　　　　　　　**邮　　购:** 010-62786544
    投稿与读者服务: 010-62776969, c-service@tup.tsinghua.edu.cn
    质　量　反　馈: 010-62772015, zhiliang@tup.tsinghua.edu.cn
    课　件　下　载: https://www.tup.com.cn, 010-83470236
印 装 者: 三河市铭诚印务有限公司
经　　销: 全国新华书店
开　　本: 186mm×240mm　　　**印　张:** 14.75　　　**字　数:** 306 千字
版　　次: 2024 年 4 月第 1 版　　　　　　　**印　次:** 2025 年 3 月第 3 次印刷
定　　价: 49.50 元

产品编号:101922-01

动机与历程

2013 年，我开始承担南京大学计算机科学与技术系开设的"图论"课程的教学工作，这是面向本科生的专业选修课。此前的参考教材是多西（John Dossey）等的《离散数学》和迪斯特尔（Reinhard Diestel）的《图论》，备课期间我也翻阅了市面上的其他图论教材，发现其内容均以概念定义和定理证明等"理论"为主。这并不意外，因为图论被认为是数学的分支，关注与图有关的"数学问题"，"图论"课程在很多高校也由数学专业开设。对于计算机专业，这些理论内容有用，但不够用，因为图在计算机领域常作为一种理论工具被用于建模实际问题，继而研究解决相关的"算法问题"，而"算法"在传统的图论教材和图论课程教学内容中占比有限。因此，我认为有必要调整教学内容，使之更适合计算机及相关专业的教学。

为此，我重新挑选了教材，以高随祥的《图论与网络流理论》为主要教材，以韦斯特（Douglas B. West）的《图论导引》为参考教材，因为这两本教材包含相对较多的算法。在随后数年的教学中，我注意到由于这些并非专门的算法教材，其对算法设计与分析的讲解方式与计算机专业教材的风格有些不同，同时也缺少一些我认为较重要的算法。因此，在不断扩充讲义的同时，我开始酝酿编写一本更适合计算机专业教学的图论教材。

经过多年的内容积累和实践沉淀，2020 年，我主要利用寒暑假和工作日的夜间时间着手编写这本《图论与算法》。2022 年春季学期，我将课程更名为"图论与算法"，表明其与传统图论课程的区别，并试讲了初步编写完成的几个章节，也得到一些有益的反馈。2023 年 1 月，计划编写的章节全部完成。2023 年春季学期，正式用于课程教学。

内容与形式

在内容上，如果只看目录的前两级，本书似乎与传统图论教材区别不大，涉及图的连通、匹配、染色、平面等经典主题。然而，如第三级目录所示，绝大部分主题由"理论"和"算法"两部分组成，每个主题通常从一两个实际问题开始，"理论"部分通过概念和定理为其建立数学模型并阐述相关数学原理，"算法"部分将其表述为交由计算机解决的算

I

法问题，阐述算法设计并基于数学原理分析算法的正确性和效率，使两部分融会贯通。因此，本书是传统图论教材的纵向延伸，增加了大量经典易懂的算法，理论与算法各占一半篇幅。同时，为使总篇幅适合一个学期的教学，理论部分相比传统图论教材进行了删减，遴选了最核心或与算法最相关的内容，使教学可以更聚焦。希望以后有机会再编写一本进阶教材，阐述未选入本书的理论与算法，包括我本人团队的研究成果。

在形式上，本书的特点是正文部分几乎没有形式化的证明，而是通过思考题引导读者自己完成推导过程。对于有一定难度的思考题（用 ◇ 标记），附录部分给出了简略提示，启发读者思考。对于较重要的思考题（用 ♦ 标记），例如重要定理的证明，附录部分给出了完整证明，供读者比对。该设计的初衷是尽可能推迟向读者展现答案，为读者保留更多的思考机会，让读者尽量通过自我探索完成知识的内化，而非从外部直接灌输。对这种学习方法不熟悉的读者可能担心对知识的掌握不够全面，但我认为多思考会比多阅读更有收获。

读者的范围

本书在内容和形式上的特点，决定了其主要适用于如下范围的读者。首先，理论与算法相结合的内容组织，使本书更适合计算机及相关专业的人员阅读。其次，以思考题引导为主的讲解形式，使本书更适合作为初学者使用的课堂教材或自学教材。总之，本书主要适合作为高等学校计算机及相关专业的课程教材。

在阐述算法的设计与分析时，读者被假定为熟悉基本的数据结构（如队列和栈）和算法分析方法（如正确性证明和时间复杂度分析），这些知识也可通过互联网等渠道快速学习。

课程与课件

本书适合一个学期约 16 周、每周 1 次课、每次课 2~3 课时的本科生或研究生课程教学，以下是建议的教学周历。

首先，可以安排约 10 次课进行课堂讲授，每次课讲 1 章，考虑到学生在选修这门课程之前通常已修完"离散数学"和"数据结构"等前导课程，因此，部分内容在讲解时可以压缩。课堂讲授的形式建议采用引导式，以书中的思考题引导学生思考和发言。课后布置书面作业可采用各节末尾的理论练习题，这些练习被设计为实际问题，帮助学生强化用图建模并解决实际问题的能力；也可将部分思考题作为作业。

同时，可以安排 4~5 次课开展编程训练，大约每两次课堂讲授课之后安排一次上机编程课，可采用各节末尾的编程练习题，帮助学生巩固对算法细节的理解并提升编程技能。

此外，可以安排 1 次课开展论文研讨，遴选几篇与课程内容相关的经典论文，例如本书未详细介绍的算法，作为教学内容的深化，提前 1~2 周布置给学生阅读，并要求学生制作课件，在课堂上相互研讨论文内容，帮助学生提高文献阅读和讲解的能力。

致谢与致歉

本书的顺利完成离不开很多人的支持和帮助，以下致谢难免遗漏，若未提及，还望海涵。

感谢我的家人，特别是我的妻子和女儿，她们本可享有来自我的更多陪伴，这本书献给她们，希望可以成为她们的骄傲。

感谢东南大学对我的培养。感谢南京大学营造的宽松的工作氛围，让我可以没有顾虑地投入时间完成本书的编写。

感谢我所在南京大学计算机科学与技术系的多位领导和同事。瞿裕忠教授是我学习图论、开展图算法相关研究和图论课程教学的引路人。陶先平教授、仲盛教授、赵建华教授先后在分管系本科教学工作期间对我开展教学改革的尝试给予了充分的支持和悉心的指导。陈道蓄教授对"计算机问题求解"课程教学内容和方法的诸多创新实践让我受益匪浅。周志华教授在百忙之中编写完成了广受好评的《机器学习》为我树立了榜样。陆桑璐教授的不断鼓励是我完成本书的重要推动力。

感谢曾选修我的课程的所有同学们，他们在课堂和课后主动思考并积极参与讨论的热情感染了我，这本书是我对这种热情的回馈。

感谢清华大学出版社，感谢卢先和副社长、张瑞庆编审和常建丽编辑，本书得以顺利出版，离不开他们的大力支持和悉心帮助。

本书中的每句话、每条公式、每张图表都由我本人完成，水平有限，难免有误，责任全在我一人，先行致歉，请读者见谅。

程 龚

2023 年 4 月于南京

目 录

插　图

表　格

第 1 章　图的基本概念

一般认为，图论起源于 18 世纪 30 年代欧拉（Leonhard Euler）为**柯尼斯堡七桥问题**（Seven Bridges of Königsberg）给出的解[1]。柯尼斯堡是当时普鲁士的一座城市，即如今俄罗斯的加里宁格勒，一条普列戈利亚河穿城而过，将城市分为 4 片陆地，人们在河上建了 7 座桥连接各片陆地，如图 1.1（a）所示。欧拉对这座城市产生了浓厚的兴趣，他关注的问题是：如何设计一条游走路线，恰穿过每座桥一次？这便是经典的柯尼斯堡七桥问题。

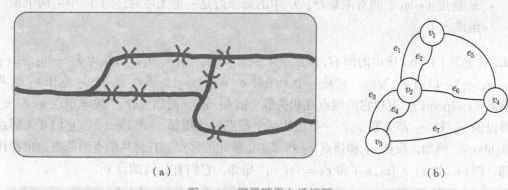

（a）　　　　　　　　　　　　　　　　　　（b）

图 1.1　柯尼斯堡七桥问题

（a）连接柯尼斯堡 4 片陆地的 7 座桥；（b）将陆地和桥表示为图

人物简介
欧拉（Leonhard Euler），1707 年出生于瑞士。他是图论研究的奠基人。

欧拉注意到：每片陆地内部的游走路线如何设计对求解该问题并不重要，最重要的是游走路线穿过桥的顺序。于是，欧拉将 4 片陆地抽象为 4 个"顶点"（记作 v_1, v_2, v_3, v_4），将连接陆地的 7 座桥抽象为连接顶点的 7 条"边"（记作 $e_1, e_2, e_3, e_4, e_5, e_6, e_7$），如图 1.1（b）所示，这种抽象的数学结构便称作"图"。

欧拉进一步发现：若存在符合要求的游走路线，则这条路线除起点和终点外，每进入一片陆地，都需要随即离开。因此，这条路线中途经过的每片陆地，其关联的桥的数量都

1

应该是偶数。然而，柯尼斯堡的 4 片陆地关联的桥的数量都是奇数。欧拉据此证明：符合要求的游走路线不存在。

第 3 章会详细讨论这个问题。现在，让我们沿着欧拉的足迹，踏上探索图论与算法的旅程。

本章共分 4 节：1.1 节介绍图的定义和基本术语；1.2 节介绍图的表示和在计算机内存中的存储方式；1.3 节介绍图的关系；1.4 节介绍图的运算。

1.1　图的定义

我们通过例子已看到，图由顶点和边组成。因此，**图**（graph）的一种简单数学表示是一个二元组，记作 $G = \langle V, E \rangle$，其中：

- V 是**顶点**（vertex）的有限集合，顶点又称**结点**（node）；
- E 是**边**（edge）的有限集合，E 中的每条边是一个无序对，由 V 中的两个顶点组成。

例如，对于图 1.1（b）所示的图 G，其顶点集为 $V = \{v_1, v_2, v_3, v_4\}$，边集为 $E = \{e_1, e_2, e_3, e_4, e_5, e_6, e_7\}$。以边 e_1 为例，它是一个无序对 $e_1 = (v_1, v_2)$，顶点 v_1 和 v_2 称作 e_1 的两个**端点**（endpoint）。边和它的端点互相**关联**（incident），例如，边 e_1 关联顶点 v_1 和 v_2，也可以说 v_1 和 v_2 都关联 e_1。一条边的两个端点称作**相邻**（adjacent），它们互为**邻点**（neighbor），例如，顶点 v_1 和顶点 v_2 相邻，是彼此的邻点。有公共端点的两条边也称作**相邻**，例如，边 $e_1 = (v_1, v_2)$ 和 $e_5 = (v_1, v_4)$ 相邻，它们有公共端点 v_1。

> **课外阅读**
>
> 若将每个无序对 (v_i, v_j) 改写为两个有序对 $\langle v_i, v_j \rangle$ 和 $\langle v_j, v_i \rangle$，则边集就是定义在顶点集上的具有对称性的二元关系：顶点间的相邻关系。

注意到边 e_1 和 e_2 是相同的无序对 (v_1, v_2)，这种端点完全相同的两条边称作**重边**（multiple edges），又称**平行边**（parallel edges）。重边给图的上述简单数学表示带来了问题：边集 E 作为一个集合是不允许含有重复无序对的。为了表示重边，需要扩展图的数学表示，将边集 E 定义为一个多重集。**多重集**（multiset）和集合的区别是：允许元素重复出现。

若一条边的两个端点是同一个顶点，则这种边称作**自环**（loop）。例如，图 1.2 所示的图含自环 e_2。不含自环和重边的图称作**简单图**（simple graph）。例如，图 1.1（b）所示的图含重边，图 1.2 所示的图含自环，它们都不是简单图；图 1.3 所示的图是简单图。

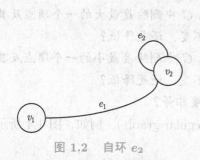

图 1.2 自环 e_2

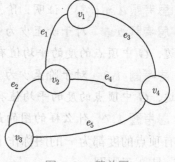

图 1.3 简单图

图 $G = \langle V, E \rangle$ 的顶点数量 $|V|$ 称作 G 的阶（order），记作 $\nu(G)$。阶为 0 的图称作**零图**（null graph）。若无特殊说明，则本书讨论的图都是非零图。G 的边的数量 $|E|$ 称作 G 的**边数**（size），记作 $\epsilon(G)$。边数为 0 的图称作**空图**（empty graph），阶为 1 的空图称作**平凡图**（trivial graph）。例如，对于图 1.1（b）所示的图 G，有 $\nu(G) = 4$ 和 $\epsilon(G) = 7$。

📖 **思考题 1.1** 阶为 n 的简单图的边数的上界是多少？

若一个简单图中的每对顶点都相邻，则这种简单图称作**完全图**（complete graph），阶为 n 的完全图记作 K_n。例如，图 1.4 所示的图是完全图 K_4。

📖 **思考题 1.2** 完全图 K_n 的边数是多少？

顶点 v 关联的边的数量称作 v 的**度**（degree），记作 $d(v)$；特别地，关联的每个自环按 2 次计数。例如，在图 1.1（b）中，$d(v_1) = 3$；在图 1.2 中，$d(v_2) = 3$。度为零的顶点称作**孤立点**（isolated vertex）。

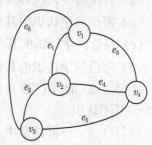

图 1.4 完全图 K_4

定理 1.1 对于任意一个图 $G = \langle V, E \rangle$，顶点集 V 中所有顶点的度的和等于 G 的边数的 2 倍：

$$\sum_{v \in V} d(v) = 2 \cdot \epsilon(G) \tag{1.1}$$

推论 1.1 任意一个图中，度为奇数的顶点有偶数个。

📖 **思考题 1.3**（♦） 证明定理 1.1 和推论 1.1。

图 G 中所有顶点的度组成的非增序列称作 G 的**度序列**（degree sequence）。度序列中的最大值称作 G 的**最大度**（maximum degree），记作 $\Delta(G)$；最小值称作 G 的**最小度**（minimum degree），记作 $\delta(G)$。例如，对于图 1.3 所示的图 G，度序列为 $3, 3, 2, 2$，$\Delta(G) = 3$，$\delta(G) = 2$。

思考题 1.4（◇◆） 证明：阶至少为 2 的简单图中，至少有 2 个顶点的度相等。

思考题 1.5 对于阶至少为 2 的图 G，从 G 中删除度最大的一个顶点及其关联的所有边，G 中顶点的度的平均值有可能提高、不变，还是降低？

思考题 1.6 对于阶至少为 2 的图 G，从 G 中删除度最小的一个顶点及其关联的所有边，G 中顶点的度的平均值有可能提高、不变，还是降低？

思考题 1.7 什么样的图的最大度和最小度相等？

所有顶点的度都为 r 的图称作 r **正则图**（r-regular graph）。例如，图 1.4 所示的完全图 K_4 是 3 正则图。

思考题 1.8 阶为 n 的 r 正则图的边数是多少？

¶ 课后练习

练习 1.1 5 位同学中有若干对互相认识，下述情况有可能存在吗？若有可能，请给出一个例子；若不可能，请证明。

（a）每位同学认识的其他同学数量分别为：5、3、3、2、2。

（b）每位同学认识的其他同学数量分别为：3、3、3、2、2。

（c）每位同学认识的其他同学数量分别为：4、3、2、1、0。

（d）每位同学认识的其他同学数量分别为：4、3、3、2、2。

练习 1.2 证明：若 6 位同学中有若干对互相认识，则或存在 3 位互相认识，或存在 3 位互不认识。

练习 1.3 一群同学中有若干对（但非全部）互相认识，每位同学恰认识 3 位其他同学。这种情况有可能存在吗？若有可能，请给出一个例子；若不可能，请证明。

练习 1.4 n 位同学中有若干对互相认识，每位同学恰认识 r 位其他同学（$r < n$）。这种情况对于任意的 r 和 n（不都为奇数）一定存在吗？请证明。

1.2 图的表示

图不仅可以表示为顶点集和边集组成的二元组，也可以表示为矩阵，从而为图的研究和应用提供新的手段。

课外阅读

将图表示为矩阵，便可运用线性代数方法对图进行研究，这是**代数图论**（algebraic graph theory）的分支。

对于阶为 n 的不含自环的图 G，其**邻接矩阵**（adjacency matrix）是 n 维对称方阵，

记作 $A(G)$，第 i 行第 j 列元素 $A_{i,j}$ 表示顶点 v_i 和 v_j 共同关联的边的数量。例如，图 1.1（b）所示的图的邻接矩阵为

$$\begin{pmatrix} 0 & 2 & 0 & 1 \\ 2 & 0 & 2 & 1 \\ 0 & 2 & 0 & 1 \\ 1 & 1 & 1 & 0 \end{pmatrix} \tag{1.2}$$

若 G 含自环，则 $A(G)$ 的主对角线元素 $A_{i,i}$ 表示顶点 v_i 关联的自环的数量的 2 倍。例如，图 1.2 所示的图的邻接矩阵为

$$\begin{pmatrix} 0 & 1 \\ 1 & 2 \end{pmatrix} \tag{1.3}$$

因此，$A(G)$ 第 i 行元素之和与第 i 列元素之和都等于顶点 v_i 的度：

$$\sum_{j=1}^{n} A_{i,j} = \sum_{j=1}^{n} A_{j,i} = d(v_i) \tag{1.4}$$

✍ **思考题 1.9** 简单图、完全图、正则图的邻接矩阵分别有什么特征？

对于阶为 n、边数为 m 的不含自环的图 G，其**关联矩阵**（incidence matrix）是 $n \times m$ 维矩阵，记作 $M(G)$，第 i 行第 j 列元素 $M_{i,j}$ 表示顶点 v_i 和边 e_j 是否关联：$M_{i,j} = 1$ 表示关联，$M_{i,j} = 0$ 表示不关联。例如，图 1.1（b）所示的图的关联矩阵为

$$\begin{pmatrix} 1 & 1 & 0 & 0 & 1 & 0 & 0 \\ 1 & 1 & 1 & 1 & 0 & 1 & 0 \\ 0 & 0 & 1 & 1 & 0 & 0 & 1 \\ 0 & 0 & 0 & 0 & 1 & 1 & 1 \end{pmatrix} \tag{1.5}$$

若 G 含自环，则 $M_{i,j} = 2$ 表示顶点 v_i 和自环 e_j 关联。例如，图 1.2 的关联矩阵为

$$\begin{pmatrix} 1 & 0 \\ 1 & 2 \end{pmatrix} \tag{1.6}$$

因此，$M(G)$ 第 i 行元素之和等于顶点 v_i 的度，第 i 列元素之和恒等于 2：

$$\sum_{j=1}^{m} M_{i,j} = d(v_i), \quad \sum_{j=1}^{n} M_{j,i} = 2 \tag{1.7}$$

✍ **思考题 1.10** 简单图、完全图、正则图的关联矩阵分别有什么特征？

思考题 1.11 对于式 (1.5) 所示的关联矩阵 M，计算 MM^T，并和式 (1.2) 所示的邻接矩阵比较。

我们已看到图的几种数学表示，接下来讨论图在计算机内存中的存储方式。图可以表示为邻接矩阵或关联矩阵，而矩阵可以用二维数组存储在内存中。例如，对于阶为 n 的图，其邻接矩阵用二维数组存储的空间是 $O(n^2)$。然而，实际应用中的图往往是稀疏的，边较少；其邻接矩阵也是稀疏的，有较多的零元素，用二维数组存储的空间利用率较低。为此，有一些专为稀疏矩阵设计的数据结构，主要目的是减少存储空间。其中，常用于图的一种数据结构称作**邻接表**（adjacency list），用双层嵌套列表存储邻接矩阵：外层列表的每个元素表示一个顶点，元素的内层列表存储该顶点的所有邻点。例如，图 1.3 所示的图的邻接表如表 1.1 所示，第一列是外层列表，第二列每行是一个内层列表。对于阶为 n、边数为 m 的图，其邻接表的存储空间是 $O(n+m)$；若 $m \ll n^2$，则相比于二维数组，采用邻接表可以显著减少存储空间。

表 1.1　图 1.3 所示的图的邻接表

顶点	邻点列表
v_1	v_2, v_4
v_2	v_1, v_3, v_4
v_3	v_2, v_4
v_4	v_1, v_2, v_3

课外阅读

在实现邻接表时，列表的具体实现可以采用数组、链表、哈希表等数据结构，它们各有优缺点。例如，对于阶为 n 的图，若外层和内层列表都采用数组，并且内层列表内部按顶点下标排序，则对图中的边 (v_i, v_j) 的随机访问可如下操作：用 $O(1)$ 时间访问外层列表的第 i 个元素，即顶点 v_i；再通过二分搜索，用 $O(\log n)$ 时间在 v_i 的内层列表中查找顶点 v_j。然而，在向图中增加一条边时，最坏情况需要修改存储内层列表的整个数组，用时为 $O(n)$。若内层列表改用链表，则向图中增加一条边的用时可以降为 $O(1)$，但对边的随机访问由于无法采用二分搜索，用时会升为 $O(n)$。

上述定义的邻接表无法表示重边，例如，图 1.1（b）和图 1.3 所示的两个图的邻接表都如表 1.1 所示。为了表示非简单图中的重边和自环，在具体实现邻接表时可对上述定义进行扩展，作为练习留给读者自己编程实现。

¶ 课后练习

练习 1.5 请分别采用二维数组和邻接表编程实现图的邻接矩阵表示：实现的数据结构可表示任意的图，并支持顶点的增加、边的增加、边的随机访问、顶点的度的计算等基本操作。

练习 1.6　请比较实现这两种数据结构完成上述基本操作的运行时间。

1.3　图的关系

正如两个集合之间可能存在包含、相等等二元关系，两个图之间也可以具有类似的关系。

对于图 $G = \langle V_G, E_G \rangle$ 和 $H = \langle V_H, E_H \rangle$，若顶点集 $V_H \subseteq V_G$ 且边集 $E_H \subseteq E_G$，则称 H 是 G 的**子图**（subgraph）。若 $V_H \subset V_G$ 或 $E_H \subset E_G$，则称子图 H 是 G 的**真子图**（proper subgraph）。若 $V_G = V_H$，则称子图 H 是 G 的**生成子图**（spanning subgraph）。对于图 $G = \langle V, E \rangle$ 及其顶点子集 $V' \subseteq V$，以 V' 为顶点集、E 中两个端点均在 V' 中的所有边为边集组成的图称作 G 的**点导出子图**（vertex-induced subgraph），简称**导出子图**（induced subgraph），记作 $G[V']$。对于图 $G = \langle V, E \rangle$ 及其边子集 $E' \subseteq E$，以 E' 中所有边的端点为顶点集、E' 为边集组成的图称作 G 的**边导出子图**（edge-induced subgraph），记作 $G[E']$。例如，图 1.1（b）的三个子图如图 1.5 所示，它们都是真子图，其中：图 1.5（a）既是生成子图，也是边子集 $\{e_2, e_3, e_4, e_5, e_6\}$ 的边导出子图，但不是顶点子集 $\{v_1, v_2, v_3, v_4\}$ 的点导出子图；图 1.5（b）既是顶点子集 $\{v_2, v_3, v_4\}$ 的点导出子图，也是边子集 $\{e_3, e_4, e_6, e_7\}$ 的边导出子图，但不是生成子图；图 1.5（c）是边子集 $\{e_3, e_4, e_6\}$ 的边导出子图，但不是生成子图，也不是顶点子集 $\{v_2, v_3, v_4\}$ 的点导出子图。

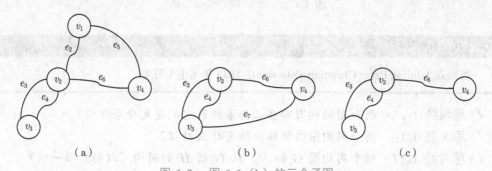

图 1.5　图 1.1（b）的三个子图
（a）生成子图；（b）点导出子图；（c）边导出子图

思考题 1.12　阶为 n、边数为 m 的图的生成子图、点导出子图、边导出子图分别有多少种？

若两个简单图的结构完全相同，即顶点和边都一一对应，仅顶点和边的名称可能有所不同，则称这两个图同构。具体而言，从简单图 $G = \langle V_G, E_G \rangle$ 到 $H = \langle V_H, E_H \rangle$ 的**同构**

（isomorphism）是双射 $f : V_G \mapsto V_H$，满足边 $(v_i, v_j) \in E_G$ 当且仅当边 $(f(v_i), f(v_j)) \in E_H$。若该同构存在，则称 G 和 H **同构**（isomorphic），记作 $G \cong H$。特别地，从 G 到其自身的同构称作 G 的**自同构**（automorphism）。

📖 **思考题 1.13** 每个图都有自同构吗？

定理 1.2 同构关系是定义在所有简单图的集合上的等价关系。

📖 **思考题 1.14**（◇♦） 证明定理 1.2。

同构关系将所有简单图划分为等价类，同一等价类中的图的结构完全相同，具有相同的性质，可以视作同一个图。例如，图 1.6 所示的三个图两两同构，它们本质上是同一个图，称作**彼得森图**（Petersen graph）。

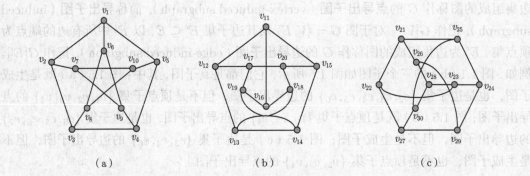

图 1.6 三个同构的彼得森图

人物简介

彼得森（Julius Peter Christian Petersen），1839 年出生于丹麦。

📖 **思考题 1.15** 两个图同构有哪些必要条件？它们是充分条件吗？
📖 **思考题 1.16** 两个同构图的邻接矩阵有什么特征？
📖 **思考题 1.17** 对于同构图 G 和 H，从 G 到 H 的同构（双射）唯一吗？

课外阅读

同构的定义可以扩展到非简单图：从图 $G = \langle V_G, E_G \rangle$ 到 $H = \langle V_H, E_H \rangle$ 的同构是两个双射 $f : V_G \mapsto V_H$ 和 $g : E_G \mapsto E_H$，满足边 $e \in E_G$ 的端点为顶点 $v_i, v_j \in V_G$ 当且仅当 $g(e) \in E_H$ 的端点为顶点 $f(v_i), f(v_j) \in V_H$。

判定两个图是否同构的问题的复杂度属于**非确定性多项式时间**（nondeterministic

polynomial-time，**NP**），但尚不清楚具体属于**多项式时间**（polynomial-time，**P**）还是属于 **NP 完全**（NP-complete，**NPC**），即对该问题复杂度的认识尚不充分。

> 课外阅读
>
> 对图同构的判定问题及其算法感兴趣的读者，可以参考 2020 年发表的一篇回顾性论文[2]。

¶ 课后练习

练习 1.7 6 位同学参加化装舞会，有 6 个不同的卡通角色面具可供选择。开始时，随机分发给每位同学一个面具装扮自己，若干对同学合影留念，打印出第一批照片。随后，面具被收回并重新分发给同学们，分发结果与之前不完全相同，之前合过影的同学再次合影留念，打印出第二批照片。下述情况有可能存在吗？若有可能，请给出一个例子；若不可能，请证明。

(a) 两批照片上卡通角色合影与否的情况完全一致。

(b) 第一批合影过后，无论如何重新分发，第二批照片上卡通角色合影与否的情况都不与第一批完全一致。

练习 1.8 有若干台相同型号的路由器，若干对之间连接网线组成了网络，网管员按从小到大的顺序记录了各台路由器直连的其他路由器的数量。一段时间后，网管员调整了若干连线，新网络与旧网络的拓扑结构不同，但网管员再次按同样方式记录各台路由器直连的其他路由器的数量后发现，记录的序列与之前相同。这种情况有可能存在吗？若有可能，请给出一个例子；若不可能，请证明。

练习 1.9 请扩展你已经编程实现的图的表示：支持点导出子图的构建、边导出子图的构建等操作。

1.4 图的运算

通过定义一些对图的操作，以及图的集合上的一元和二元运算，可以帮助我们基于已有的图构造出具有特定性质的新图。

对于图 $G = \langle V, E \rangle$，从 G 中删除（delete）边子集 $E' \subseteq E$，剩余的子图记作 $G - E'$。特别地，仅删除一条边 $e \in E$ 时，剩余的子图 $G - \{e\}$ 可简单记作 $G - e$。从 G 中删除边时，并不删除边的端点。例如，对于图 1.1（b）所示的图 G，图 1.5（a）所示的图是 $G - \{e_1, e_7\}$。

✍ **思考题 1.18** 对于图 $G = \langle V, E \rangle$ 的边子集 $E' \subseteq E$，比较图 $G - E'$ 和边导出子图 $G[E \setminus E']$。

对于图 $G = \langle V, E \rangle$，从 G 中删除顶点子集 $V' \subseteq V$，剩余的子图记作 $G - V'$。特别地，仅删除一个顶点 $v \in V$ 时，剩余的子图 $G - \{v\}$ 可简记作 $G - v$。从 G 中删除顶点时，同时删除其关联的所有边。例如，对于图 1.1（b）所示的图 G，图 1.5（b）所示的图是 $G - v_1$。

    思考题 1.19   对于图 $G = \langle V, E \rangle$ 的顶点子集 $V' \subseteq V$，比较图 $G - V'$ 和点导出子图 $G[V \setminus V']$。

简单图 $G = \langle V, E \rangle$ 的**补图**（complement）是以 V 为顶点集、$\{(u, v) \mid (u, v) \notin E\}$ 为边集的简单图，记作 $\overline{G}$。例如，图 1.3 所示的简单图 G 的补图如图 1.7 所示。

    思考题 1.20   空图、完全图、正则图的补图分别是什么？

    思考题 1.21   若图 G 和 H 同构，则图 $\overline{G}$ 和 $\overline{H}$ 也同构吗？

    思考题 1.22   图 G 和 $\overline{G}$ 有什么关系？

    思考题 1.23   图 G 和 $\overline{G}$ 的阶、边数、度序列、邻接矩阵分别有什么关系？

若图 G 和 $\overline{G}$ 同构，则称 G 是**自补图**（self-complementary graph）。例如，图 1.8 所示为自补图。

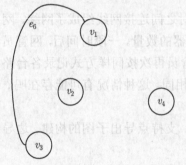

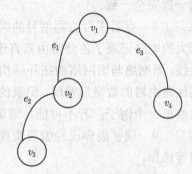

图 1.7   图 1.3 所示的简单图的补图   图 1.8   自补图

    思考题 1.24（◇）   自补图的阶、边数、度序列、邻接矩阵分别有什么特征？

对于图 $G = \langle V_G, E_G \rangle$ 和 $H = \langle V_H, E_H \rangle$，它们的**交**（intersection）是以集合 $V_G \cap V_H$ 为顶点集、集合 $E_G \cap E_H$ 为边集的图，记作 $G \cap H$。它们的**并**（union）是以集合 $V_G \cup V_H$ 为顶点集、集合 $E_G \cup E_H$ 为边集的图，记作 $G \cup H$。例如，图 1.3 和图 1.7 所示的两个图的并如图 1.4 所示。若 $V_G \cap V_H = \emptyset$，则 $G \cup H$ 称作**不交并**（disjoint union），又称**和**（sum），记作 $G + H$。简单图 $G = \langle V_G, E_G \rangle$ 和 $H = \langle V_H, E_H \rangle$ 的**联**（join）是向图 $G + H$ 中增加边的集合 $\{(u, v) \mid u \in V_G, v \in V_H\}$ 得到的简单图，记作 $G \vee H$。例如，图 1.9（a）和图 1.9（b）所示的两个图的联如图 1.9（c）所示。

    思考题 1.25   图 G、H、$G \cap H$、$G + H$、$G \vee H$ 中，哪些具有子图关系？

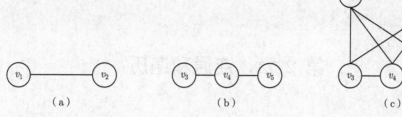

图 1.9　图的联

(a) 图 G；(b) 图 H；(c) $G \vee H$

¶ 课后练习

练习 1.10　请扩展你已经编程实现的图的表示：支持删除边（集）、删除顶点（集）、补图、交、并、不交并、联等运算。

第 2 章　连通和遍历

在第 1 章中，我们以一种上帝视角俯瞰整个图，对图的全局结构具有完整认知。现在，我们设想有一只蚂蚁趴在图中的一个顶点上，视野所及只有和该顶点相邻的那些顶点，如图 2.1 所示。若蚂蚁只能沿着图中的边爬行，则它可以爬到图中所有顶点吗？

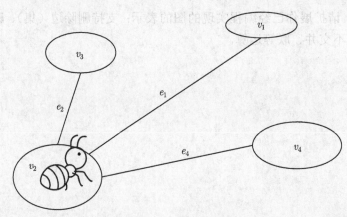

图 2.1　蚂蚁眼中的图

站在上帝视角的我们可以较容易地通过观察判定：对于一些图，所有顶点都可以被爬到，例如，若蚂蚁位于图 2.2 所示的顶点 v_1，则它可以爬到图中所有顶点，这样的图称作"连通图"；而对于另一些图，有些顶点是蚂蚁永远无法爬到的，例如，若蚂蚁位于图 2.3 所示的顶点 v_1，则它永远无法爬到顶点 v_6。

然而，作为一只蚂蚁，它应该如何通过观察判定一个图是否连通呢？站在蚂蚁的视角，它只能通过不断爬行，积累对图的局部结构的认知，最终做出判定。因此，蚂蚁需要一种"算法"，指导它有序地爬到图中的每个顶点——若有可能的话。"有序"的基本目标是：确保爬过有可能爬到的所有顶点，并减少不必要的重复爬行。同理，不仅是蚂蚁，对于如表 1.1 所示的邻接表等计算机中存储的图的表示，同样需要这样的算法才能快速做出判定。如何设计这样的算法？这便是本章讨论的主题：图的连通和遍历。

本章共分 3 节：2.1 节介绍图的连通性和遍历图的 DFS 算法；2.2 节介绍图的割点和割边；2.3 节介绍顶点间的距离，以及遍历图并计算距离的 BFS 算法。

若无特殊说明，则本章讨论的图都是简单图。

2.1 连通和 DFS

任意两个顶点间都有路线可达的图称作连通图。可以通过 DFS 算法有序地遍历连通图中的所有顶点，DFS 算法也可用于判定图的连通性。现在，首先给出路线的数学定义。

2.1.1 理论

路线（walk）是以顶点开始、顶点和边交替出现、以顶点结束的序列 $v_0, e_1, v_1, \cdots, e_l, v_l$，其中每条边 e_i 的两个端点恰为顶点 v_{i-1} 和 v_i。顶点 v_0 和 v_l 分别称作这条路线的**起点**（starting vertex）和**终点**（ending vertex），这条路线称作一条 v_0-v_l 路线，非负整数 l 称作这条路线的**长度**（length）。长度为 0 的路线称作**平凡路线**（trivial walk），它不经过任何边，即序列中仅含一个顶点。边在序列中不重复出现的路线称作**踪迹**（trail），简称**迹**。顶点在序列中不重复出现的迹称作**路径**（path），简称**路**。路中除起点和终点外的其他顶点称作**内顶点**（internal vertex）。例如，在图 2.2 中，序列 v_1 是平凡路线，它也是迹和路；序列 $v_1, e_1, v_2, e_2, v_3, e_2, v_2$ 是长度为 3 的 v_1-v_2 路线，它不是迹，更不是路；序列 $v_1, e_1, v_2, e_2, v_3, e_5, v_4, e_4, v_4, e_6, v_5$ 是长度为 5 的 v_1-v_5 迹，它不是路；序列 $v_1, e_1, v_2, e_2, v_3, e_5, v_4$ 是长度为 3 的 v_1-v_4 路，内顶点包括顶点 v_2 和 v_3。

在不含重边的简单图中，以两个特定顶点为端点的边是唯一的，因此，路线的序列表示可以省略边。例如，序列 $v_1, e_1, v_2, e_2, v_3, e_2, v_2$ 可简记作 v_1, v_2, v_3, v_2。

📖 **思考题 2.1** 若图中存在 u-v 路线，则一定存在 u-v 迹吗？若图中存在 u-v 迹，则一定存在 u-v 路吗？

📖 **思考题 2.2** 若图中存在 u-v 路线和 v-w 路线，则一定存在 u-w 路线吗？

📖 **思考题 2.3** 对于图 G 的邻接矩阵 A，矩阵 A^k 的第 i 行第 j 列元素有什么含义？

若图中存在 u-v 路，则称顶点 u 和 v **连通**（connected），否则称 u 和 v **不连通**（disconnected）。例如，在图 2.3 中，顶点 v_1, v_2, v_3, v_4, v_5 两两连通，它们和顶点 v_6, v_7, v_8 不连通。

> **定理 2.1** 连通关系是定义在顶点集上的等价关系。

📖 **思考题 2.4** (♦) 证明定理 2.1。

对于图 $G = \langle V, E \rangle$，若顶点集 V 中每对顶点都连通，则称 G **连通**（connected），是**连通图**（connected graph），否则称 G **不连通**（disconnected），是**不连通图**（disconnected graph）。例如，图 2.2 所示为连通图，图 2.3 所示为不连通图。

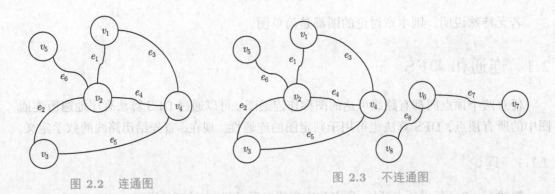

图 2.2 连通图　　　　　　　　　图 2.3 不连通图

🕮 思考题 2.5　图 1.6（a）所示的彼得森图是连通图吗？

🕮 思考题 2.6　平凡图是连通图吗？

🕮 思考题 2.7　完全图是连通图吗？

🕮 思考题 2.8　连通图的子图连通吗？

🕮 思考题 2.9　两个连通图的联连通吗？

🕮 思考题 2.10　连通图的邻接矩阵有什么特征？不连通图的邻接矩阵有什么特征？

图 G 的极大连通子图称作 G 的**连通分支**（connected component）。极大连通子图的含义是：该子图连通，且不是 G 的任何连通子图的真子图。阶为 1 的连通分支称作**平凡连通分支**（trivial connected component）。例如，图 2.3 有 2 个连通分支。

🕮 思考题 2.11　连通图有多少个连通分支？

🕮 思考题 2.12　一个顶点可以出现在图的两个连通分支中吗？一条边可以出现在图的两个连通分支中吗？

事实上，顶点集 V 上的连通关系将 V 划分为若干子集，每个子集 $V_i \subseteq V$ 的点导出子图 $G[V_i]$ 形成一个连通分支。

🕮 思考题 2.13　若图 G 连通，则图 $\overline{G}$ 连通吗？若 G 不连通，则 $\overline{G}$ 连通吗？

🕮 思考题 2.14　自补图是连通图吗？

2.1.2　算法

如何判定两个顶点是否连通？如何判定一个图是否连通？这些问题可以基于同一个算法解决，称作**深度优先搜索算法**（depth-first search algorithm），简称 **DFS 算法**。该算法从图中的一个指定顶点出发，有序地遍历和该顶点连通的所有顶点。之所以称作"深度优先"，是因为该算法遍历顶点的顺序是优先向图的"深处"访问，即倾向于远离出发点。

DFS 算法伪代码如算法 2.1 所示。对于图 $G = \langle V, E \rangle$，顶点集 V 中每个顶点的 visited 属性是一个布尔型变量，表示该顶点是否被访问过，初值为 false。该算法从指定顶点 u

出发，首先访问 u（第 1 行）。接下来，访问 u 的每个邻点 v（第 2 行），若 v 未被访问过（第 3 行），则通过递归调用该算法访问 v（第 4 行）。算法运行结束时，和 u 连通的所有顶点都被访问过，其 visited 属性值为 true。注意，算法运行过程仅依赖于图中每个顶点的局部结构——邻点。

算法 2.1: DFS 算法伪代码

输入: 图 $G = \langle V, E \rangle$，顶点 u

初值: 顶点集 V 中所有顶点的 visited 初值为 false

1 u.visited $\leftarrow$ true;
2 **foreach** $(u, v) \in E$ **do**
3   **if** v.visited $=$ false **then**
4   DFS(G, v);

例如，对于图 2.2，从顶点 v_1 出发运行 DFS 算法，各顶点的访问顺序可能是 v_1, v_2, v_3, v_4, v_5，也可能是 v_1, v_2, v_5, v_4, v_3 等，具体顺序取决于邻点的访问顺序。以访问顺序 v_1, v_2, v_3, v_4, v_5 为例，该算法的主要运行过程如表 2.1 和图 2.4 所示。

表 2.1   DFS 算法运行过程示例

步骤	主要操作
1	调用 DFS(G, v_1)
2	v_1.visited $\leftarrow$ true
3	判断 v_1 的邻点 v_2.visited 为 false，递归调用 DFS(G, v_2)
4	v_2.visited $\leftarrow$ true
5	判断 v_2 的邻点 v_1.visited 为 true
6	判断 v_2 的邻点 v_3.visited 为 false，递归调用 DFS(G, v_3)
7	v_3.visited $\leftarrow$ true
8	判断 v_3 的邻点 v_2.visited 为 true
9	判断 v_3 的邻点 v_4.visited 为 false，递归调用 DFS(G, v_4)
10	判断 v_4 的邻点 v_1.visited 为 true
11	判断 v_4 的邻点 v_2.visited 为 true
12	判断 v_4 的邻点 v_3.visited 为 true
13	DFS(G, v_4) 结束
14	DFS(G, v_3) 结束
15	判断 v_2 的邻点 v_4.visited 为 true
16	判断 v_2 的邻点 v_5.visited 为 false，递归调用 DFS(G, v_5)
17	判断 v_5 的邻点 v_2.visited 为 true
18	DFS(G, v_5) 结束
19	DFS(G, v_2) 结束
20	判断 v_1 的邻点 v_4.visited 为 true
21	DFS(G, v_1) 结束

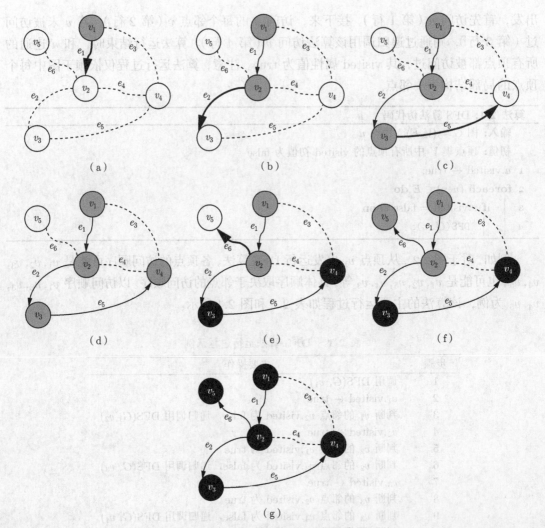

图 2.4 DFS 算法运行过程示意图

（a）从 v_1 出发，调用 DFS 算法访问 v_1，再从 v_1 递归调用 DFS 算法访问 v_2；（b）访问 v_2，再从 v_2 递归调用 DFS 算法访问 v_3；（c）访问 v_3，再从 v_3 递归调用 DFS 算法访问 v_4；（d）访问 v_4；（e）对 v_4 和 v_3 的 DFS 调用依次结束，再从 v_2 递归调用 DFS 算法访问 v_5；（f）访问 v_5；（g）对 v_5、v_2、v_1 的 DFS 调用依次结束

白色顶点—DFS 未调用的顶点　灰色顶点—DFS 已调用未结束的顶点　黑色顶点—DFS 调用已结束的顶点　粗实线箭头—下一步 DFS 调用　细实线箭头—已发生的 DFS 调用　虚线—未发生 DFS 调用的相邻顶点

要理解 DFS 算法的正确性，关键在于注意到下述定理给出的事实。

定理 2.2　从顶点 u 出发运行 DFS 算法，恰能访问与 u 连通的所有顶点。

✍ 思考题 2.15 (◇♦)　证明定理 2.2。

16

对于阶为 n、边数为 m 的图，DFS 算法的时间复杂度为 $O(n+m)$。

利用 DFS 算法，若要判定顶点 u 和 v 是否连通，则只需从 u 出发运行一次该算法，若在算法运行过程中访问过 v，则 u 和 v 连通，否则不连通。若要判定图 G 是否连通，则只需从 G 中任意一个顶点出发运行一次该算法，若在算法运行过程中访问过图中所有顶点，则 G 连通，否则不连通。该算法还可用于找出图的所有连通分支，读者可将其作为练习自己编程实现。

¶ 课后练习

若间接认识也算认识，则两个人互相"认识"可以如下递归定义：他们互相直接认识，或认识同一个人。基于该定义，回答下述问题。

练习 2.1 n 位同学互相认识，其中至少有多少对同学互相直接认识？

练习 2.2 $2n+1$ 位同学中，每位同学至少直接认识 n 位其他同学，这 $2n+1$ 位同学互相认识吗？

练习 2.3 n 位同学中，只有 2 位同学直接认识的其他同学数量是奇数，这 2 位同学互相认识吗？

练习 2.4 请编程实现 DFS 算法，并输出顶点的访问顺序。

练习 2.5 请基于 DFS 算法，编程实现一种算法：判定两个顶点是否连通。

练习 2.6 请基于 DFS 算法，编程实现一种算法：判定一个图是否连通。

练习 2.7 请基于 DFS 算法，编程实现一种算法：找出图的所有连通分支，并输出每个连通分支的顶点集。

2.2 割点和割边

一些图虽然连通，但连通得非常脆弱，仅从图中删除某个顶点或某条边就不再连通，这样的顶点和边分别称作割点和割边。可以通过扩展 DFS 算法找出图中所有的割点和割边。现在，首先给出割点和割边的数学定义。

2.2.1 理论

狭义而言，对于连通图 $G = \langle V, E \rangle$ 和顶点 $v \in V$，若图 $G-v$ 不连通，则 v 称作 G 的**割点**（cut vertex），又称**关节点**（articulation point）。广义而言，对于图 $G = \langle V, E \rangle$ 和顶点 $v \in V$，若图 $G-v$ 的连通分支数量大于 G 的连通分支数量，则 v 称作 G 的割点。例如，在图 2.2 中，仅顶点 v_2 是割点，删除 v_2 后如图 2.5 所示；在图 2.3 中，顶点 v_2 和 v_6 都是割点。

🖎 思考题 2.16　图 1.6（a）所示的彼得森图有割点吗？

🖎 思考题 2.17　割点的度的下界是多少？

🖎 思考题 2.18（◇）　非平凡连通图的割点数量的下界是多少？上界呢？（第 2 问可以推迟至学习完第 2 章后再思考）。

下述定理为连通图的割点给出了一个充要条件。

定理 2.3　对于连通图 $G = \langle V, E \rangle$ 和顶点 $v \in V$，v 是 G 的割点当且仅当存在顶点集 V 的两个不相交的非空子集 V_i 和 V_j，对于任意顶点 $u \in V_i$ 和 $w \in V_j$，每条 $u\text{-}w$ 路都经过 v。

🖎 思考题 2.19（◆）　证明定理 2.3。

🖎 思考题 2.20　有割点的连通图的邻接矩阵有什么特征？

🖎 思考题 2.21（◇）　若顶点 v 是连通图 G 的割点，则 v 也是图 $\overline{G}$ 的割点吗？

对于图 $G = \langle V, E \rangle$ 和边 $e \in E$，若图 $G - e$ 的连通分支数量大于 G 的连通分支数量，则 e 称作 G 的**割边**（cut edge），又称桥（bridge）。例如，在图 2.2 中，仅边 e_6 是割边，删除 e_6 后如图 2.6 所示；在图 2.3 中，边 e_6、e_7、e_8 都是割边。

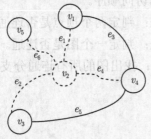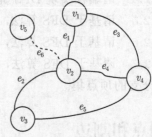

图 2.5　删除割点 v_2 后，连通分支数量增加　　　图 2.6　删除割边 e_6 后，连通分支数量增加
　　　　　虚线—割点及其关联的边　　　　　　　　　　　　　虚线—割边

🖎 思考题 2.22　图 1.6（a）所示的彼得森图有割边吗？

🖎 思考题 2.23　非平凡连通图的割边数量的下界和上界分别是多少？

🖎 思考题 2.24（◇）　割点关联的边是割边吗？割边的端点是割点吗？

🖎 思考题 2.25　有割点的图一定有割边吗？有割边的图一定有割点吗？

🖎 思考题 2.26　恰以一条割边的两个端点为起点和终点的路有多少条？

下述定理为连通图的割边给出了一个充要条件。

定理 2.4　对于连通图 $G = \langle V, E \rangle$ 和边 $e \in E$，e 是 G 的割边当且仅当存在顶点集 V 的两个不相交的非空子集 V_i 和 V_j，对于任意顶点 $u \in V_i$ 和 $w \in V_j$，每条

u-w 路都经过 *e*。

📖 思考题 2.27 (♦)　证明定理 2.4。

📖 思考题 2.28　有割边的连通图的邻接矩阵有什么特征?

2.2.2　算法

如何判定一个顶点是否为割点? 如何找出图中所有割点? 这些问题可以通过扩展 DFS 算法解决[3], 扩展之后的伪代码如算法 2.2 所示, 记作 DFSCV 算法。该算法从连通图中任意一个指定顶点出发, 按 DFS 的方式有序地遍历所有顶点, 并找出所有割点。

算法 2.2: DFSCV 算法伪代码

输入: 连通图 $G = \langle V, E \rangle$, 顶点 u

初值: 变量 time 初值为 0; 顶点集 V 中所有顶点的 visited 初值为 false, parent 初值为 null, children 初值为 0, isCutVertex 初值为 false

1 　time ← time + 1;
2 　u.d ← time;
3 　u.low ← u.d;
4 　u.visited ← true;
5 　**foreach** $(u, v) \in E$ **do**
6 　　**if** v.visited = false **then**
7 　　　v.parent ← u;
8 　　　u.children ← u.children + 1;
9 　　　DFSCV(G, v);
10 　　　u.low ← min{u.low, v.low};
11 　　　**if** u.parent = null 且 u.children $\geqslant$ 2 **then**
12 　　　　u.isCutVertex ← true;
13 　　　**else if** u.parent $\neq$ null 且 v.low $\geqslant$ u.d **then**
14 　　　　u.isCutVertex ← true;
15 　　**else if** $v \neq u$.parent **then**
16 　　　u.low ← min{u.low, v.d};

人物简介

DFSCV 算法的两位作者: 霍普克罗夫特 (John Edward Hopcroft), 1939 年出生于美国; 塔尔真 (Robert Endre Tarjan), 1948 年出生于美国。由于在算法和数据结构的设计和分析方面的基础性成就, 他们于 1986 年获得图灵奖。

相比于算法 2.1 所示的 DFS 算法, DFSCV 算法的第一项扩展是记录每个顶点被访问的次序，以及它的**父顶点**（parent），即对该顶点的访问来源于它的哪个邻点。对于图 $G = \langle V, E \rangle$，顶点集 V 中每个顶点的 d 属性是一个整数型变量，表示该顶点被访问的次序；为此，引入初值为 0 的整数型变量 time，每访问一个顶点 u，便将 time 加 1 并作为 u 的 d 属性值（第 1~2 行）。V 中每个顶点的 parent 属性是一个初值为 null 的顶点型变量，表示该顶点的父顶点，若顶点 v 作为 u 的邻点被访问，则 v 的父顶点是 u（第 7 行）；同时，v 称作 u 的**子顶点**（child），u 的 children 属性是一个初值为 0 的整数型变量，表示 u 的子顶点数量（第 8 行）。首个被访问的顶点没有父顶点，称作**根顶点**（root），parent 属性值为 null。

例如，对于图 2.7（a），DFSCV 算法运行过程示意图如图 2.7 所示，最终记录的各顶点 d、parent、children、low 属性值如图 2.8（a）所示。在图 2.8（b）中，所有边被分为两类：**树边**（tree edge）表示算法运行过程中从父顶点访问子顶点经过的边；其他边称作**后向边**（back edge）。所有树边的边导出子图称作 **DFS 树**（DFS tree），第 3 章会详细讨论树的定义和性质。

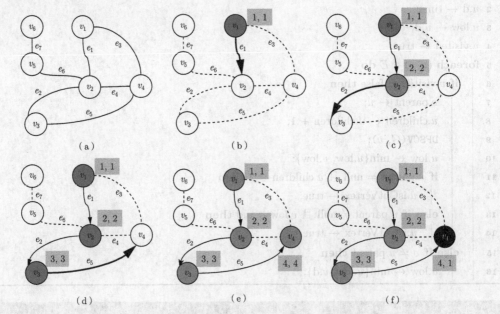

图 2.7 DFSCV 算法运行过程示意图

（a）图 G；（b）从 v_1 出发，调用 DFSCV 算法访问 v_1，再从 v_1 递归调用 DFSCV 算法访问 v_2；（c）访问 v_2，再从 v_2 递归调用 DFSCV 算法访问 v_3；（d）访问 v_3，再从 v_3 递归调用 DFSCV 算法访问 v_4；（e）访问 v_4；（f）对 v_4 的 DFSCV 调用结束；（g）对 v_3 的 DFSCV 调用结束；（h）再从 v_2 递归调用 DFSCV 算法访问 v_5；（i）访问 v_5，再从 v_5 递归调用 DFSCV 算法访问 v_6；（j）访问 v_6；（k）对 v_6、v_5、v_2、v_1 的 DFSCV 调用依次结束

白色顶点—DFSCV 未调用的顶点　灰色顶点—DFSCV 已调用未结束的顶点　黑色顶点—DFSCV 调用已结束的顶点　粗实线箭头—下一步 DFSCV 调用　细实线箭头—已发生的 DFSCV 调用　虚线—未发生 DFSCV 调用的相邻顶点　灰底色数字—顶点的 d 和 low 属性值

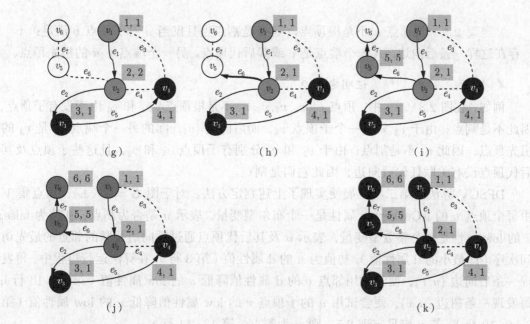

图 2.7 （续）

顶点	d	parent	chidren	low
v_1	1	null	1	1
v_2	2	v_1	2	1
v_3	3	v_2	1	1
v_4	4	v_3	0	1
v_5	5	v_2	1	5
v_6	6	v_5	0	6

（a）

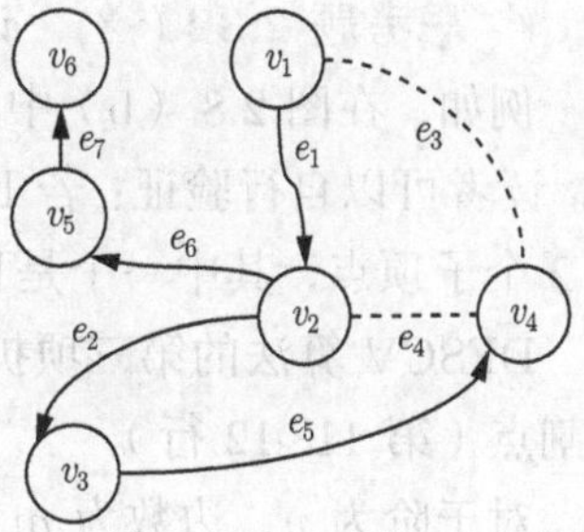

（b）

图 2.8 DFSCV 算法运行结果示例

（a）顶点的属性值；（b）树边和后向边

实线箭头—树边　虚线—后向边

思考题 2.29　对于图 1.6 （a）所示的彼得森图，请给出它的一棵 DFS 树。

基于父顶点和子顶点可以分别递归定义**祖先顶点**（ancestor）和**后代顶点**（descendant）。

引理 2.1　后向边关联一对祖先-后代顶点。

思考题 2.30 (◇♦)　证明引理 2.1。

下述两个定理给出了割点的充要条件暨判定方法。

定理 2.5 若顶点 u 不是根顶点，则 u 是割点当且仅当 u 有子顶点 v 满足：不存在这样一条后向边，其一个端点是 v 或其后代顶点，另一个端点是 u 的祖先顶点。

✏️ **思考题 2.31** ($^{\diamond\blacklozenge}$) 证明定理 2.5。

例如，在图 2.8（b）中，顶点 v_2, v_3, v_4, v_5, v_6 不是根顶点。v_4 和 v_6 由于没有子顶点，因此不是割点；由于 v_3 只有一个子顶点 v_4，而后向边 (v_4, v_1) 的另一个端点 v_1 是 v_3 的祖先顶点，因此 v_3 不是割点；由于 v_2 和 v_5 分别有子顶点 v_5 和 v_6，且这些子顶点及其后代顶点没有关联任何后向边，因此它们是割点。

DFSCV 算法的第二项扩展便实现了上述判定方法。对于图 $G = \langle V, E \rangle$，顶点集 V 中每个顶点 u 的 isCutVertex 属性是一个布尔型变量，表示 u 是否为割点，初值为 false；u 的 low 属性是一个整数型变量，表示 u 及其后代顶点通过后向边关联的邻点的最先访问次序（即最小的 d 属性值），初值为 u 的 d 属性值（第 3 行）。在算法运行过程中，每发现一条后向边 (u, v)，便尝试用邻点 v 的 d 属性值降低 u 的 low 属性值（第 15~16 行）；每发现一条树边 (u, v)，便尝试用 u 的子顶点 v 的 low 属性值降低 u 的 low 属性值（第 6、9~10 行）。若 u 满足定理 2.5，则 u 为割点（第 13~14 行）。

定理 2.6 若顶点 u 是根顶点，则 u 是割点当且仅当 u 有至少 2 个子顶点。

✏️ **思考题 2.32** ($^{\diamond\blacklozenge}$) 证明定理 2.6。

例如，在图 2.8（b）中，顶点 v_1 是根顶点，它只有一个子顶点 v_2，因此 v_1 不是割点。读者可以自行验证：若 DFSCV 算法改从顶点 v_2 出发，即 v_2 是根顶点，则它必有至少 2 个子顶点，其中一个是顶点 v_5，另一个是顶点 v_1, v_3, v_4 中的一个，因此 v_2 是割点。

DFSCV 算法的第三项扩展便实现了上述判定方法。若根顶点 u 满足定理 2.6，则 u 为割点（第 11~12 行）。

对于阶为 n、边数为 m 的图，DFSCV 算法的时间复杂度为 $O(n + m)$，和 DFS 算法相同。

DFSCV 算法略作修改便可用于找出图中所有的割边，读者可将其作为练习自己编程实现。

¶ **课后练习**

基于练习 2.1~2.3 对"认识"的定义，回答下述问题。

练习 2.8 n 位同学互相认识但非全部互相直接认识（$n \geqslant 3$），能否找出 3 位同学，其中 2 对互相直接认识，1 对互相不直接认识？

练习 2.9 请编程实现 DFSCV 算法，并将其适用范围从连通图扩展到不连通图。

练习 2.10 请编程实现一种算法：找出图中所有割边。

2.3 距离和 BFS

在连通图中，两个顶点间可能有多条长度不同的路，特别值得关注的是最短路，它的长度称作两个顶点间的距离。可以通过 BFS 算法有序地遍历图中所有顶点，并计算距离。现在，首先给出距离的数学定义。

2.3.1 理论

对于顶点 u 和 v，长度最小的 u-v 路称作 u 和 v 间的**最短路**（shortest path）。

✎ **思考题 2.33** 两个顶点间一定有最短路吗？若有，则唯一吗？

顶点 u 和 v 间的最短路的长度称作 u 和 v 间的**距离**（distance），记作 $\mathrm{dist}(u,v)$。若 u 和 v 不连通，则定义 $\mathrm{dist}(u,v) = \infty$。例如，对于图 2.2，两两顶点间的距离可以写成矩阵的形式，第 i 行第 j 列元素表示顶点 v_i 和 v_j 间的距离：

$$\begin{pmatrix} 0 & 1 & 2 & 1 & 2 \\ 1 & 0 & 1 & 1 & 1 \\ 2 & 1 & 0 & 1 & 2 \\ 1 & 1 & 1 & 0 & 2 \\ 2 & 1 & 2 & 2 & 0 \end{pmatrix} \tag{2.1}$$

✎ **思考题 2.34** 对于图 G 的邻接矩阵 $\boldsymbol{A}$，若顶点 v_i 和 v_j 间的距离为 d，则矩阵 $\boldsymbol{A}^1, \boldsymbol{A}^2, \cdots, \boldsymbol{A}^d$ 的第 i 行第 j 列元素分别是多少？

✎ **思考题 2.35** (♦) 证明：对于连通图 $G = \langle V, E \rangle$，距离函数 dist 满足三角不等式，即

$$\forall u, v, w \in V, \ \mathrm{dist}(u,v) + \mathrm{dist}(v,w) \geqslant \mathrm{dist}(u,w) \tag{2.2}$$

课外阅读

对于图 $G = \langle V, E \rangle$，距离满足非负性和同一性：

$$\forall u, v \in V, \ \mathrm{dist}(u,v) \geqslant 0$$
$$\mathrm{dist}(u,v) = 0 \text{ 当且仅当} u = v \tag{2.3}$$

距离也满足对称性：

$$\forall u, v \in V, \ \mathrm{dist}(u,v) = \mathrm{dist}(v,u) \tag{2.4}$$

由思考题 2.35，对于连通图，距离还满足三角不等式。因此，对于连通图，距离是一种**度量**（metric）。

对于图 $G = \langle V, E \rangle$，顶点 $v \in V$ 和顶点集 V 中所有顶点间的距离的最大值称作 v 的**离心率**（eccentricity），记作 $\mathrm{ecc}(v)$：

$$\mathrm{ecc}(v) = \max_{u \in V} \mathrm{dist}(v, u) \tag{2.5}$$

例如，对于图 2.2，顶点 v_2 的离心率为 1，其他顶点的离心率为 2。对于图 2.3，所有顶点的离心率都为 ∞。

👆 **思考题 2.36**　对于连通图 G 的邻接矩阵 $\boldsymbol{A}$，若顶点 v_i 的离心率为 d，则矩阵 $\boldsymbol{A}^1 + \boldsymbol{A}^2 + \cdots + \boldsymbol{A}^d$ 的第 i 行有什么特征？

👆 **思考题 2.37** ($^{\diamond\bullet}$)　证明：对于连通图 $G = \langle V, E \rangle$ 和两个相邻顶点 $u, v \in V$，$|\mathrm{ecc}(u) - \mathrm{ecc}(v)| \leqslant 1$。

👆 **思考题 2.38** ($^{\bullet}$)　证明：对于连通图 $G = \langle V, E \rangle$ 和两个顶点 $u, v \in V$，$|\mathrm{ecc}(u) - \mathrm{ecc}(v)| \leqslant \mathrm{dist}(u, v)$。

对于图 $G = \langle V, E \rangle$，顶点集 V 中离心率最小的顶点称作 G 的**中心点**（central vertex），其离心率称作 G 的**半径**（radius），记作 $\mathrm{rad}(G)$：

$$\mathrm{rad}(G) = \min_{u \in V} \mathrm{ecc}(u) \tag{2.6}$$

G 的所有中心点的集合称作 G 的**中心**（center）。V 中离心率最大的顶点称作**边缘点**（peripheral vertex），其离心率称作 G 的**直径**（diameter），记作 $\mathrm{diam}(G)$：

$$\mathrm{diam}(G) = \max_{u \in V} \mathrm{ecc}(u) \tag{2.7}$$

例如，对于图 2.2，顶点 v_2 是唯一的中心点，图的半径为 1；其他顶点都是边缘点，图的直径为 2。图 2.3 的半径和直径都为 ∞。

👆 **思考题 2.39**　图 1.6（a）所示的彼得森图的半径和直径分别是多少？

👆 **思考题 2.40**　对于连通图 G 的邻接矩阵 $\boldsymbol{A}$，若 G 的直径为 d，则矩阵 $\boldsymbol{A}^1 + \boldsymbol{A}^2 + \cdots + \boldsymbol{A}^d$ 有什么特征？

👆 **思考题 2.41**　连通图的直径是图中哪条路的长度？

定理 2.7　对于连通图 G，$\mathrm{rad}(G) \leqslant \mathrm{diam}(G) \leqslant 2 \cdot \mathrm{rad}(G)$。

👆 **思考题 2.42** ($^{\bullet}$)　证明定理 2.7，并给出等号成立的例子。

2.3.2　算法

如何计算两个顶点间的距离？如何计算一个顶点和图中所有顶点间的距离？这些问题可以基于同一算法解决，该算法称作**宽度优先搜索算法**（breadth-first search algorithm），

简称 **BFS 算法**。和 DFS 算法类似，BFS 算法从图中的一个指定顶点出发，有序地遍历和该顶点连通的所有顶点。和 DFS 算法不同的是，BFS 算法遍历顶点的顺序是优先向图的"浅处"而非"深处"访问，即倾向于贴近而非远离出发点。

BFS 算法伪代码如算法 2.3 所示。对于图 $G = \langle V, E \rangle$，顶点集 V 中每个顶点的 visited 属性是一个布尔型变量，表示该顶点是否被访问过，初值为 false。该算法从指定顶点 u 出发，首先访问 u（第 1 行）。V 中每个顶点的 d 属性是一个整数型变量，表示该顶点和 u 间的距离（第 2 行）。每个顶点被访问后，被增加到一个初值为空的队列 Q 的队尾（第 3 行）；队列是一种先入先出的数据结构。接下来，每轮 while 循环让排在 Q 的队首的顶点 v 出队列（第 5 行），直至 Q 为空（第 4 行）：对 v 的每个邻点 w（第 6 行），若 w 未被访问过（第 7 行），则访问 w（第 8 行），并将 v 的 d 属性值加 1 作为 w 的 d 属性值（第 9 行），将 w 增加到 Q 的队尾（第 10 行）。算法运行结束时，和 u 连通的所有顶点都被访问过，其 visited 属性值为 true，其 d 属性值为其和 u 间的距离。

算法 2.3: BFS 算法伪代码

输入：图 $G = \langle V, E \rangle$，顶点 u

初值：顶点集 V 中所有顶点的 visited 初值为 false，d 初值为 ∞；队列 Q 初值为空

1   u.visited $\leftarrow$ true;

2   u.d $\leftarrow$ 0;

3   入队列 (Q, u);

4   **while** Q 非空 **do**

5      $v \leftarrow$ 出队列 (Q);

6   **foreach** $(v, w) \in E$ **do**

7   **if** w.visited = false **then**

8   w.visited $\leftarrow$ true;

9   w.d $\leftarrow$ v.d + 1;

10   入队列 (Q, w);

✍ **思考题 2.43** 在 BFS 算法中，可否省略 visited 属性？

例如，对于图 2.2，从顶点 v_1 出发运行 BFS 算法，各顶点的访问顺序可能是 v_1, v_2, v_4, v_3, v_5，也可能是 v_1, v_4, v_2, v_3, v_5 等，具体顺序取决于邻点的访问顺序。以访问顺序 v_1, v_2, v_4, v_3, v_5 为例，该算法的主要运行过程如表 2.2 和图 2.9 所示。

若仿照 DFSCV 算法，用顶点集 V 中每个顶点的 parent 属性表示该顶点的父顶点，则对于图 2.2 和表 2.2 所示的 BFS 算法运行过程，该算法最终记录的各顶点的 d 和 parent 属性值如图 2.10（a）所示。和 DFSCV 算法类似，在图 2.10（b）中，所有边被分为**树边**和其他边。所有树边的边导出子图称作 **BFS 树**（BFS tree）。

表 2.2　BFS 算法运行过程示例

步骤	主要操作	队列内容
1	v_1.visited ← true，v_1.d ← 0，v_1 入队列	v_1
2	判断队列不为空，v_1 出队列	
3	判断 v_1 的邻点 v_2.visited 为 false	
4	v_2.visited ← true，v_2.d ← 1，v_2 入队列	v_2
5	判断 v_1 的邻点 v_4.visited 为 false	v_2
6	v_4.visited ← true，v_4.d ← 1，v_4 入队列	v_2, v_4
7	判断队列不为空，v_2 出队列	v_4
8	判断 v_2 的邻点 v_1.visited 为 true	v_4
9	判断 v_2 的邻点 v_3.visited 为 false	v_4
10	v_3.visited ← true，v_3.d ← 2，v_3 入队列	v_4, v_3
11	判断 v_2 的邻点 v_4.visited 为 true	v_4, v_3
12	判断 v_2 的邻点 v_5.visited 为 false	v_4, v_3
13	v_5.visited ← true，v_5.d ← 2，v_5 入队列	v_4, v_3, v_5
14	判断队列不为空，v_4 出队列	v_3, v_5
15	判断 v_4 的邻点 v_1.visited 为 true	v_3, v_5
16	判断 v_4 的邻点 v_2.visited 为 true	v_3, v_5
17	判断 v_4 的邻点 v_3.visited 为 true	v_3, v_5
18	判断队列不为空，v_3 出队列	v_5
19	判断 v_3 的邻点 v_2.visited 为 true	v_5
20	判断 v_3 的邻点 v_4.visited 为 true	v_5
21	判断队列不为空，v_5 出队列	
22	判断 v_5 的邻点 v_2.visited 为 true	
23	判断队列为空	

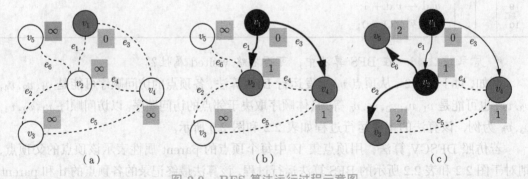

图 2.9　BFS 算法运行过程示意图

（a）从 v_1 出发，v_1 入队列；（b）v_1 出队列，v_2、v_4 依次入队列；（c）v_2 出队列，v_3、v_5 依次入队列；（d）v_4 出队列；（e）v_3 出队列；（f）v_5 出队列

白色顶点—未入队列的顶点　灰色顶点—队列中的顶点　黑色顶点—已出队列的顶点　粗实线箭头—下一步入队列的邻点　细实线箭头—已入队列的邻点　虚线—未发生入队列操作的相邻顶点　灰底色数字—顶点的 d 属性值

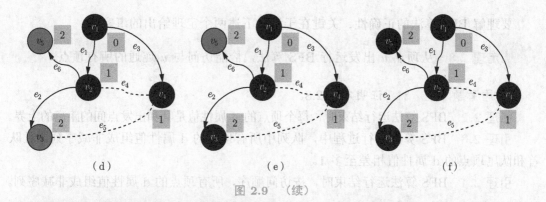

（d）　　　　　　　　　　　（e）　　　　　　　　　　　（f）

图 2.9 （续）

顶点	d	parent
v_1	0	null
v_2	1	v_1
v_3	2	v_2
v_4	1	v_1
v_5	2	v_2

（a）

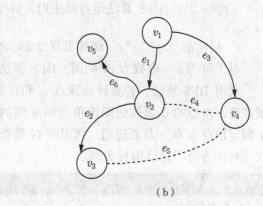

（b）

图 2.10　BFS 算法运行结果示例

（a）顶点的属性值；（b）树边和其他边

实线箭头—树边　虚线—其他边

✍ 思考题 2.44　对于图 1.6 （a）所示的彼得森图，请给出它的一棵 BFS 树。

✍ 思考题 2.45 （◇）　在 BFS 树中，以根顶点为起点的路有什么特征？

图 2.11 所示的例子有助于比较 DFS 算法和 BFS 算法的差异：DFS 树看起来更"深"，而 BFS 树看起来更"宽"。

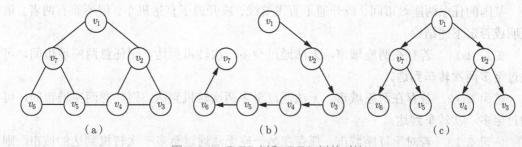

（a）　　　　　　　　　　　（b）　　　　　　　　　　　（c）

图 2.11　DFS 树和 BFS 树的对比

（a）图 G；（b）G 的 DFS 树；（c）G 的 BFS 树

要理解 BFS 算法的正确性, 关键在于注意下述两个定理给出的事实。

定理 2.8 从顶点 u 出发运行 BFS 算法, 恰能访问与 u 连通的所有顶点。

✏ 思考题 2.46 (♦) 证明定理 2.8。

引理 2.2 BFS 算法运行结束时, 每个顶点的 d 属性值是其和出发点间的距离的上界。

引理 2.3 BFS 算法运行过程中, 队列中所有顶点的 d 属性值组成非减序列, 且队首和队尾顶点的 d 属性值相差至多 1。

引理 2.4 BFS 算法运行结束时, 按访问顺序, 所有顶点的 d 属性值组成非减序列。

定理 2.9 BFS 算法运行结束时, 每个顶点的 d 属性值为其和出发点间的距离。

✏ 思考题 2.47 (◇♦) 证明引理 2.2~2.4 和定理 2.9。

对于阶为 n、边数为 m 的图, BFS 算法的时间复杂度为 $O(n+m)$。

利用 BFS 算法, 若要计算顶点 u 和任意顶点间的距离, 则只需从 u 出发运行一次该算法, 顶点的 d 属性值即该顶点和 u 间的距离。和 DFS 算法类似, BFS 算法也可用于判定顶点 u 和 v 是否连通、判定图 G 是否连通, 以及找出图的所有连通分支, 读者可以将其作为练习自己编程实现。

课外阅读

为计算两个顶点 u 和 v 间的距离, BFS 算法是一种**单向搜索**(unidirectional search): 从其中一个顶点出发, 搜索到另一个顶点的一条最短路。一种改进是采用**双向搜索**(bidirectional search): 从两个顶点同时出发运行 BFS 算法, 当两者首次"相遇", 即首次访问同一个顶点 w 时, 将从 u 到 w 的最短路和从 v 到 w 的最短路拼接形成一条最短 u-v 路。和单向搜索相比, 双向搜索的两棵 BFS 树更"浅", 找到最短路时访问的顶点总数更少, 时间复杂度更低。

¶ **课后练习**

某国的任意两座城市间, 或开通了直飞航线, 或开通了直达班车, 但不兼有两者。请证明或否定下述结论。

练习 2.11 若存在两座城市, 无法通过至多一次转机到达, 则任意两座城市间, 可通过至多两次转车到达。

练习 2.12 若存在两座城市, 无法通过至多两次转机到达, 则任意两座城市间, 可通过至多一次转车到达。

练习 2.13 若对于每座城市, 都存在另一座无法通过至多一次转机到达的城市, 则存在一座城市, 到其他每座城市, 都可通过至多一次转车到达。

练习 2.14 请编程实现 BFS 算法，并输出顶点的访问顺序和 d 属性值。

练习 2.15 请编程实现一种算法：找出连通图中两个顶点间的一条最短路。

练习 2.16 请基于 BFS 算法，编程实现一种算法：判定两个顶点是否连通。

练习 2.17 请基于 BFS 算法，编程实现一种算法：判定一个图是否连通。

练习 2.18 请基于 BFS 算法，编程实现一种算法：找出图的所有连通分支，并输出每个连通分支的顶点集。

第 3 章　圈和遍历

对于图 3.1（a）所示的简笔画，在笔不离纸的前提下，如何不间断、不重复地将它画出来？这是孩子们喜欢玩的"一笔画"游戏。我们可以用图建模这个问题：将简笔画的线段表示为边，将线段的交点表示为顶点，如图 3.1（b）所示，图中是否存在一条路线，经过每条边恰一次？对于这个例子，通过尝试可以容易地找到一条符合要求的路线：

$$v_1, e_1, v_2, e_2, v_1, e_3, v_2, e_4, v_3, e_5, v_3, e_6, v_4, e_7, v_5, e_8, v_5, e_9, v_4 \tag{3.1}$$

然而，一般意义上，如何解决这个问题呢？

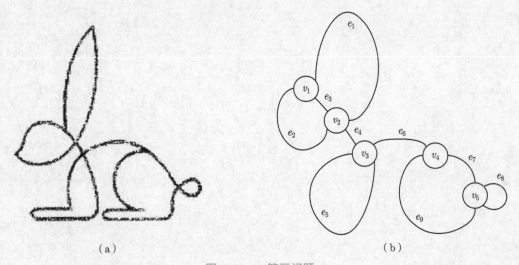

(a)　　　　　　　　　　　　　　　　(b)

图 3.1　一笔画问题

（a）简笔画；（b）将线段及其交点表示为图

对于图 3.2（a）所示的博物馆布局，从正门出发，如何不间断、不重复地游览所有展厅，最后回到正门？我们同样可以用图建模这个问题：将展厅表示为顶点，将展厅间的门表示为边，如图 3.2（b）所示，图中是否存在一条以顶点 v_1（1 号展厅）为起点和终点的路线，经过每个顶点恰一次？对于这个例子，通过尝试可以容易地找到一条符合要求的路线：

$$v_1, v_2, v_3, v_4, v_5, v_6, v_7, v_8, v_1 \tag{3.2}$$

然而，一般意义上，如何解决这个问题呢？

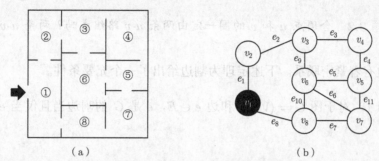

图 3.2　博物馆游览问题

（a）博物馆的布局；（b）将展厅和门表示为图
黑色顶点—起点和终点

上述两个遍历问题不同于第 2 章讨论的遍历问题：第 2 章仅要求减少遍历过程中的重复，而上述两个问题不允许出现重复。此外，注意到上述两个问题对"重复"的定义有所区别：一笔画问题要求不重复地遍历所有边，而博物馆游览问题要求不重复地遍历所有顶点。哪个问题更难？如何设计算法解决这些问题？这些问题和一种称作"圈"的特殊路线有关，这便是本章讨论的主题：圈和遍历。

本章共分 4 节：3.1 节介绍圈和不含圈的连通图——树；3.2 节介绍不含长度为奇数的圈的图——二分图；3.3 节介绍含特殊回路的欧拉图；3.4 节介绍含特殊的圈的哈密尔顿图。

若无特殊说明，则本章讨论的图都是简单图。

3.1　圈和树

圈是一种特殊的路线：从起点出发，经过不重复的顶点和边，最终回到起点。圈是图结构复杂性的主要表现之一，不含圈的连通图称作树。由于树结构的简单性，一些图论中的难问题在树上较容易解决。现在，首先给出圈的数学定义。

3.1.1　理论

2.1.1 节定义了路线、迹、路。起点和终点相同的非平凡路线称作**闭路线**（closed walk）。边不重复出现的闭路线称作**闭迹**（closed trail），又称回路（circuit、tour）。顶点不重复出现（除起点和终点相同）的闭迹称作圈（cycle）。例如，在图 3.2（b）中，序列 $v_5, v_6, v_7, v_8, v_6, v_5$ 是长度为 5 的闭路线，它不是闭迹，更不是圈；序列 $v_1, v_2, v_3, v_6, v_7, v_5, v_6, v_8, v_1$ 是长度为 8 的闭迹，它不是圈；序列 $v_1, v_2, v_3, v_6, v_8, v_1$ 是长度为 5 的圈。

 思考题 3.1　若图中存在闭路线，则一定存在闭迹吗？若图中存在闭迹，则一定存在圈吗？

 思考题 3.2　含顶点 u 和 v 的圈一定由两条 u-v 路组成吗？两条 u-v 路一定能组成圈吗？

圈和割边有着紧密联系。下述定理为割边给出了一个充要条件。

定理 3.1　对于图 $G = \langle V, E \rangle$ 和边 $e \in E$，e 是 G 的割边当且仅当 e 不在任何圈中。

 思考题 3.3 (♦)　证明定理 3.1。

 思考题 3.4　对于图 $G = \langle V, E \rangle$ 和顶点 $v \in V$，v 是 G 的割点当且仅当 v 不在任何圈中。这个结论成立吗？

图 G 中最短圈的长度称作 G 的**围长**（girth），最长圈的长度称作 G 的**周长**（circumference）。例如，在图 3.2 （b）中，圈 v_5, v_6, v_7, v_5 的长度最小，图的围长为 3；圈 $v_1, v_2, v_3, v_4, v_5, v_6, v_7, v_8, v_1$ 的长度最大，图的周长为 8。

 思考题 3.5　图 1.6 （a）所示的彼得森图的围长和周长分别是多少？

2.2.2 节和 2.3.2 节分别介绍了 DFS 树和 BFS 树，现在正式给出树的定义：不含圈的连通图称作**树**（tree）。树中度为 1 的顶点称作**叶**（leaf）**顶点**。更一般地，不含圈的图称作**森林**（forest）。例如，图 3.3 所示的图是树，它也是森林，顶点 v_1, v_4, v_5 是叶顶点；图 3.4 所示的图是森林，它不是树，但它的两个连通分支都是树。

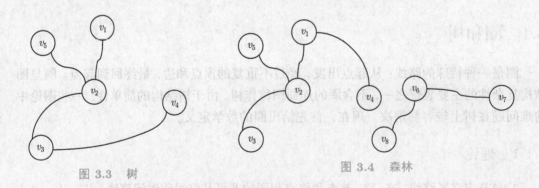

图 3.3　树　　　　　　　　　　　　　　图 3.4　森林

 思考题 3.6　图 1.6 （a）所示的彼得森图是树吗？

 思考题 3.7　完全图是树吗？

要理解树的内涵，关键在于理清树和圈之间的紧密联系。下述定理为树给出了几种等价定义。

定理 3.2 对于图 G，以下是树的等价定义：

1. G 连通且不含圈。

2. G 中任意两个顶点间有且只有一条路。

3. G 不含圈且 $\epsilon(G) = \nu(G) - 1$。

4. G 连通且 $\epsilon(G) = \nu(G) - 1$。

5. G 极小连通，即 G 连通，但删除任意一条边均不连通。

6. G 极大无圈，即 G 不含圈，但增加任意一条边均形成圈。

🕮 思考题 3.8 ($^{\diamondsuit\spadesuit}$) 证明定理 3.2。

🕮 思考题 3.9 树中的边有什么特征？你能就此给出树的另一种等价定义吗？

🕮 思考题 3.10 非平凡树的叶顶点数量的上界和下界分别是多少？

🕮 思考题 3.11 对于图 G，若 $\epsilon(G) = \nu(G) - 1$，则 G 一定是树吗？

🕮 思考题 3.12 ($^{\diamondsuit}$) 若图 G 和图 $\overline{G}$ 都是树，则 G 有什么特征？

若连通图 G 的生成子图 H 是树，则 H 称作 G 的**生成树**（spanning tree）。例如，图 3.3 所示的树是图 2.2 所示的连通图的生成树。

🕮 思考题 3.13 对于图 1.6（a）所示的彼得森图，请给出它的一棵生成树。

🕮 思考题 3.14 连通图一定有生成树吗？生成树唯一吗？生成树唯一的充要条件是什么？

🕮 思考题 3.15 DFS 树和 BFS 树是生成树吗？

3.1.2 算法

如何判定一个图是否为树？根据定理 3.2，只需判定该图是否连通，并比较图的阶和边数，作为练习留给读者自己编程实现。

¶ 课后练习

某国有 n 座城市（$n \geqslant 3$），若干对城市间开通了直飞航线，居住在城市中的旅游爱好者的愿望是：乘飞机环游至少一座其他城市并回到出发城市，经过的直飞航线和城市不重复（注：直飞航线往返于两座城市间，例如，"北京—上海"和"上海—北京"属于同一条直飞航线）。

练习 3.1 若开通的直飞航线数量不少于城市数量，则一定有旅游爱好者可以实现愿望吗？

练习 3.2 若每座城市至少和其他两座城市开通了直飞航线，则一定有旅游爱好者可以实现愿望吗？

练习 3.3　若每座城市至少和其他 k 座城市（$k \geqslant 2$）开通了直飞航线，则一定有旅游爱好者可以实现愿望并环游至少 k 座其他城市吗？

通信系统由若干台设备以及连接设备的线缆组成，只和其他一台设备有线缆连接的设备称作"终端"。若某通信系统中的任意两台设备均可直接或间接通信，并且信道唯一，则该通信系统称作"最简系统"。

练习 3.4　从含至少 3 台设备的最简系统中去除所有终端，剩余部分仍是最简系统吗？

最简系统中，两台设备间信道经过的线缆数量称作"跳数"，某设备到其他所有设备的最远跳数称作该设备的"边缘程度"。

练习 3.5　对于含至少 2 台设备的最简系统中的任意设备，与之跳数最远的设备一定是一台终端吗？

练习 3.6　对于含至少 3 台设备的最简系统，请比较终端及其相连的那台设备的边缘程度。

最简系统中，边缘程度最小的设备称作"核心设备"。

练习 3.7　满足下述要求的最简系统存在吗？若存在，请给出一个例子；若不存在，请证明。

(a) 含至少 3 台设备，且其中只有 1 台核心设备。

(b) 含至少 3 台设备，且其中恰有 2 台核心设备。

(c) 含至少 3 台设备，且其中有至少 3 台核心设备。

练习 3.8　请编程实现一种算法：判定一个图是否为树。

练习 3.9　请编程实现一种算法：判定一个图是否为森林。

3.2　二分图

圈的存在增加了图结构的复杂性，不同长度的圈对图结构复杂性的提升程度是不同的。长度为奇数的圈称作奇圈，不含奇圈的图称作二分图。相对于含奇圈的图，二分图的结构较简单，一些图论中的难问题在二分图上较容易解决。现在，首先给出二分图的数学定义。

3.2.1　理论

长度为奇数的圈称作**奇圈**（odd cycle），长度为偶数的圈称作**偶圈**（even cycle）。例如，图 3.2（b）含奇圈 v_5, v_6, v_7, v_5 和偶圈 v_3, v_4, v_5, v_6, v_3。

思考题 3.16　对于图 1.6（a）所示的彼得森图，请分别找出它的一个奇圈和一个偶圈。

对于图 $G = \langle V, E \rangle$，若顶点集 V 可划分为两个子集 X 和 Y，使每条边 $e \in E$ 的两个端点分属于 X 和 Y，则 G 称作**二分图**（bipartite graph），记作 $G = \langle X \cup Y, E \rangle$。"划分"的含义是：$X \neq \emptyset$、$Y \neq \emptyset$、$X \cup Y = V$、$X \cap Y = \emptyset$。对于二分图 $G = \langle X \cup Y, E \rangle$，若顶点子集 X 中每个顶点和顶点子集 Y 中每个顶点都相邻，则 G 称作**完全二分图**（complete bipartite graph），记作 $K_{|X|,|Y|}$。例如，图 3.5 是二分图，但它不是完全二分图；图 3.6 是完全二分图 $K_{3,2}$。

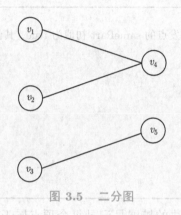

图 3.5　二分图

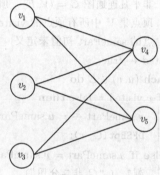

图 3.6　完全二分图 $K_{3,2}$

🔖 **思考题 3.17**　二分图的邻接矩阵有什么特征？

🔖 **思考题 3.18**　平凡图是二分图吗？

🔖 **思考题 3.19**　阶为 n 的二分图的边数的上界是多少？

🔖 **思考题 3.20**　对于正则二分图 $G = \langle X \cup Y, E \rangle$，请比较 $|X|$ 和 $|Y|$。

二分图和奇圈有着紧密联系。定理 3.3[4] 为二分图给出了一个充要条件。

定理 3.3　非平凡图 G 是二分图当且仅当 G 不含奇圈。

🔖 **思考题 3.21** (◇♦)　证明定理 3.3。

🔖 **思考题 3.22**　图 1.6 （a）所示的彼得森图是二分图吗？

🔖 **思考题 3.23**　完全图是二分图吗？

🔖 **思考题 3.24**　树是二分图吗？森林呢？

🔖 **思考题 3.25** (♀)　对于二分图 $G = \langle V, E \rangle$，若 G 连通，则顶点集 V 的划分方式唯一吗？

🔖 **思考题 3.26**　对于二分图 $G = \langle V, E \rangle$，若顶点集 V 的划分方式唯一，则 G 一定连通吗？

3.2.2 算法

如何判定一个图是否为二分图？这个问题可以通过扩展 2.1.2节介绍的 DFS 算法解决，扩展之后的伪代码如算法 3.1所示，记作 DFSBpt。该算法从非平凡连通图中任意一个指定顶点出发，按 DFS 的方式有序地遍历所有顶点并尝试将其划分为两个子集 X 和 Y，根据每条边的两个端点是否分属于 X 和 Y，判定该图是否为二分图。

算法 3.1: DFSBpt 算法伪代码

输入: 非平凡连通图 $G = \langle V, E \rangle$，顶点 u

初值: 顶点集 V 中所有顶点的 visited 初值为 false，出发点的 samePart 初值为 true，其他顶点的 samePart 初值未定义

1   u.visited ← true;
2   **foreach** $(u, v) \in E$ **do**
3   **if** v.visited = false **then**
4   v.samePart ← ¬ u.samePart;
5   DFSBpt(G, v);
6   **else if** u.samePart = v.samePart **then**
7   判定（"G 非二分图"）

相比于算法 2.1 所示的 DFS 算法，DFSBpt 算法的扩展是记录每个顶点属于顶点子集 X 还是 Y；不失一般性，假设出发点属于 X。对于图 $G = \langle V, E \rangle$，顶点集 V 中每个顶点的 samePart 属性是一个布尔型变量，表示该顶点是否和出发点同属于 X，出发点的 samePart 初值为 true，其他顶点的 samePart 初值未定义（可任意赋值）。对于顶点 u 的每个邻点 v（第 2 行），若 v 未被访问过（第 3 行），则在递归调用算法访问 v 之前（第 5 行），将 u 的 samePart 属性值的非作为 v 的 samePart 属性值（第 4 行），这是由于 u 和 v 不能同属于 X 或 Y。若 v 已被访问过，即 v 已被分到 X 或 Y 中，则比较 u 和 v 的 samePart 属性值，若两者相等（第 6 行），则判定 G 非二分图（第 7 行）。算法运行结束时，若从未判定 G 为非二分图，则判定 G 为二分图。

例如，对于图 2.2 和表 2.1 所示的 DFS 算法运行过程，DFSBpt 算法运行过程示意图如图 3.7 所示。对于顶点 v_4，它的邻点 v_2 已被访问过，并且 v_4 和 v_2 的 samePart 属性值相等，因此判定该图非二分图。

下述思考题有助于理解 DFSBpt 算法的正确性。

✍ **思考题 3.27** 在 DFSBpt 算法中，树边和后向边的作用分别是什么？

定理 3.4 DFSBpt 算法的判定结果正确。

✍ **思考题 3.28 (♦)** 证明定理 3.4。

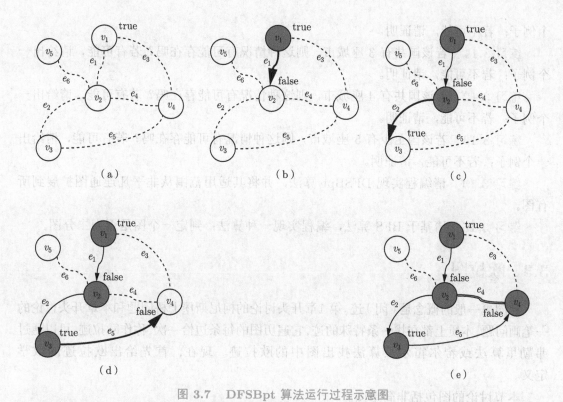

图 3.7 DFSBpt 算法运行过程示意图

（a）从 v_1 出发，v_1.samePart ← true；（b）调用 DFSBpt 算法访问 v_1，v_2.samePart ← false，再从 v_1 递归调用 DFSBpt 算法访问 v_2；（c）访问 v_2，v_3.samePart ← true，再从 v_2 递归调用 DFSBpt 算法访问 v_3；（d）访问 v_3，v_4.samePart ← false，再从 v_3 递归调用 DFSBpt 算法访问 v_4；（e）访问 v_4，v_4.samePart = v_2.samePart，判定为非二分图

白色顶点—DFSBpt 未调用的顶点　灰色顶点—DFSBpt 已调用未结束的顶点　粗实线箭头—下一步 DFSBpt 调用　细实线箭头—已发生的 DFSBpt 调用　虚线—未发生 DFSBpt 调用的相邻顶点　双细实线—samePart 属性值相等的邻点

对于阶为 n、边数为 m 的图，DFSBpt 算法的时间复杂度为 $O(n+m)$，和 DFS 算法相同。

判定一个图是否为二分图，也可通过扩展 BFS 算法解决，作为练习留给读者自己编程实现。

¶ 课后练习

某国若干（但非全部）城市的主导产业是旅游业，旅游城市和非旅游城市间可申请开通旅游客运专线。该国若干（但非全部）城市种植粮食，产粮城市和非产粮城市间可申请开通粮食货运快线。有趣的是，该国任意两座城市间，或开通了旅游客运专线，或开通了粮食货运快线，但不兼有两者。

练习 3.10　若该国共有 2 座城市，则这种情况有可能存在吗？若有可能，请给出一个例子；若不可能，请证明。

练习 3.11 若该国共有 3 座城市，则这种情况有可能存在吗？若有可能，请给出一个例子；若不可能，请证明。

练习 3.12 若该国共有 4 座城市，则这种情况有可能存在吗？若有可能，请给出一个例子；若不可能，请证明。

练习 3.13 若该国至少有 5 座城市，则这种情况有可能存在吗？若有可能，请给出一个例子；若不可能，请证明。

练习 3.14 请编程实现 DFSBpt 算法，并将其适用范围从非平凡连通图扩展到所有图。

练习 3.15 请基于 BFS 算法，编程实现一种算法：判定一个图是否为二分图。

3.3 欧拉图

比圈更一般的概念是（闭）迹。第 1 章开头讨论的柯尼斯堡七桥问题和本章开头讨论的一笔画问题，本质上都在找一条特殊的迹，它遍历图的每条边恰一次，称作欧拉迹。可以通过弗勒里算法或希尔霍尔策算法找出图中的欧拉迹。现在，首先给出欧拉迹的数学定义。

本节讨论的图包括非简单图。

3.3.1 理论

经过图的每条边恰一次的迹称作**欧拉迹**（Eulerian trail）。经过图的每条边恰一次的闭迹（回路）称作**欧拉回路**（Eulerian circuit）。含欧拉回路的图称作**欧拉图**（Eulerian graph）。例如，图 3.8 含欧拉迹 $v_1, v_2, v_3, v_4, v_2, v_5, v_6, v_1, v_5$，但不含欧拉回路，不是欧拉图；图 3.9 含欧拉回路 $v_1, v_2, v_3, v_4, v_2, v_5, v_6, v_1$，是欧拉图。

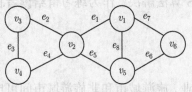
图 3.8　含欧拉迹的图

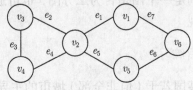
图 3.9　含欧拉回路的图

思考题 3.29 每个图都有欧拉迹吗？若有，则唯一吗？

思考题 3.30 树是欧拉图吗？

思考题 3.31 对于连通欧拉图 $G = \langle V_G, E_G \rangle$ 和 $H = \langle V_H, E_H \rangle$，任取顶点 $u \in V_G$

和 $v \in V_H$，向 G 和 H 的不交并 $G+H$ 中增加边 (u,v) 形成的图含欧拉回路吗？含欧拉迹吗？

欧拉迹和顶点的度有着紧密联系。定理 3.5 和推论 3.1[1] 分别为欧拉回路和欧拉迹的存在性给出了一个充要条件。

定理 3.5 非空连通图 G 含欧拉回路当且仅当 G 没有顶点的度为奇数。

推论 3.1 非空连通图 G 含欧拉迹当且仅当 G 有至多 2 个顶点的度为奇数。

✎ **思考题 3.32** (◇♦) 证明定理 3.5 和推论 3.1。

✎ **思考题 3.33** 含欧拉迹的图一定连通吗？图 G 含欧拉回路和欧拉迹的充要条件分别是什么？

✎ **思考题 3.34** 若图 G 含欧拉迹且恰有 2 个顶点的度为奇数，则它们一定为每条欧拉迹的起点和终点吗？

✎ **思考题 3.35** 图 1.6 （a）所示的彼得森图含欧拉迹吗？

✎ **思考题 3.36** 完全图是欧拉图吗？

✎ **思考题 3.37** 完全二分图是欧拉图吗？

✎ **思考题 3.38** 正则图是欧拉图吗？

3.3.2 算法

如何找出图中的一条欧拉迹？这个问题可以通过两种不同的算法解决：弗勒里算法，或更高效的希尔霍尔策算法。

1. 弗勒里算法

弗勒里算法（Fleury's algorithm）[5] 逐步构造欧拉迹，每步将当前迹延长一条边，并尽可能避免选择剩余图的割边，从而避免剩余的边不能全部增加到迹中。

人物简介

弗勒里（Fleury）的全名和真实身份尚存在争议。

弗勒里算法伪代码如算法 3.2所示。对于含欧拉迹的图 $G = \langle V, E \rangle$，该算法从顶点 u 出发：若顶点集 V 中有顶点的度为奇数，则以该顶点为出发点（第 1~2 行）；否则，以任意非孤立点为出发点（第 3~4 行）。接下来，每轮 while 循环从 u 经过其关联的边 e 到达 e 的另一个端点，作为下轮 while 循环的 u（第 12 行），并将 e 从 G 中删除（第 14 行），直至到达孤立点（第 6 行）：e 的选取原则是优先选择非割边（第 7~10 行）。在算法运行过程中，按序输出经过的顶点和边（第 5、11、13 行），组成一条欧拉迹。

算法 3.2： 弗勒里算法伪代码

　　输入： 含欧拉迹的图 $G = \langle V, E \rangle$

1　**if** $\exists v \in V, d(v)$ 是奇数 **then**

2　　　$u \leftarrow v$;

3　**else**

4　　　$u \leftarrow V$ 中任意一个非孤立点;

5　输出 (u);

6　**while** u 非孤立点 **do**

7　　　**if** u 关联一条非割边 e' **then**

8　　　　　$e \leftarrow e'$;

9　　　**else**

10　　　　$e \leftarrow u$ 关联的任意一条边;

11　　　输出 (e);

12　　　$u \leftarrow e$ 的另一个端点;

13　　　输出 (u);

14　　　$G \leftarrow G - e$;

　　例如，对于图 3.8，从顶点 v_1 出发执行弗勒里算法，输出的欧拉迹可能是 $v_1, v_2, v_3, v_4,$ v_2, v_5, v_6, v_1, v_5，也可能是 $v_1, v_2, v_3, v_4, v_2, v_5, v_1, v_6, v_5$ 等，具体结果取决于关联边的选择。以欧拉迹 $v_1, v_2, v_3, v_4, v_2, v_5, v_6, v_1, v_5$ 为例，该算法运行过程示意图如图 3.10 所示。

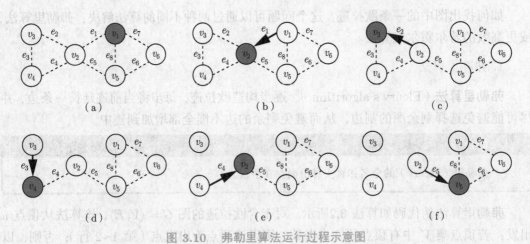

图 3.10　弗勒里算法运行过程示意图

(a) 从 v_1 出发，输出 v_1；(b) 输出并删除非割边 e_1，输出 v_2；(c) 输出并删除非割边 e_2，输出 v_3；(d) 输出并删除割边 e_3，输出 v_4；(e) 输出并删除割边 e_4，输出 v_2；(f) 输出并删除割边 e_5，输出 v_5；(g) 输出并删除非割边 e_6，输出 v_6；(h) 输出并删除割边 e_7，输出 v_1；(i) 输出并删除割边 e_8，输出 v_5

灰色顶点—顶点 u　　粗实线箭头—经过的边 e　　虚线—未经过的边

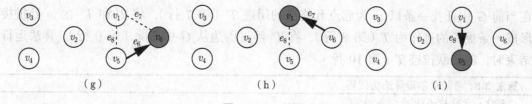

图 3.10 （续）

要理解弗勒里算法的正确性，关键在于注意到下述事实。算法每轮 while 循环开始前：或者图 G 为空图，则原图的欧拉迹已找到；或者 G 含以顶点 u 为起点的欧拉迹，则该欧拉迹和已输出的序列可拼接得到原图的欧拉迹。上述事实可分解为定理 3.6 和推论 3.2。其中，定理 3.6 较易证明，推论 3.2 证明的关键在于注意到：算法选择割边当且仅当 u 的度为 1。

定理 3.6 弗勒里算法每轮 while 循环条件判定前，图 G 或者没有顶点的度为奇数，或者恰有 2 个顶点（包括顶点 u）的度为奇数。

推论 3.2 弗勒里算法每轮 while 循环条件判定前，图 G 或者为空图，或者边集的边导出子图连通且含顶点 u。

🕮 **思考题 3.39** (◇♦) 证明定理 3.6 和推论 3.2。

对于阶为 n、边数为 m 的图，弗勒里算法的主要计算步骤是每轮 while 循环都要重新找出图中的割边，这是由于图 G 的割边和图 $G-e$ 的割边未必相同。若修改 2.2.2 节介绍的 DFSCV 算法（练习 2.10）来找割边，则弗勒里算法每轮 while 循环的时间复杂度为 $O(n+m)$；循环的轮数为 $O(m)$。因此，该算法的时间复杂度为 $O(n+m(n+m))$。

2. 希尔霍尔策算法

希尔霍尔策算法（Hierholzer's algorithm）[6] 也是逐步构造欧拉迹，但每步是将当前迹与一条闭迹拼接。

> **人物简介**
>
> 希尔霍尔策（Carl Hierholzer），1840 年出生于德国。

希尔霍尔策算法伪代码如算法 3.3所示。对于含欧拉迹的图 $G = \langle V, E \rangle$，该算法首先找一条迹 T：若顶点集 V 中有两个顶点的度为奇数，则任找一条以它们为起点和终点的迹作为 T（第 1~2 行）；否则，任找一条闭迹作为 T（第 3~4 行）。将 T 经过的边从 G 中删除（第 5 行）。接下来，每轮 while 循环从 T 经过的顶点中选择 w，满足 w 在当前 G 中非孤立点，即 w 关联至少一条 T 尚未经过的边，直至找不到满足条件的 w（第 6 行）；

在当前 G 中任找一条以 w 为起点和终点的闭迹 T'（第 7 行），将 T 和 T' 在 w 处拼接形成一条更长的迹作为 T（第 8 行），将 T' 经过的边从 G 中删除（第 9 行）。算法运行结束时，输出欧拉迹 T（第 10 行）。

算法 3.3：希尔霍尔策算法伪代码

输入： 含欧拉迹的图 $G = \langle V, E \rangle$

1 **if** $\exists u, v \in V$, $d(u)$ 是奇数 且 $d(v)$ 是奇数 **then**
2 $\quad$ | $T \leftarrow G$ 中任意一条 $u\text{-}v$ 迹；
3 **else**
4 $\quad$ | $T \leftarrow G$ 中任意一条闭迹；
5 $G \leftarrow G - T$ 经过的边的集合；
6 **while** $\exists w \in V$, w 非孤立点 且 T 经过 w **do**
7 $\quad$ | $T' \leftarrow G$ 中任意一条 $w\text{-}w$ 闭迹；
8 $\quad$ | $T \leftarrow T$ 和 T' 拼接；
9 $\quad$ | $G \leftarrow G - T'$ 经过的边的集合；
10 输出 (T)

例如，对于图 3.8，执行希尔霍尔策算法，输出的欧拉迹可能是 $v_1, v_2, v_3, v_4, v_2, v_5, v_6,$ v_1, v_5，也可能是 $v_1, v_2, v_3, v_4, v_2, v_5, v_1, v_6, v_5$ 等，具体结果取决于迹和顶点 w 的选择。以欧拉迹 $v_1, v_2, v_3, v_4, v_2, v_5, v_6, v_1, v_5$ 为例，该算法运行过程示意图如图 3.11 所示。

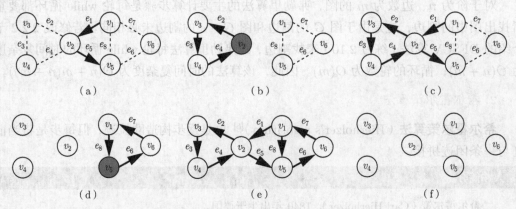

图 3.11　希尔霍尔策算法运行过程示意图

(a) 第 1 轮 while 循环开始前的 T；(b) 第 1 轮 while 循环开始时的 G 和 w，开始后的 T'；(c) 第 2 轮 while 循环开始前的 T；(d) 第 2 轮 while 循环开始时的 G 和 w，开始后的 T'；(e) 第 3 轮 while 循环开始前的 T；(f) 第 3 轮 while 循环开始时的 G 和 w（不存在）

粗实线箭头—迹经过的边　灰色顶点—顶点 w

要理解希尔霍尔策算法的正确性，关键在于注意下述事实。算法每轮 while 循环开始前：或者图 G 为空图，则原图的欧拉迹已找到；或者 G 的每个非平凡连通分支都含（该分支自身的）欧拉回路，且都和迹 T 有公共顶点，则这些欧拉回路和 T 可拼接得到原图的欧拉迹。上述事实可分解为定理 3.7 和定理 3.8，都较容易证明。

> **定理 3.7** 希尔霍尔策算法每轮 while 循环条件判定前，图 G 没有顶点的度为奇数。

> **定理 3.8** 希尔霍尔策算法每轮 while 循环条件判定前，图 G 或者为空图，或者边集的边导出子图的每个连通分支都和迹 T 有公共顶点。

✍ 思考题 3.40 (✦)　证明定理 3.7 和定理 3.8。

✍ 思考题 3.41 (◇)　在希尔霍尔策算法中，要找的迹一定存在吗? 如何找出这样的迹?

对于阶为 n、边数为 m 的图，希尔霍尔策算法 while 循环的轮数为 $O(m)$；若采用双向链表等数据结构存储迹、维护所有满足条件的顶点 w、维护每个 w 关联的迹 T 尚未经过的边，则每轮 while 循环除找闭迹外，其他计算步骤的时间复杂度为 $O(1)$。因此，该算法的时间复杂度为 $O(n+m)$。

¶ 课后练习

某国的任意两座城市间，或开通了直飞航线，或开通了直达班车，但不兼有两者。下述情况有可能存在吗? 若有可能，请给出一个例子；若不可能，请证明（假设两座城市间的往返航线或班车只乘坐单程）。

练习 3.16　有一位旅游爱好者可以不间断、不重复地乘坐所有航线并回到出发城市；同时，有一位旅游爱好者可以不间断、不重复地乘坐所有班车并回到出发城市。

练习 3.17　有一位旅游爱好者可以不间断、不重复地乘坐所有航线并回到出发城市；同时，没有任何一位旅游爱好者可以不间断、不重复地乘坐所有班车并回到出发城市。

练习 3.18　有一位旅游爱好者可以不间断、不重复地乘坐所有航线，但没有任何一位旅游爱好者可以如此回到出发城市；同时，有一位旅游爱好者可以不间断、不重复地乘坐所有班车，但没有任何一位旅游爱好者可以如此回到出发城市。

练习 3.19　有一位旅游爱好者可以不间断、不重复地乘坐所有航线，但没有任何一位旅游爱好者可以如此回到出发城市；同时，没有任何一位旅游爱好者可以不间断、不重复地乘坐所有班车。

练习 3.20　请编程实现弗勒里算法。

练习 3.21　请编程实现希尔霍尔策算法。

练习 3.22　请编程实现一种算法：判定一个图是否含欧拉迹；若含，则输出一条欧拉迹。

3.4 哈密尔顿图

本章开头讨论的博物馆游览问题，本质上是找一个特殊的圈，它遍历图的每个顶点恰一次，称作哈密尔顿圈。目前并没有特别高效的算法能找出图中的哈密尔顿圈。现在，首先给出哈密尔顿圈的数学定义。

3.4.1 理论

经过图的所有顶点的路称作**哈密尔顿路**（Hamiltonian path）。经过图的所有顶点的圈称作**哈密尔顿圈**（Hamiltonian cycle）。含哈密尔顿圈的图称作**哈密尔顿图**（Hamiltonian graph）。例如，图 3.12 含哈密尔顿路 v_1, v_2, v_3, v_4, v_5，但不含哈密尔顿圈，不是哈密尔顿图；图 3.13 含哈密尔顿路 v_1, v_2, v_3, v_4, v_5，也含哈密尔顿圈 $v_1, v_2, v_3, v_4, v_5, v_1$，是哈密尔顿图。

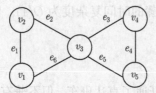

图 3.12　含哈密尔顿路的图

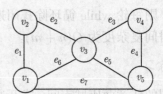

图 3.13　含哈密尔顿圈的图

人物简介

哈密尔顿（William Rowan Hamilton），1805 年出生于爱尔兰。他于 1857 年发明了一种智力游戏，游戏的本质是沿着十二面体的棱找哈密尔顿圈。

思考题 3.42　每个图都有哈密尔顿路和哈密尔顿圈吗？若有，则唯一吗？

思考题 3.43　树是哈密尔顿图吗？

思考题 3.44　图 1.6（a）所示的彼得森图含哈密尔顿路和哈密尔顿圈吗？

思考题 3.45　完全图是哈密尔顿图吗？

思考题 3.46　完全二分图是哈密尔顿图吗？

思考题 3.47　对于哈密尔顿图 $G = \langle V_G, E_G \rangle$ 和 $H = \langle V_H, E_H \rangle$，任取顶点 $u \in V_G$ 和 $v \in V_H$，向 G 和 H 的不交并 $G + H$ 中增加边 (u, v) 形成的图是哈密尔顿图吗？含哈密尔顿路吗？

思考题 3.48　哈密尔顿图一定连通吗？有割点和割边吗？

思考题 3.49　欧拉图是哈密尔顿图吗？哈密尔顿图是欧拉图吗？

关于哈密尔顿圈的存在性，目前尚未找到具有普遍易用性的充要条件。下述几种必要条件和充分条件，可作为特定情况下哈密尔顿图的判定方法。

定理 3.9　若图 $G = \langle V, E \rangle$ 是哈密尔顿图，则对于任意一个顶点子集 $\varnothing \subset V' \subset V$，图 $G - V'$ 含至多 $|V'|$ 个连通分支。

✍ 思考题 3.50 (♦)　证明定理 3.9。

✍ 思考题 3.51　若图 G 连通，则上述必要条件是充分条件吗？

定理 3.10　对于阶为 n 的图 $G = \langle V, E \rangle$，若 $n \geqslant 3$ 且任意两个不相邻顶点 $u, v \in V$ 都满足 $d(u) + d(v) \geqslant n$，则 G 为哈密尔顿图[7]。

推论 3.3　对于阶为 n 的图 G，若 $n \geqslant 3$ 且 $\delta(G) \geqslant \dfrac{n}{2}$，则 G 为哈密尔顿图[8]。

✍ 思考题 3.52　上述充分条件是必要条件吗？

课外阅读

　　对哈密尔顿图的必要条件和充分条件感兴趣的读者，可以参考古尔德（Ronald James Gould）在不同时期发表的三篇综述性论文[9-11]。

3.4.2　算法

如何判定一个图是否含哈密尔顿路？如何判定一个图是否含哈密尔顿圈？这两个问题可以互相归约。

✍ 思考题 3.53　对于图 G，如何构造图 H，使 G 含哈密尔顿路当且仅当 H 含哈密尔顿圈？

✍ 思考题 3.54 (◇)　对于图 G，如何构造图 H，使 G 含哈密尔顿圈当且仅当 H 含哈密尔顿路？

这两个判定问题的复杂度都属于 NPC[12]。由于哈密尔顿圈的存在性的判定问题可归约为旅行商问题，因此通常采用解决旅行商问题的算法判定哈密尔顿圈的存在性。我们在第 6 章会详细讨论旅行商问题及其算法。

¶ 课后练习

练习 3.23　某国有 $2n$ 座城市（$n \geqslant 2$），任意两座城市间，或开通了直飞航线，或开通了直达班车，但不兼有两者。若每座城市开通直飞航线的数量相同，则是否有一位旅游爱好者可以全程只乘坐一种交通工具不间断、不重复地环游所有城市并回到出发城市？

练习 3.24　n 位同学围圆桌而坐（$n \geqslant 5$），通过换座位使每位同学身旁的两位同学全部换掉，这种换座位方案一定存在吗？

第 4 章 连 通 度

第 2 章讨论了图的连通性，在很多实际问题中，连通仅是对图的基本要求。例如，图 4.1 所示的是连接四座城市的三种铁路网，它们都是连通图，即任意两座城市间都有铁路连接。然而，这三种铁路网的"连通强度"不同，体现在它们抵御风险的能力不同。图 4.1（a）所示的铁路网由 3 段铁路组成，若由于极端天气等原因，其中任意 1 段铁路中断了，则至少有两座城市间的铁路连接随之中断，该铁路网的连通强度较低。图 4.1（b）所示的铁路网由 4 段铁路组成，若其中任意 1 段铁路中断，则任意两座城市间仍有其他铁路连接；然而，若其中任意 2 段铁路中断，则至少有两座城市间的铁路连接随之中断，该铁路网的连通强度中等。图 4.1（c）所示的铁路网由 6 段铁路组成，若其中任意 1 段或 2 段铁路中断，则任意两座城市间仍有其他铁路连接，该铁路网的连通强度较高。

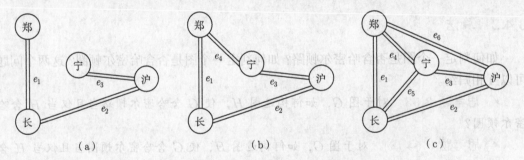

图 4.1 连接四座城市的三种铁路网

（a）连通强度较低；（b）连通强度中等；（c）连通强度较高

连通强度的本质是什么？一般意义上，如何计算一个图的连通强度？这便是本章讨论的主题：连通度。

本章共分 2 节：4.1 节介绍没有割点的连通图——块；4.2 节介绍图的连通度。

若无特殊说明，则本章讨论的图都是简单图。

4.1 块

2.2 节讨论了图的割点和割边，若一个连通图有割点（或割边），则仅从图中删除割点，图便不再连通，这种图的连通强度较低。没有割点的连通（子）图称作块，块的连通强度较高。可以通过修改 DFSCV 算法找出图中的所有块。现在，首先给出块的数学定义。

4.1.1 理论

图 G 的极大的没有割点的连通子图称作 G 的**块**（block）。极大的含义是：该子图连通、没有割点，且不是 G 的任何连通、没有割点的子图的真子图。例如，图 4.2（a）含 4 个块，如图 4.2（b）所示。特别地，若 G 只含 1 个块，即 G 连通且没有割点，则 G 自身称作一个块。

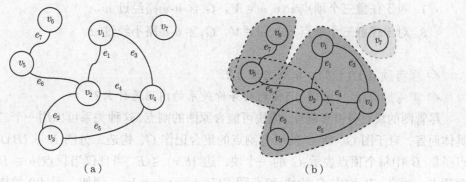

图 4.2　块
（a）图 G；（b）G 的 4 个块
虚线—块

- 思考题 4.1　图 1.6（a）所示的彼得森图含多少个块？
- 思考题 4.2　完全图是块吗？
- 思考题 4.3　树是块吗？
- 思考题 4.4　欧拉图和哈密尔顿图是块吗？
- 思考题 4.5　若图的块只含一个顶点，则这种顶点有什么特征？
- 思考题 4.6　若图的块只含一条边，则这种边有什么特征？
- 思考题 4.7　两个块至多含多少个公共顶点？这种顶点有什么特征？
- 思考题 4.8　两个块至多含多少条公共边？

定理 4.1　块为边集定义了一种等价关系。

- 思考题 4.9 (♦)　证明定理 4.1。

要理解这种等价关系的内涵，关键在于理清块和圈的紧密联系。下述定理为块给出了几种等价定义。

定理 4.2 对于阶至少为 3 的连通图 $G = \langle V, E \rangle$，以下是块的等价定义：

1. G 没有割点。

2. 对于任意两个顶点 $u, v \in V$，G 含两条无公共内顶点的 u-v 路。

3. 对于任意两个顶点 $u, v \in V$，G 含圈经过 u 和 v。

4. 对于任意一个顶点 $v \in V$ 和任意一条边 $e \in E$，G 含圈经过 v 和 e。

5. 对于任意两条边 $e, f \in E$，G 含圈经过 e 和 f。

6. 对于任意两个顶点 $u, v \in V$ 和任意一条边 $e \in E$，G 含 u-v 路经过 e。

7. 对于任意三个顶点 $u, v, w \in V$，G 含 u-v 路经过 w。

8. 对于任意三个顶点 $u, v, w \in V$，G 含 u-v 路不经过 w。

✍ 思考题 4.10 ($\diamond\spadesuit$) 证明定理 4.2。

✍ 思考题 4.11 定理 4.1 提到的等价关系的内涵是什么？

尽管图的块自身没有割点，但块可能含原图的割点，这种关系可以用一个二分图表示。具体而言，对于图 G，将 G 的所有割点的集合记作 C，构造二分图 $H = \langle B \cup C, E' \rangle$，顶点子集 B 中每个顶点表示 G 的一个块，边 $(b, v) \in E'$ 当且仅当顶点 $b \in B$ 表示的块含顶点 $c \in C$，H 称作 G 的**块-割点图**（block-cut graph）。例如，图 4.2 的块-割点图如图 4.3 所示。

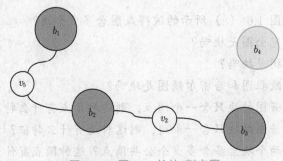

图 4.3 图 4.2 的块-割点图

✍ 思考题 4.12 块-割点图含圈吗？

✍ 思考题 4.13 对于图 G 的块-割点图 H，H 的叶顶点有可能是 G 的割点吗？

定理 4.3 对于图 $G = \langle V, E \rangle$ 和顶点 $v \in V$，v 是 G 的割点当且仅当 G 的至少 2 个块含 v。

✏ 思考题 4.14 (◆) 证明定理 4.3。

4.1.2 算法

如何找出图中所有块？这个问题可以通过修改 2.2.2 节介绍的 DFSCV 算法解决[3]，修改之后的伪代码如算法 4.1所示，记作 DFSBlk 算法。该算法从非平凡连通图中任意一个指定顶点出发，按 DFS 的方式有序地遍历所有顶点，并找出所有块。

算法 4.1: DFSBlk 算法伪代码

输入: 非平凡连通图 $G = \langle V, E \rangle$，顶点 u

初值: 变量 time 初值为 0；顶点集 V 中所有顶点的 visited 初值为 false，parent 初值为 null，
children 初值为 0；栈 S 初值为空

```
1  time ← time + 1;
2  u.d ← time;
3  u.low ← u.d;
4  u.visited ← true;
5  foreach (u, v) ∈ E do
6      if v.visited = false then
7          入栈 (S, (u, v));
8          v.parent ← u;
9          u.children ← u.children + 1;
10         DFSBlk(G, v);
11         u.low ← min{u.low, v.low};
12         if (u.parent = null 且 u.children ⩾ 2) 或 (u.parent ≠ null 且 v.low ⩾ u.d) then
13             输出 (以下边组成一个块);
14             do
15                 (x, y) ← 出栈 (S);
16                 输出 ((x, y));
17             while (x, y) ≠ (u, v);
18     else if v ≠ u.parent then
19         if u.d > v.d then
20             入栈 (S, (u, v));
21         u.low ← min{u.low, v.d};
```

相比于如算法 2.2所示的 DFSCV 算法，DFSBlk 算法的第一项修改是在发现每条边后，将其增加到一个初值为空的栈 S 的栈顶（第 7、19~20 行）；栈是一种后入先出的数据结构。DFSBlk 算法的第二项修改是将割点判定改为输出一个块的边集（第 13~17 行），即反复出栈并输出出栈的边，直至该块中最早入栈的边 (u, v)。注意，若算法的出发点不

是割点，则算法运行结束时 S 不为空，而是存储了出发点所在块的边集，因此，还需额外输出这个块的边集，这一点未体现在算法 4.1 中，作为练习留给读者自己编程实现。

例如，对于图 2.7（a）和图 2.7 所示的 DFSCV 算法运行过程，DFSBlk 算法运行过程示意图如图 4.4 所示。当 DFSCV 算法完成从顶点 v_5 对 v_6 的递归调用并判定 v_5 为割点时，DFSBlk 算法输出第 1 个块的边集 $\{e_7\}$；当 DFSCV 算法完成从顶点 v_2 对 v_5 的递归调用并判定 v_2 为割点时，DFSBlk 算法输出第 2 个块的边集 $\{e_6\}$。由于出发点 v_1 不是割点，当 DFSBlk 算法运行结束时 S 不为空，因此额外输出第 3 个块的边集 $\{e_4, e_3, e_5, e_2, e_1\}$。

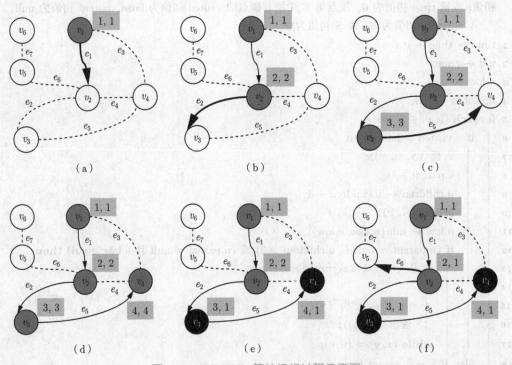

图 4.4 DFSBlk 算法运行过程示意图

(a) 从 v_1 出发，调用 DFSBlk 算法访问 v_1，再从 v_1 递归调用 DFSBlk 算法访问 v_2，e_1 入栈，S 含 e_1；(b) 访问 v_2，再从 v_2 递归调用 DFSBlk 算法访问 v_3，e_2 入栈，S 含 e_1, e_2；(c) 访问 v_3，再从 v_3 递归调用 DFSBlk 算法访问 v_4，e_5 入栈，S 含 e_1, e_2, e_5；(d) 访问 v_4，e_3 和 e_4 入栈，S 含 e_1, e_2, e_5, e_3, e_4；(e) 对 v_4、v_3 的 DFSBlk 调用依次结束；(f) 再从 v_2 递归调用 DFSBlk 算法访问 v_5，e_6 入栈，S 含 $e_1, e_2, e_5, e_3, e_4, e_6$；(g) 访问 v_5，再从 v_5 递归调用 DFSBlk 算法访问 v_6，e_7 入栈，S 含 $e_1, e_2, e_5, e_3, e_4, e_6, e_7$；(h) 访问 v_6；(i) 对 v_6 的 DFSBlk 调用结束，输出一个块的边集 $\{e_7\}$，S 含 $e_1, e_2, e_5, e_3, e_4, e_6$；(j) 对 v_5 的 DFSBlk 调用结束，输出一个块的边集 $\{e_6\}$，S 含 e_1, e_2, e_5, e_3, e_4；(k) 对 v_2、v_1 的 DFSBlk 调用依次结束，S 不为空，输出一个块的边集 $\{e_4, e_3, e_5, e_2, e_1\}$

白色顶点—DFSBlk 未调用的顶点 灰色顶点—DFSBlk 已调用未结束的顶点 黑色顶点—DFSBlk 调用已结束的顶点 粗实线箭头—下一步 DFSBlk 调用 细实线箭头—已发生的 DFSBlk 调用 虚线—未发生 DFSBlk 调用的相邻顶点 灰底色数字—顶点的 d 和 low 属性值

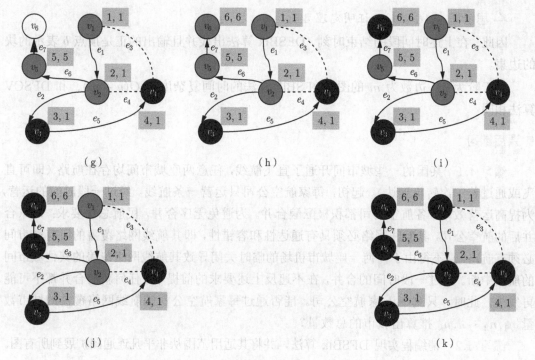

图 4.4 （续）

为理解 DFSBlk 算法的正确性，我们同步分析 DFSCV 算法和 DFSBlk 算法运行的下述时间段：开始时刻是发现边 (u,v) 并从顶点 u 递归调用访问顶点 v，结束时刻是完成对 v 的递归调用且 DFSCV 算法判定 u 为割点。对于非平凡连通图 G，其块-割点图 $H = \langle B \cup C, E' \rangle$ 是树。以割点 $u \in C$ 为界，H 可分解为至少两棵含公共顶点 u 的树，其中恰有一棵树 $T = \langle B_T \cup C_T, E_T \rangle$ 中的一个顶点 $b \in B_T$ 表示的块含顶点 v 和边 (u,v)。注意定理 4.4 给出的事实。

定理 4.4 上述时间段内发现的边恰组成集合 B_T 中的顶点表示的所有块。

✍ 思考题 4.15 (♦) 证明定理 4.4。

因此，在上述时间段内，DFSBlk 算法恰将这些块中的边增加到栈 S 中，其中最先增加的边是 (u,v)。同时，在 DFS 树中，顶点 v 的后代顶点恰由这些块的顶点集（除顶点 u,v 外）组成。在此基础上，注意定理 4.5 给出的事实。

定理 4.5 在上述时间段的结束时刻，边 (u,v) 在栈 S 中，且从栈顶到 (u,v) 恰存储了顶点 b 表示的块的边集。

✍ 思考题 4.16 ($\diamond\spadesuit$) 证明定理 4.5。

因此，在上述时间段的结束时刻，DFSBlk 算法出栈并且输出的正是顶点 b 表示的块的边集。

对于阶为 n、边数为 m 的图，DFSBlk 算法的时间复杂度为 $O(n+m)$，和 DFSCV 算法相同。

¶ 课后练习

练习 4.1 某国的一些城市间开通了直飞航线，任意两座城市间均存在航路（即可直飞或通过若干次转机到达）。起初，每家航空公司只运营一条航线。经过一段时间的运营，为提高运营效率，各航空公司都积极酝酿合并。为避免无序合并，民航总局要求：每家合并后的航空公司，其航线网络必须具有通达性和容错性，即其航线网络覆盖的所有城市间必须有航路，且不得由于任何一座城市机场的临时关闭导致其航线网络覆盖的其他城市间的航路中断。经过一段时间的合并，在不违反上述要求的前提下，任何新的合并都不可能再发生。此时，只剩下 k 家航空公司。能否通过每家航空公司的航线网络覆盖的城市数量 $n_1, n_2, \cdots, n_k$ 推算出城市的总数量？

练习 4.2 请编程实现 DFSBlk 算法，并将其适用范围从非平凡连通图扩展到所有图。

练习 4.3 请编程实现一种算法：输出图的块-割点图。

4.2 割集和连通度

相比于图 4.1（a）所示的有割点的图，图 4.1（b）和图 4.1（c）所示的两个块的连通强度较高，但这两个块的连通强度并不相同，使后者不连通需要删除更多的边。使一个连通图不再连通需要删除的顶点（或边）的数量称作这个图的点连通度（或边连通度）。这个数量和顶点间无公共内顶点（或无公共边）的路的数量有关。现在，首先给出连通度的数学定义。

4.2.1 理论

对于图 $G = \langle V, E \rangle$ 和顶点子集 $S \subseteq V$，若图 $G - S$ 的连通分支数量大于 G 的连通分支数量，则 S 称作 G 的**点割集**（vertex cut），又称**分离集**（separating set）。因此，割点对应一种特殊的点割集。若 G 的任何点割集都不是点割集 S 的真子集，则 S 称作 G 的**极小点割集**（minimal vertex cut）。顶点数量最少的点割集称作 G 的**最小点割集**（minimum vertex cut）。例如，在图 4.5 中，顶点子集 $\{v_1, v_4, v_5\}$ 是点割集，它不是极小点割集，更不是最小点割集；顶点子集 $\{v_4, v_5\}$ 是极小点割集，它不是最小点割集；顶点子集 $\{v_3\}$

是最小点割集。在图 4.6 中，顶点子集 $\{v_2, v_7\}$ 是最小点割集。

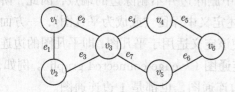

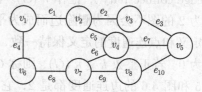

图 4.5　点连通度为 1、边连通度为 2 的图　　　图 4.6　点连通度为 2、边连通度为 2 的图

　　思考题 4.17　对于图 1.6（a）所示的彼得森图，请给出它的一个最小点割集。

　　思考题 4.18　每个图都有最小点割集吗？若有，则唯一吗？

　　思考题 4.19　完全图的最小点割集是什么？

　　思考题 4.20　树的最小点割集是什么？

　　为使图 G 不连通或成为平凡图，至少需要从 G 中删除的顶点数量称作 G 的**点连通度**（vertex connectivity），简称**连通度**（connectivity），记作 $\kappa(G)$。若正整数 $k \leqslant \kappa(G)$，则称 G 是 k **点连通图**（k-vertex-connected graph），简称 k **连通图**（k-connected graph）。例如，图 4.5 的连通度是 1，它是 1 连通图；图 4.6 的连通度是 2，它是 2 连通图，也是 1 连通图。

　　思考题 4.21　图 1.6（a）所示的彼得森图的连通度是多少？

　　思考题 4.22　若连通图 G 有点割集，则 G 的最小点割集和 $\kappa(G)$ 有什么关系？

　　思考题 4.23　完全图 K_n 的连通度是多少？

　　思考题 4.24　不连通图的连通度是多少？

　　思考题 4.25（◇）　1 连通图一定是连通图吗？反之呢？

　　思考题 4.26　2 连通图一定是块吗？反之呢？

　　思考题 4.27　从 k 连通图中删除任意 $k-1$ 个顶点，剩余图一定连通吗？

　　对于图 $G = \langle V, E \rangle$ 和边子集 $S' \subseteq E$，若图 $G - S'$ 的连通分支数量大于 G 的连通分支数量，则 S' 称作 G 的**边割集**（edge cut）。因此，割边对应一种特殊的边割集。若 G 的任何边割集都不是边割集 S' 的真子集，则 S' 称作 G 的**极小边割集**（minimal edge cut）。边的数量最少的边割集称作 G 的**最小边割集**（minimum edge cut）。例如，在图 4.6 中，边子集 $\{e_1, e_4, e_8\}$ 是边割集，它不是极小边割集，更不是最小边割集；边子集 $\{e_3, e_7, e_{10}\}$ 是极小边割集，它不是最小边割集；边子集 $\{e_1, e_8\}$ 是最小边割集。

　　思考题 4.28　对于图 1.6（a）所示的彼得森图，请给出它的一个最小边割集。

　　思考题 4.29　每个图都有最小边割集吗？若有，则唯一吗？

　　思考题 4.30　完全图有边割集吗？

　　思考题 4.31　树的最小边割集是什么？

为使图 G 不连通或成为平凡图，至少需要从 G 中删除的边的数量称作 G 的**边连通度**（edge connectivity），记作 $\kappa'(G)$。注意，从图中删除边并不删除边的端点，因此，阶至少为 2 的图不会因为删除边而成为平凡图；上述定义中保留"或成为平凡图"，一方面使该定义和点连通度的定义保持一致，另一方面使该定义适用于平凡图，即平凡图的边连通度为 0。若正整数 $k \leqslant \kappa'(G)$，则称 G 是 k **边连通图**（k-edge-connected graph）。例如，图 4.5 和图 4.6 的边连通度都是 2，它们都是 2 边连通图，也都是 1 边连通图。

思考题 4.32 图 1.6（a）所示的彼得森图的边连通度是多少？

思考题 4.33 若连通图 G 有边割集，则 G 的最小边割集和 $\kappa'(G)$ 有什么关系？

思考题 4.34 完全图 K_n 的边连通度是多少？

思考题 4.35 不连通图的边连通度是多少？

思考题 4.36 1 边连通图一定是连通图吗？反之呢？

思考题 4.37 2 边连通图一定是块吗？反之呢？

思考题 4.38 从 k 边连通图中删除任意 $k-1$ 条边，剩余图一定连通吗？

定理 4.6[13] 给出了点连通度和边连通度的关系。

定理 4.6 对于任意一个图 G：

$$\kappa(G) \leqslant \kappa'(G) \leqslant \delta(G) \tag{4.1}$$

思考题 4.39 ($\diamondsuit\blacklozenge$) 证明定理 4.6。

人物简介

定理 4.6 的作者：惠特尼（Hassler Whitney），1907 年出生于美国。由于在代数拓扑、微分几何、微分拓扑方面的基础性工作，他于 1982 年获得沃尔夫数学奖。

决定图的点（边）连通度的本质要素是什么？比较图 4.1 所示的三个图，似乎向图中增加边可以提高点（边）连通度。

思考题 4.40 向图中增加边，图的点连通度和边连通度一定提高吗？

为理解点（边）连通度的本质，我们首先分析有割点的图。对于有割点 v 的连通图 G，它的连通度为 1，从 G 中删除割点 v 后，图 $G-v$ 不连通，即 $G-v$ 中至少存在两个顶点 u 和 w 不连通。其本质原因已由定理 2.3 给出：在 G 中，v 是所有 u-w 路的公共内顶点。

类似地，我们分析块。对于阶至少为 3 的块 G，它是 2 连通图，从 G 中删除任意顶点 v 后，图 $G-v$ 仍连通。其本质原因已由定理 4.2 给出：在 G 中，任意两个顶点 u 和 w 间存在至少 2 条无公共内顶点的路。从 G 中删除 v，仅能使这 2 条 u-w 路中的至多 1

条消失，$G-v$ 中仍存在至少 1 条 u-w 路，因此 u 和 w 仍连通。

将上述分析推广到 k 连通图，便是**门格尔定理**（ Menger's theorem ）[14] 及其推论 [13]。

> **定理 4.7**（门格尔定理）　对于图 $G = \langle V, E \rangle$ 和两个不相邻的顶点 $u, v \in V$，使 u 和 v 不连通至少需要从 G 中删除的顶点数量等于 G 中两两无公共内顶点的 u-v 路的最大数量。

> **人物简介**
>
> 门格尔（Karl Menger），1902 年出生于奥匈帝国。

推论 4.1　非平凡图 G 是 k 连通图当且仅当 G 中任意两个顶点间存在至少 k 条两两无公共内顶点的路。

　　思考题 **4.41** (♦)　证明推论 4.1。

定理 4.7 和推论 4.1 面向的是点连通度，面向边连通度的结论是类似的。

> **定理 4.8**　对于图 $G = \langle V, E \rangle$ 和两个顶点 $u, v \in V$，使 u 和 v 不连通至少需要从 G 中删除的边的数量等于 G 中两两无公共边的 u-v 路的最大数量。

推论 4.2　非平凡图 G 是 k 边连通图当且仅当 G 中任意两个顶点间存在至少 k 条两两无公共边的路。

利用门格尔定理，可以将块的一些其他性质推广到 k 连通图，例如，

> **定理 4.9**　对于 k 连通图 $G = \langle V, E \rangle$ 和任意 k 个顶点 $v_1, v_2, \cdots, v_k \in V$（$k \geqslant 2$），$G$ 含圈经过 $v_1, v_2, \cdots, v_k$。

4.2.2　算法

如何计算图的点（边）连通度? 根据门格尔定理及其推论，这些问题可以转化为如何计算任意两个顶点间无公共内顶点（公共边）的路的最大数量，进而又可归约为最大流问题，采用计算最大流的算法解决。第 7 章会详细讨论最大流及其算法。

¶ 课后练习

某国有 n 座城市（$n \geqslant 3$），部分（非全部）城市间开通了直飞航线，任意两座城市间均存在航路（即可直飞或通过若干次转机到达）。整个航线网络的"城市容错系数"为 p，是指关闭至少 p 座城市的机场才会导致其他某些城市间的航路中断。整个航线网络的"航线容错系数"为 l，是指关闭至少 l 条直飞航线，才会导致某些城市间的航路中断。

练习 4.4　若每座城市恰开通 2 条直飞航线，请比较整个航线网络的城市容错系数和航线容错系数。

练习 4.5　若每座城市恰开通 3 条直飞航线，请比较整个航线网络的城市容错系数和航线容错系数。

练习 4.6　当前整个航线网络的城市容错系数为 p，若新增一座城市并和其他任意 p 座城市开通直飞航线，则整个航线网络的城市容错系数如何变化？

练习 4.7　有一条直飞航线因故临时关闭，尽管未导致任何城市间的航路中断，但有可能降低整个航线网络的城市容错系数和航线容错系数吗？若有可能，则降低幅度是多少？

第 5 章 匹 配

　　某企业有多项任务急需完成，每项任务最多由一人承担，每个人最多承担一项任务。企业内的每位职员可胜任其中若干项任务，如图 5.1（a）所示。应如何将这些任务分配给可胜任的职员，使尽可能多的任务有人承担？我们可以用图建模这个问题：将职员和任务表示为顶点，将可胜任关系表示为边，如图 5.1（b）所示，图中两两不相邻的边最多有多少条？对于这个例子，通过观察很容易发现：边子集 $\{e_1, e_4, e_6\}$ 表示一种最佳分配方式，3 项任务均由不同的职员承担，如图 5.1（c）所示。然而，一般意义上，如何解决这个问题呢？

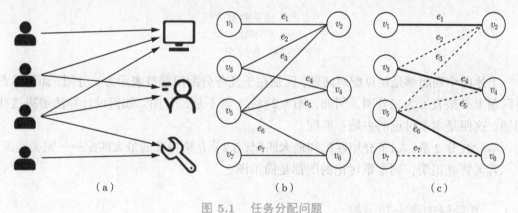

图 5.1　任务分配问题

（a）4 位职员和他们可胜任的 3 项任务；（b）将可胜任关系表示为图；（c）最佳分配

粗实线—最佳分配

　　某比赛要求双人组队参赛，一个人不允许加入多支队伍。某班级组织同学们组队参赛，由于这次比赛要求参赛选手具有较高的默契度,同学们商议决定:只有曾经搭档参加过类似比赛的同学，这次才可组队参赛。应如何组队才能派出最多数量的参赛队伍呢？我们可以用图建模这个问题:将同学表示为顶点，将过往搭档关系表示为边，如图 5.2（a）所示，图中两两不相邻的边最多有多少条？对于这个例子，通过观察很容易发现:边子集 $\{e_1, e_3, e_6, e_9, e_{11}, e_{13}\}$ 表示一种最佳组队方式，12 位同学全部组队参赛，如图 5.2（b）所示。然而，一般意义上，如何解决这个问题呢？

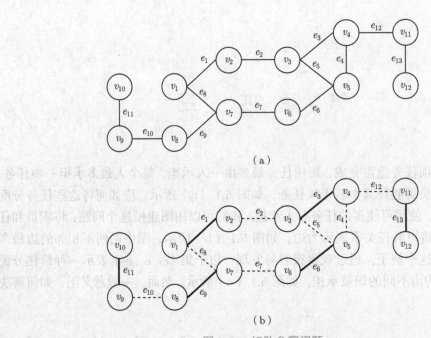

（a）

（b）

图 5.2　组队参赛问题
（a）表示过往搭档关系的图；（b）最佳组队
粗实线—最佳组队

上述两个问题都是顶点配对问题，区别在于任务分配问题被表示为二分图，而组队参赛问题未必被表示为二分图，例如，图 5.2（a）就不是二分图。如何设计算法解决这些问题？这便是本章讨论的主题：匹配。

本章共分 2 节：5.1节介绍匹配和最大匹配；5.2节介绍特殊的最大匹配——完美匹配。若无特殊说明，则本章讨论的图都是简单图。

5.1　匹配和最大匹配

匹配是一组不相邻的边。我们通常感兴趣的是最大匹配，即包含边的数量最多的匹配。可以通过匈牙利算法或霍普克罗夫特-卡普算法找出二分图中的最大匹配，可以通过花算法找出非二分图中的最大匹配。现在，首先给出匹配的数学定义。

5.1.1　理论

对于图 $G = \langle V, E \rangle$ 和边子集 $M \subseteq E$，若 M 中的边两两不相邻，则 M 称作 G 的**匹配**（matching），M 中边的端点称作被 M **饱和**（saturated），又称**已匹配**（matched）。对于匹配 M，若 M 不是 G 的任何匹配的真子集，则 M 称作 G 的**极大匹配**（maximal matching）。边的数量最多的匹配称作 G 的**最大匹配**（maximum matching）。例如，对于图 5.2（a）所示的图，边子集 $\{e_1, e_3\}$ 是匹配，它不是极大匹配，更不是最大匹配；边子集 $\{e_5, e_8, e_{10}, e_{12}\}$ 是极大匹配，它不是最大匹配；边子集 $\{e_1, e_3, e_6, e_9, e_{11}, e_{13}\}$ 是最大匹配，如图 5.2（b）所示。

　🖝 **思考题 5.1**　每个图都有匹配吗？

　🖝 **思考题 5.2**　图 1.6（a）所示的彼得森图的最大匹配有多少条边？

　🖝 **思考题 5.3**　阶为 n 的图的最大匹配至多有多少条边？

　🖝 **思考题 5.4**　完全图 K_n 的最大匹配有多少条边？

　🖝 **思考题 5.5**　完全二分图 $K_{m,n}$ 的最大匹配有多少条边？

　🖝 **思考题 5.6**　图的两个匹配的并集的边导出子图的每个连通分支的结构有什么特征？

　🖝 **思考题 5.7**　图的两个匹配的对称差的边导出子图的每个连通分支的结构有什么特征？

对于图 $G = \langle V, E \rangle$ 和匹配 $M \subseteq E$，若路 P 交替经过集合 M 和 $E \setminus M$ 中的边，则 P 称作 M **交错路**（alternating path）。起点和终点未被 M 饱和的非平凡 M 交错路称作 M **增广路**（augmenting path）。例如，对于图 5.2（a）所示的图，若 $M = \{e_1, e_3\}$，则路 $v_7, e_8, v_1, e_1, v_2, e_2, v_3, e_3, v_4$ 是 M 交错路，它不是 M 增广路；$v_7, e_8, v_1, e_1, v_2, e_2, v_3, e_3, v_4, e_4, v_5$ 是 M 增广路。

　🖝 **思考题 5.8**　每个匹配都有交错路和增广路吗？若有，则唯一吗？

　🖝 **思考题 5.9**　如何利用增广路得到一个更大的匹配？

增广路和最大匹配有着紧密联系。下述**贝尔热定理**（Berge's theorem）[15] 为最大匹配给出了一个充要条件。

定理 5.1（贝尔热定理）　对于图 $G = \langle V, E \rangle$ 和匹配 $M \subseteq E$，M 是最大匹配当且仅当 G 不含 M 增广路。

　🖝 **思考题 5.10** ($\diamond\blacklozenge$)　证明定理 5.1。

人物简介

贝尔热（Claude Jacques Berge），1926 年出生于法国。

5.1.2　算法

如何找出图中的最大匹配？对于二分图，这个问题可以通过两种不同的算法解决：匈牙利算法，或更高效的霍普克罗夫特-卡普算法；对于非二分图，这个问题可以通过花算法解决。

1. 匈牙利算法

匈牙利算法（Hungarian algorithm）[16] 逐步构造最大匹配，每步利用当前匹配的一条增广路得到一个更大的匹配。

> **人物简介**
>
> 　　匈牙利算法的作者：库恩（Harold William Kuhn），1925 年出生于美国。他命名"匈牙利算法"是由于算法主要基于之前两位匈牙利数学家的工作。

匈牙利算法伪代码如算法 5.1所示。对于二分图 $G = \langle X \cup Y, E \rangle$，该算法从初值为空集的匹配 M 开始，每轮 do-while 循环尝试找一条 M 增广路 P（第 6 行），直至 G 中不存在 M 增广路，即 P 为 null（第 1、10 行）：若能找到，即 P 不为 null（第 7 行），则计算 P 经过的边的集合和 M 的对称差，得到一个包含边的数量更多的匹配（第 8 行），本轮尝试提前中止（第 9 行）并进入下轮尝试（第 10 行）。算法运行结束时，输出最大匹配 M（第 11 行）。其中，找 M 增广路的方法是调用 DFSAP 算法，这是一种扩展的 DFS 算法。具体而言，从顶点子集 X 中每个在本轮 do-while 循环中未被 DFSAP 算法访问过（即 visited 属性值为 false）且未被 M 饱和的顶点 r 出发运行 DFSAP 算法，尝试找一条以 r 为起点的 M 增广路 P（第 4~6 行）。

算法 5.1: 匈牙利算法伪代码

输入: 二分图 $G = \langle X \cup Y, E \rangle$
初值: 集合 M 初值为 $\varnothing$

```
1  do
2  │  foreach u ∈ (X ∪ Y) do
3  │  │  u.visited ← false;
4  │  foreach r ∈ X do
5  │  │  if r.visited = false 且 r 未被 M 饱和 then
6  │  │  │  P ← DFSAP(G, r, M);
7  │  │  │  if P ≠ null then
8  │  │  │  │  M ← P经过的边的集合 Δ M;
9  │  │  │  │  中止 foreach 循环;
10 while P ≠ null;
11 输出（M）;
```

✎ 思考题 5.11 do-while 循环运行多少轮？

DFSAP 算法伪代码如算法 5.2所示。该算法从图中的一个指定顶点 u 出发，按 DFS

的方式有序地遍历图，并返回一条找到的 M 增广路，或返回 null 表示未找到。相比于算法 2.1所示的 DFS 算法，DFSAP 算法的第一项扩展是限制了可访问的邻点，使 DFS 树中以根顶点（即匈牙利算法中的顶点 r）为起点的每条路都是 M 交错路（第 6 行）。DFSAP 算法的第二项扩展是：若非根顶点 u 未被 M 饱和（第 2 行），则 DFS 树中从根顶点到 u 的 M 交错路是 M 增广路，算法返回这条路（第 3 行）；否则，若从 u 对邻点 v 的递归调用找到 M 增广路 P_v，则算法返回 P_v（第 7~9 行）；否则，未找到 M 增广路，算法返回 null（第 10 行）。

📖 思考题 5.12 如何高效地判定 DFS 树中从根顶点到顶点 v 的路是 M 交错路？

算法 5.2: DFSAP 算法伪代码

输入：图 $G = \langle X \cup Y, E \rangle$，顶点 u，匹配 M

1   u.visited ← true;
2   **if** u 未被 M 饱和 且 $u \neq$ DFS 树的根顶点 **then**
3   **return** DFS 树中从根顶点到 u 的路;
4   **else**
5   **foreach** $(u, v) \in E$ **do**
6   **if** v.visited $=$ false 且 DFS 树中从根顶点到 v 的路是 M 交错路 **then**
7   P_v ← DFSAP(G, v, M);
8   **if** $P_v \neq$ null **then**
9   **return** P_v;
10   **return** null;

例如，对于图 5.1（b）所示的二分图，匈牙利算法输出的最大匹配可能是 $\{e_1, e_4, e_6\}$，也可能是 $\{e_2, e_5, e_7\}$ 等，具体输出取决于顶点的访问顺序。以输出 $\{e_1, e_4, e_6\}$ 为例，该算法运行过程示意图如图 5.3 所示。

下述思考题有助于理解匈牙利算法的正确性。

📖 思考题 5.13 (♦) 对顶点 r 调用 DFSAP 算法返回 null 时，是否已尝试所有以 r 为起点的 M 交错路？会遗漏 M 增广路吗？（可以推迟至读完第 7 章后再思考）。

📖 思考题 5.14 (◇♦) 只从顶点子集 X 中的顶点出发运行 DFSAP 算法，会遗漏 M 增广路吗？

定理 5.2   匈牙利算法输出的集合 M 是图 G 的最大匹配。

📖 思考题 5.15 (♦) 证明定理 5.2。

对于阶为 n、边数为 m 的图，匈牙利算法 do-while 循环的轮数为 $O(n)$；每轮 do-while 循环的时间复杂度为 $O(n+m)$，和 DFS 算法相同。因此，该算法的时间复杂度为 $O(n(n+m))$。

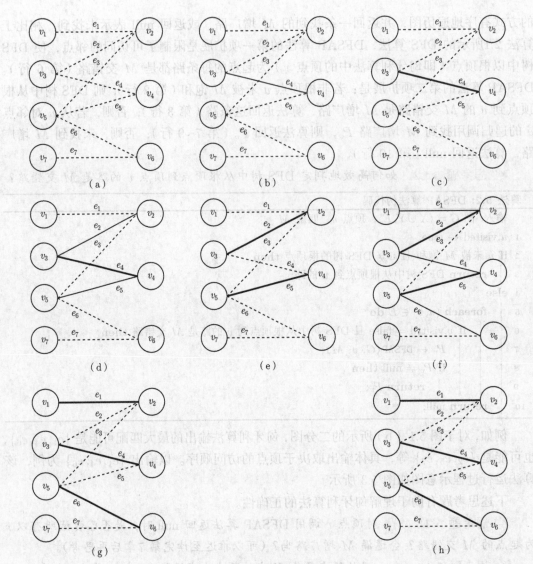

图 5.3 匈牙利算法运行过程示意图

(a) 第 1 轮 do-while 循环开始前的 M；(b) 第 1 轮 do-while 循环开始后的 P；(c) 第 2 轮 do-while 循环开始前的 M；(d) 第 2 轮 do-while 循环开始后的 P；(e) 第 3 轮 do-while 循环开始前的 M；(f) 第 3 轮 do-while 循环开始后的 P；(g) 第 4 轮 do-while 循环开始前的 M；(h) 第 4 轮 do-while 循环开始后的 P（不存在）

实线—M 增广路 P 经过的边　粗实线—匹配 M

2. 霍普克罗夫特-卡普算法

霍普克罗夫特-卡普算法（Hopcroft-Karp algorithm）[17] 对匈牙利算法做出了两项改进：第一项改进是通过扩展 BFS 算法找增广路，比通过扩展 DFS 算法找到的增广路更短，从而减少单轮 do-while 循环的时间；第二项改进是每轮 do-while 循环尝试同时找多条增广路，匹配的规模增幅更大，从而减少 do-while 循环的轮数。

霍普克罗夫特-卡普算法伪代码如算法 5.3所示。对于二分图 $G = \langle X \cup Y, E \rangle$，该算法从初值为空集的匹配 M 开始，每轮 do-while 循环尝试找一个 M 增广路的集合 $\mathcal{P}$（第 4 行），直至 G 中不存在 M 增广路，即 $\mathcal{P}$ 为空（第 1、7 行）：首先，HKInit 算法初始化 BFS 并返回队列 Q，存储顶点子集 X 中所有未被 M 饱和的顶点子集作为 BFS 的出发点（第 2 行）；接下来，HKBFS 算法运行扩展的 BFS 算法并返回通过 M 交错路找到的顶点子集 Y 中未被 M 饱和的顶点子集 Y'（第 3 行）；然后，HKPaths 算法找出以 Y' 中的顶点为终点的一组不经过相同顶点的 M 增广路 $\mathcal{P}$（第 4 行）；最后，相继计算 $\mathcal{P}$ 中每条路 P 经过的边的集合和 M 的对称差，得到包含边的数量更多的匹配（第 5~6 行）。算法运行结束时，输出最大匹配 M（第 8 行）。

算法 5.3: 霍普克罗夫特-卡普算法伪代码

输入：二分图 $G = \langle X \cup Y, E \rangle$

初值：集合 M 初值为 $\varnothing$

1 **do**
2 $\quad$ $Q \leftarrow$ HKInit(G, M);
3 $\quad$ $Y' \leftarrow$ HKBFS(G, M, Q);
4 $\quad$ $\mathcal{P} \leftarrow$ HKPaths(G, Y');
5 $\quad$ **foreach** $P \in \mathcal{P}$ **do**
6 $\quad\quad$ $M \leftarrow P$经过的边的集合 $\triangle\ M$;
7 **while** $\mathcal{P} \neq \varnothing$;
8 输出（M）;

HKInit 算法伪代码如算法 5.4所示。相比于算法 2.3所示的 BFS 算法，HKInit 算法同时从顶点子集 X 中所有未被匹配 M 饱和的顶点 u 出发（第 2~5 行）。相应地，顶点集 $X \cup Y$ 中每个顶点的 d 属性的含义也有所扩展：表示该顶点和所有出发点 u 间的最短距离。

HKBFS 算法伪代码如算法 5.5所示。相比于算法 2.3所示的 BFS 算法，HKBFS 算法沿用了 DFSAP 算法对 DFS 算法的两项扩展：限制了可访问的邻点（第 10 行）；将未被匹配 M 饱和的非根顶点 v 作为 M 增广路的终点（第 5 行）。与 DFSAP 算法不同的是，HKBFS 算法并不立刻返回 BFS 树中从根顶点到 v 的 M 增广路，而是先用集合 Y'

存储这些终点 v（第 6 行）。HKBFS 算法的第三项扩展是有可能提前中止 BFS：引入初值为 ∞ 的整数型变量 d'，表示被访问的首个未被 M 饱和的非根顶点的 d 属性值（第 7 行），即最短的 M 增广路的长度；在访问 d 属性值不超过 d' 的所有顶点后，不再访问 d 属性值更大的顶点，算法提前中止（第 3~4 行）。最终，Y' 存储所有 d 属性值为 d' 的未被 M 饱和的非根顶点。

算法 5.4: HKInit 算法伪代码

输入：二分图 $G = \langle X \cup Y, E \rangle$，匹配 M
初值：队列 Q 初值为空

1 **foreach** $u \in (X \cup Y)$ **do**
2   **if** $u \in X$ 且 u 未被 M 饱和 **then**
3           $u.\text{visited} \leftarrow \text{true}$;
4           $u.\text{d} \leftarrow 0$;
5   入队列 (Q, u);
6   **else**
7           $u.\text{visited} \leftarrow \text{false}$;
8           $u.\text{d} \leftarrow \infty$;
9 **return** Q;

算法 5.5: HKBFS 算法伪代码

输入：二分图 $G = \langle X \cup Y, E \rangle$，匹配 M，队列 Q
初值：顶点子集 Y' 初值为 $\varnothing$；变量 d' 初值为 ∞

1 **while** Q 非空 **do**
2       $v \leftarrow$ 出队列 (Q);
3   **if** $v.\text{d} > d'$ **then**
4   中止 while 循环;
5   **else if** v 未被 M 饱和 且 $v.\text{d} > 0$ **then**
6           $Y' \leftarrow Y' \cup \{v\}$;
7           $d' \leftarrow v.\text{d}$;
8   **else**
9   **foreach** $(v, w) \in E$ **do**
10   **if** $w.\text{visited} = \text{false}$ 且 BFS 树中从根顶点到 w 的路是 M 交错路 **then**
11                  $w.\text{visited} \leftarrow \text{true}$;
12                  $w.\text{d} \leftarrow v.\text{d} + 1$;
13   入队列 (Q, w);
14 **return** Y';

HKPaths 算法的伪代码较简单，这里略去。该算法相继从集合 Y' 中的每个顶点出

发，沿顶点 d 属性值递减的方向，找出并返回极多的一组 M 增广路 $\mathcal{P}$，满足这些增广路不经过相同顶点，即之后找到的增广路不允许经过先找到的增广路经过的顶点。由于这组 M 增广路不经过相同顶点，它们经过的边的集合可以互不干扰地和匹配 M 计算对称差，因此，霍普克罗夫特-卡普算法每轮 do-while 循环中 M 的规模增幅有可能超过 1。

例如，对于图 5.1（b）所示的二分图，霍普克罗夫特-卡普算法输出的最大匹配可能是 $\{e_1, e_4, e_6\}$，也可能是 $\{e_2, e_5, e_7\}$ 等，具体输出取决于顶点的访问顺序和增广路的选择。以输出 $\{e_1, e_4, e_6\}$ 为例，该算法运行过程示意图如图 5.4 所示。

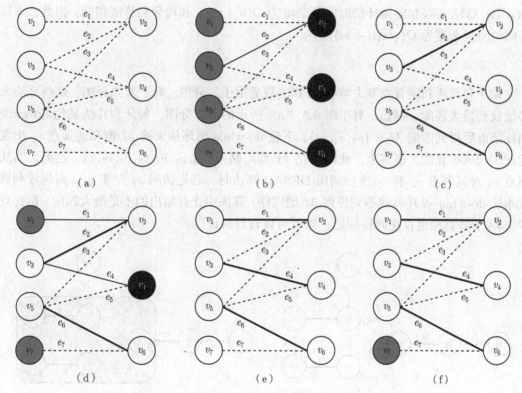

图 5.4　霍普克罗夫特-卡普算法运行过程示意图

（a）第 1 轮 do-while 循环开始前的 M；（b）第 1 轮 do-while 循环开始后的 Q、Y'、$\mathcal{P}$；（c）第 2 轮 do-while 循环开始前的 M；（d）第 2 轮 do-while 循环开始后的 Q、Y'、$\mathcal{P}$；（e）第 3 轮 do-while 循环开始前的 M；（f）第 3 轮 do-while 循环开始后的 Q、Y'、$\mathcal{P}$（空集）
实线—$\mathcal{P}$ 中的 M 增广路经过的边　粗实线—匹配 M　灰色顶点—队列 Q　黑色顶点—Y'

霍普克罗夫特-卡普算法的正确性较容易理解，其核心原理和匈牙利算法相似，只是将从单个顶点出发的 DFS 改为了从多个顶点同时出发的 BFS。

要理解霍普克罗夫特-卡普算法的时间复杂度，关键在于注意定理 5.3 和定理 5.4 给出的事实。

定理 5.3　随着 do-while 循环轮数的增加，变量 d' 的值严格单调增。

定理 5.4　对于阶为 n 的图，所有 do-while 循环的变量 d' 有至多 $2\left\lfloor\sqrt{\dfrac{n}{2}}\right\rfloor+2$ 种值。

因此，对于阶为 n、边数为 m 的图，霍普克罗夫特-卡普算法 do-while 循环的轮数为 $O(\sqrt{n})$；每轮 do-while 循环的时间复杂度为 $O(n+m)$，和匈牙利算法相同。因此，该算法的时间复杂度为 $O(\sqrt{n}(n+m))$。

3. 花算法

匈牙利算法和霍普克罗夫特-卡普算法只适用于二分图。对于非二分图，这些算法未必能找到最大匹配。例如，对于图 5.5（a）所示的非二分图，匈牙利算法某轮 do-while 循环结束后得到匹配 $M=\{e_2,e_4,e_6\}$，下轮 do-while 循环从未被 M 饱和的顶点 v_1 出发运行 DFSAP 算法。事实上，此时存在 M 增广路 $v_1,v_2,v_3,v_4,v_5,v_6,v_7,v_8$。然而，当从顶点 v_3 对其邻点 v_4 和 v_7 递归调用 DFSAP 算法时，若先访问 v_7 而非 v_4，则匈牙利算法本轮 do-while 循环将找不到任何 M 增广路，算法中止并输出的不是最大匹配。霍普克罗夫特-卡普算法也存在同样问题，读者可以自行验证。

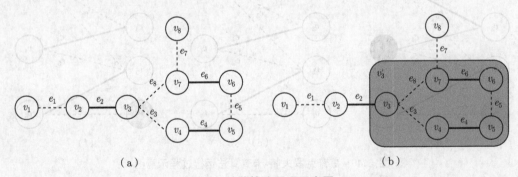

图 5.5　花算法原理示意图

（a）非二分图的匹配；（b）将花 $\{v_3,v_4,v_5,v_6,v_7\}$ 收缩为顶点 v_3'

粗实线—匹配　圆角矩形—花收缩成的新顶点

上述问题的成因是从顶点 v_1 到 v_7 存在两条 M 交错路：匈牙利算法若选择 M 交错路 $v_1,v_2,v_3,v_4,v_5,v_6,v_7$，则可找到 M 增广路；若选择 M 交错路 v_1,v_2,v_3,v_7，则找不到 M 增广路。然而，当从顶点 v_3 对其邻点 v_4 和 v_7 递归调用 DFSAP 算法时，并不知道应当先访问哪个邻点，有可能做出错误选择。

📖 思考题 5.16 为什么二分图不存在上述问题？

花算法（blossom algorithm）[18] 通过扩展匈牙利算法的 do-while 循环解决了这个问题，因而可适用于包括非二分图的任意图。以下简述花算法的主要思想，伪代码涉及较多实现细节，这里略去。具体而言，注意到上述两条 M 交错路形成一个奇圈 $v_3, v_4, v_5, v_6, v_7, v_3$，称作**花**（blossom）；两条 M 交错路的公共子路 v_1, v_2, v_3 称作**花梗**（stem），花梗的终点 v_3 称作**花托**（base）。经过花梗从花托进入花时，确实难以在两条 M 交错路间做出正确选择。此时，该算法先不做任何选择，而是将花中所有顶点收缩为一个新的顶点 v_3'，如图 5.5（b）所示，即这些顶点间的边 e_3, e_4, e_5, e_6, e_8 被删除；这些顶点与其他顶点间的边 e_2, e_7 被保留并重新关联到 v_3'，形成边 (v_2, v_3') 和 (v_8, v_3')。在收缩后的新图上，继续访问 v_3' 的邻点。当访问到未被匹配 M 饱和的顶点 v_8 时，得到 M 增广路 v_1, v_2, v_3', v_8，但这并非原图中的路，原图中的 M 增广路有一段被收缩于 v_3'，因此，需要再将 v_3' 还原为花。由于这条 M 增广路是从顶点 v_3 进入花，从顶点 v_7 离开花，因此需要从花中的两条 v_3-v_7 路中做出选择。此时，只有选择路 v_3, v_4, v_5, v_6, v_7 而非 v_3, v_7，才能组成 M 增广路，从而做出正确选择。

人物简介

　　花算法的作者：埃德蒙兹（Jack Robert Edmonds），1934 年出生于美国。由于在组合优化领域的贡献，他于 1985 年获得约翰·冯·诺依曼理论奖。

📖 思考题 5.17 (◊) 在花算法中，如何识别花？

📖 思考题 5.18 在花算法运行过程中，所有花都会被收缩吗？

📖 思考题 5.19 (♦) 花梗的最后一条边有可能不在匹配 M 中吗？

📖 思考题 5.20 (♦) 花中顶点与花外顶点间的边（除花梗的最后一条边外）有可能在匹配 M 中吗？

例如，对于图 5.2（a）所示的非二分图，以输出最大匹配 $\{e_1, e_3, e_6, e_9, e_{11}, e_{13}\}$ 为例，花算法运行过程示意图如图 5.6 所示。注意，在该例子中，花的收缩出现了嵌套情况。

对于阶为 n、边数为 m 的图，花算法 do-while 循环的轮数为 $O(n)$，和匈牙利算法相同；每轮 do-while 循环中花的收缩和还原可发生 $O(n)$ 次，时间复杂度为 $O(n(n+m))$。因此，该算法的时间复杂度为 $O(n^2(n+m))$。

课外阅读

　　若采用合适的数据结构处理花的收缩，则花算法的时间复杂度可降为 $O(n^3)$ [19]。

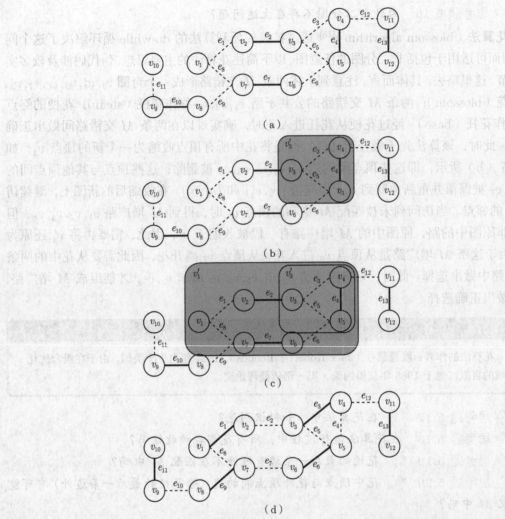

(a)

(b)

(c)

(d)

图 5.6　花算法运行过程示意图（前 5 轮 do-while 循环过程略）

（a）第 5 轮 do-while 循环后，得到 $M = \{e_2, e_4, e_7, e_{10}, e_{13}\}$；（b）第 6 轮 do-while 循环从 v_1 出发，识别出花梗 v_1, v_2, v_3 和花 v_3, v_4, v_5, v_3，花收缩为 v_3'；（c）继续访问 v_3' 的邻点，识别出花梗 v_1 和花 $v_1, v_2, v_3', v_6, v_7, v_1$，花收缩为 v_1'，继续访问 v_1' 的邻点，找到 M 增广路 v_1', v_8, v_9, v_{10}；将 v_1' 还原为花，从中选择 v_1-v_7 路 v_1, v_2, v_3', v_6, v_7，组成 M 增广路 $v_1, v_2, v_3', v_8, v_7, v_8, v_9, v_{10}$；将 v_3' 还原为花，从中选择 v_3-v_5 路 v_3, v_4, v_5，组成 M 增广路 $v_1, v_2, v_3, v_4, v_5, v_6, v_7, v_8, v_9, v_{10}$；（d）得到匹配 $M = \{e_1, e_3, e_6, e_9, e_{11}, e_{13}\}$，所有顶点均被 M 饱和，第 7 轮 do-while 循环未找到 M 增广路，输出 M

粗实线—匹配 M　圆角矩形—花收缩成的新顶点

¶ **课后练习**

　　练习 5.1　某企业有多项任务急需完成，每项任务最多由一人承担，每个人最多承担一项任务。进一步地，既要求某几位特定职员必须承担任务，又要求某几项特定任务必须有人承担。若分别满足上述两个要求之一的分配方式均存在，则同时满足上述两个要求的分配方式是否一定存在？

练习 5.2　请编程实现匈牙利算法。

练习 5.3　请编程实现霍普克罗夫特-卡普算法。

练习 5.4　请编程实现花算法。

5.2　完美匹配

完美匹配是一种特殊的匹配，它饱和图中所有顶点。对于二分图和非二分图，完美匹配的存在性分别有一些充要条件。现在，首先给出完美匹配的数学定义。

对于图 $G = \langle V, E \rangle$ 和匹配 $M \subseteq E$，若 M 饱和顶点集 V 中所有顶点，则 M 称作 G 的**完美匹配**（perfect matching）。例如，对于图 5.2（a），匹配 $\{e_1, e_3, e_6, e_9, e_{11}, e_{13}\}$ 是完美匹配，如图 5.2（b）所示。

🖎 思考题 5.21　完美匹配一定是最大匹配吗？最大匹配一定是完美匹配吗？

🖎 思考题 5.22　每个图都有完美匹配吗？完美匹配存在的必要条件有哪些？

🖎 思考题 5.23　图 1.6（a）所示的彼得森图有完美匹配吗？

🖎 思考题 5.24　阶为 n 的图的完美匹配有多少条边？

🖎 思考题 5.25　偶数阶完全图 K_{2n} 一定有完美匹配吗？若有，则最多有多少个两两不相交的完美匹配？

🖎 思考题 5.26　偶数阶非空正则图一定有完美匹配吗？

🖎 思考题 5.27　偶数阶欧拉图和偶数阶哈密尔顿图一定有完美匹配吗？

🖎 思考题 5.28　图的两个完美匹配的对称差的边导出子图的每个连通分支的结构有什么特征？

🖎 思考题 5.29　树一定有完美匹配吗？若有，则最多有多少个完美匹配？

对于顶点子集 $V' \subseteq V$，将 V' 中所有顶点的所有邻点的集合记作 $N(V')$。例如，对于图 5.1（b），顶点子集 $\{v_1, v_3\}$ 的邻点集是 $N(\{v_1, v_3\}) = \{v_2, v_4\}$。邻点集和二分图的完美匹配有着紧密联系。下述**霍尔定理**（Hall's theorem）[20] 为二分图的完美匹配的存在性给出了一个充要条件。

> **定理 5.5**（霍尔定理）　对于二分图 $G = \langle X \cup Y, E \rangle$，$G$ 有饱和顶点子集 X 中所有顶点的匹配当且仅当对于任意顶点子集 $S \subseteq X$，$|N(S)| \geqslant |S|$。

🖎 思考题 5.30（◇♦）　证明定理 5.5。

人物简介

霍尔（Philip Hall），1904 年出生于英国。

👆 **思考题 5.31**　非空 r 正则二分图一定有完美匹配吗？若有，则最多有多少个两两不相交的完美匹配？

👆 **思考题 5.32**　完全二分图 $K_{n,n}$ 一定有完美匹配吗？若有，则最多有多少个两两不相交的完美匹配？

对于图 G，将 G 中所有奇数阶连通分支的数量记作 $o(G)$。奇数阶连通分支的数量与图的完美匹配有着密切联系。下述**塔特定理**（Tutte's theorem）[21] 为图的完美匹配的存在性给出了一个充要条件。

定理 5.6（塔特定理）　对于图 $G = \langle V, E \rangle$，G 有完美匹配当且仅当对于任意顶点子集 $S \subseteq V$，$o(G - S) \leqslant |S|$。

人物简介

塔特（William Thomas Tutte），1917 年出生于英国。

👆 **思考题 5.33** (♀)　2 边连通的 3 正则图一定有完美匹配吗？

👆 **思考题 5.34**　偶数阶 $(k-1)$ 边连通的 k 正则图一定有完美匹配吗？

课外阅读

门格尔定理、霍尔定理、塔特定理可以互相推导，感兴趣的读者可以自行尝试。

¶ **课后练习**

练习 5.5　"勇往直前"是图上的一种游戏，先手玩家选一个顶点为起点，然后从后手玩家开始，两位玩家交替在图上选择上一个顶点的一个邻点，选过的顶点不能再选，若某位玩家无顶点可选，则失败。若两位玩家都足够聪明，则先手和后手谁将获胜？

练习 5.6　"缺一不可"是一种扑克游戏，两位玩家参加，给定一副不含大小王的扑克，先手玩家将 52 张牌平均放入 13 个抽屉中，后手玩家查看所有抽屉后，若能从每个抽屉中选 1 张并恰凑齐从 A 到 K 的 13 种点数，则获胜，否则失败。若两位玩家都足够聪明，则先手和后手谁将获胜？

第 6 章 赋 权 图

在之前的章节中，我们讨论的是最基本形式的图。在此基础上，可以扩展图的数学表示，允许顶点和边赋有"属性"，这样的图称作**网络**（network）。属性可以表示不同的含义，例如，对于图 4.1（a）所示的铁路网，城市（顶点）赋有的属性可以是所属的省级行政区，铁路（边）赋有的属性可以是长度，如图 6.1（a）所示；对于图 5.1（b）所示的任务分配问题，职员（顶点）赋有的属性可以包括性别和年龄，任务（顶点）赋有的属性可以是工作地点，如图 6.1（b）所示。图论中研究较多的是属性值为数值（称作"权"）的网络，例如，对于图 6.1（a）所示的网络，路的长度不宜简单计算其经过的边的数量，而应考虑经过的边赋有的权和。

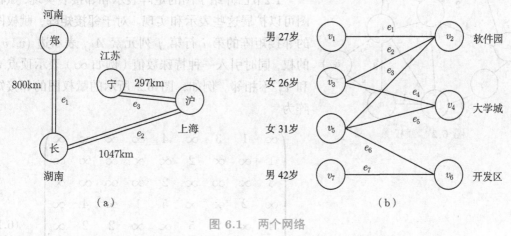

（a）   （b）

图 6.1　两个网络

（a）城市所属的省级行政区和铁路的长度；（b）职员的性别、年龄和工作地点

这些扩展后的赋有权的图，具有哪些新的数学性质？基于这些扩展后的数学表示，可以定义哪些新的问题？如何设计算法解决这些问题？这便是本章讨论的主题：赋权图。

本章共分 4 节：6.1节介绍赋权图的定义、基本术语、表示和顶点间的赋权距离；6.2节介绍边权和最小的连通生成子图——最小生成树；6.3节介绍赋权欧拉图和中国邮递员问题；6.4节介绍赋权哈密尔顿图和旅行商问题。

若无特殊说明，则本章讨论的图都是简单图。

6.1 赋权图和距离

图的顶点和边都可以赋有权，本章讨论的是边赋有权的图。在赋权图中，随着权的引入，长度和距离等术语的定义随之变化。可以扩展第 2 章中相关术语的定义，通过迪杰斯特拉算法计算赋权图中的距离。现在，首先给出赋权图的数学定义。

6.1.1 理论

赋权图（weighted graph）是一个三元组，记作 $G = \langle V, E, w \rangle$，其中：

- V 是顶点的有限集合；
- E 是边的有限集合；
- $w : E \mapsto \mathbf{R}$ 是赋权函数（weight function），定义域是边集 E，值域是实数集 $\mathbf{R}$，$w(e)$ 称作边 e 的权（weight）。

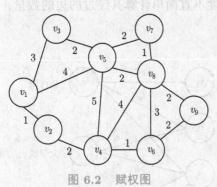

图 6.2 赋权图

例如，对于图 6.2 所示的赋权图，边 (v_1, v_2) 的权为 1，边 (v_1, v_3) 的权为 3。

1.2 节已介绍了图的矩阵表示和邻接表实现，赋权图可以扩展这些表示和实现。对于**邻接矩阵**，赋权图的邻接矩阵的第 i 行第 j 列元素 $A_{i,j}$ 表示边 (v_i, v_j) 的权，同时引入一种特殊数值（例如 ∞）表示顶点 v_i 和 v_j 不相邻。例如，图 6.2 所示的赋权图的邻接矩阵为

$$
\begin{pmatrix}
\infty & 1 & 3 & \infty & 4 & \infty & \infty & \infty & \infty \\
1 & \infty & \infty & 2 & \infty & \infty & \infty & \infty & \infty \\
3 & \infty & \infty & \infty & 2 & \infty & \infty & \infty & \infty \\
\infty & 2 & \infty & \infty & 5 & 1 & \infty & 4 & \infty \\
4 & \infty & 2 & 5 & \infty & \infty & 2 & 2 & \infty \\
\infty & \infty & \infty & 1 & \infty & \infty & \infty & 3 & 2 \\
\infty & \infty & \infty & \infty & 2 & \infty & \infty & 1 & \infty \\
\infty & \infty & \infty & 4 & 2 & 3 & 1 & \infty & 2 \\
\infty & \infty & \infty & \infty & \infty & 2 & \infty & 2 & \infty
\end{pmatrix}
\tag{6.1}
$$

对于**关联矩阵**，可以采用类似方式扩展。对于**邻接表**，赋权图的邻接表将每个顶点 v_i 的内层列表存储的每个邻点 v_j 扩展为一个二元组 $\langle v_j, w_{i,j} \rangle$，其中 $w_{i,j}$ 是边 (v_i, v_j) 的权。例如，图 6.2 所示的赋权图的邻接表如表 6.1 所示。

表 6.1 图 6.2 所示的赋权图的邻接表

顶点	⟨邻点, 边权⟩ 列表
v_1	$\langle v_2, 1\rangle, \langle v_3, 3\rangle, \langle v_5, 4\rangle$
v_2	$\langle v_1, 1\rangle, \langle v_4, 2\rangle$
v_3	$\langle v_1, 3\rangle, \langle v_5, 2\rangle$
v_4	$\langle v_2, 2\rangle, \langle v_5, 5\rangle, \langle v_6, 1\rangle, \langle v_8, 4\rangle$
v_5	$\langle v_1, 4\rangle, \langle v_3, 2\rangle, \langle v_4, 5\rangle, \langle v_7, 2\rangle, \langle v_8, 2\rangle$
v_6	$\langle v_4, 1\rangle, \langle v_8, 3\rangle, \langle v_9, 2\rangle$
v_7	$\langle v_5, 2\rangle, \langle v_8, 1\rangle$
v_8	$\langle v_4, 4\rangle, \langle v_5, 2\rangle, \langle v_6, 3\rangle, \langle v_7, 1\rangle, \langle v_9, 2\rangle$
v_9	$\langle v_6, 2\rangle, \langle v_8, 2\rangle$

在赋权图中,路线经过的边的权和称作这条路线的**赋权长度**(weighted length),简称**长度**。基于这个扩展后的长度的定义,可以相应扩展 2.3.1 节**最短路**、**距离**、**离心率**、**中心点**、**半径**、**中心**、**边缘点**、**直径**等术语的定义。例如,在图 6.2 所示的赋权图中,路 v_1, v_5, v_8, v_6 是长度为 9 的 v_1-v_6 路,它不是顶点 v_1 和 v_6 间的最短路;路 v_1, v_2, v_4, v_6 是长度为 4 的 v_1-v_6 路,它是 v_1 和 v_6 间的最短路。

思考题 6.1 (◊) 对于连通赋权图 $G = \langle V, E, w\rangle$,距离函数 dist 满足以下三角不等式吗?

$$\forall u, v, w \in V, \ \mathrm{dist}(u, v) + \mathrm{dist}(v, w) \geqslant \mathrm{dist}(u, w) \tag{6.2}$$

6.1.2 算法

在赋权图中,如何计算两个顶点间的距离?如何计算一个顶点和赋权图中所有顶点间的距离?这些问题可以基于同一算法解决,称作**迪杰斯特拉算法**(Dijkstra's algorithm)[22]。该算法逐步计算一个顶点和其他所有顶点的距离,每步按从近到远的顺序计算一个顶点。

人物简介

迪杰斯特拉(Edsger Wybe Dijkstra),1930 年出生于荷兰。由于对高级程序语言 ALGOL 的首要贡献,以及在编程语言的结构、表示、实现方面的重大贡献,他于 1972 年获得图灵奖。

迪杰斯特拉算法伪代码如算法 6.1 所示。对于赋权图 $G = \langle V, E, w\rangle$,顶点集 V 中每个顶点的 d 属性是一个实数型变量,表示该顶点和指定顶点 u 间的距离,初值为 ∞。该算法从 u 开始(第 1 行),每轮 while 循环从初值为 V 的集合 Q 中选择一个顶点 v 删除(第 4 行),直至 Q 为空(第 2 行):v 是 Q 中 d 属性值最小的顶点(第 3 行);对于 v 的每个邻点 w(第 5 行),若经过边 (v, w) 的 u-w 路比之前的最短 u-w 路更短,则更新

w 的 d 属性值（第 6~7 行）。算法运行结束时，和 u 连通的所有顶点的 d 属性值为其和 u 间的距离。

算法 6.1: 迪杰斯特拉算法伪代码

输入: 赋权图 $G = \langle V, E, w \rangle$，顶点 u

初值: 顶点集 V 中所有顶点的 d 初值为 ∞；集合 Q 初值为 V

1   $u.\mathrm{d} \leftarrow 0$;
2   **while** $Q \neq \varnothing$ **do**
3     $v \leftarrow \underset{w \in Q}{\arg\min}\, w.\mathrm{d}$;
4     $Q \leftarrow Q \setminus \{v\}$;
5   **foreach** $(v, w) \in E$ **do**
6   **if** $w.\mathrm{d} > v.\mathrm{d} + w((v, w))$ **then**
7         $w.\mathrm{d} \leftarrow v.\mathrm{d} + w((v, w))$;

例如，对于图 6.2 所示的赋权图，从顶点 v_1 开始运行迪杰斯特拉算法，该算法运行过程示意图如图 6.3 所示。

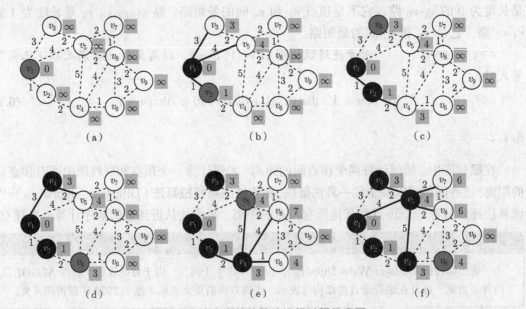

图 6.3   迪杰斯特拉算法运行过程示意图

(a) 从 v_1 开始，下轮 while 循环删除 v_1；(b) 从 Q 中删除 v_1，更新 v_2、v_3、v_5 的 d 属性值，下轮 while 循环删除 v_2；(c) 从 Q 中删除 v_2，更新 v_4 的 d 属性值，下轮 while 循环删除 v_3；(d) 从 Q 中删除 v_3，下轮 while 循环删除 v_4；(e) 从 Q 中删除 v_4，更新 v_6、v_8 的 d 属性值，下轮 while 循环删除 v_5；(f) 从 Q 中删除 v_5，更新 v_7、v_8 的 d 属性值，下轮 while 循环删除 v_6；(g) 从 Q 中删除 v_6，更新 v_9 的 d 属性值，下轮 while 循环删除 v_7；(h) 从 Q 中删除 v_7，下轮 while 循环删除 v_8；(i) 从 Q 中删除 v_8，下轮 while 循环删除 v_9；(j) 从 Q 中删除 v_9；灰色顶点—下轮 while 循环删除的顶点 v 黑色顶点—已从 Q 中删除的顶点   粗实线—顶点 v 关联的边   灰底色数字—顶点的 d 属性值

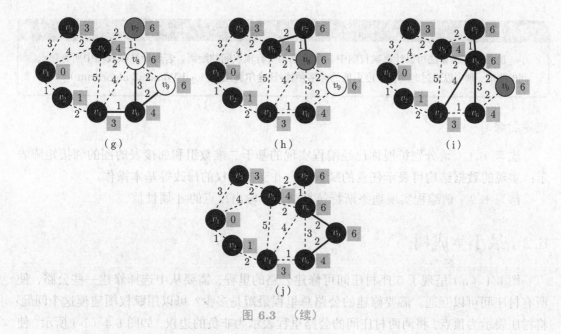

图 6.3 （续）

迪杰斯特拉算法只适用于边权非负的赋权图。

📖 **思考题 6.2** 对于含负权边的赋权图，迪杰斯特拉算法运行结束时，和顶点 u 连通的顶点的 d 属性值未必为其和 u 间的距离，你能举例说明吗？

要理解迪杰斯特拉算法的正确性，关键在于注意定理 6.1 给出的事实。

> **定理 6.1** 迪杰斯特拉算法每轮 while 循环条件判定前，已从集合 Q 中删除的每个顶点 v 满足 $v.\mathrm{d} = \mathrm{dist}(u, v)$。

📖 **思考题 6.3** ($\diamond\blacklozenge$) 证明定理 6.1。

📖 **思考题 6.4** 负权边的存在对上述证明过程有何影响？

课外阅读

对于含负权边的赋权图，可以通过贝尔曼-福特算法（Bellman-Ford algorithm）[23-24] 计算距离。

📖 **思考题 6.5** 为什么迪杰斯特拉算法从集合 Q 中删除顶点的顺序是按到顶点 u 的距离从小到大？

对于阶为 n、边数为 m 的赋权图，若采用基于二叉堆的优先队列存储集合 Q，则迪杰斯特拉算法从顶点集 V 构造 Q 的时间复杂度为 $O(n)$，while 循环的轮数为 $O(n)$，每轮 while 循环从 Q 中选择并删除顶点 v 的时间复杂度为 $O(\log n)$，所有循环更新 d 属性值并维护 Q 的时间复杂度为 $O(m \log n)$。因此，该算法的时间复杂度为 $O((n + m) \log n)$。

　　迪杰斯特拉算法可以计算赋权图中一个顶点和所有顶点间的距离。若要计算赋权图中所有顶点间的距离，则可以通过时间复杂度更低的**弗洛伊德-沃舍尔算法**（Floyd-Warshall algorithm）[25-26]。

¶ **课后练习**

　　练习 6.1　　请分别扩展你已经编程实现的基于二维数组和邻接表的图的邻接矩阵表示：实现的数据结构可表示任意的赋权图，并支持边权的修改等基本操作。

　　练习 6.2　　请编程实现迪杰斯特拉算法，并输出顶点的 d 属性值。

6.2　最小生成树

　　图 6.4（a）呈现了 5 座村庄间可修建公路的里程，需要从中选择修建一些公路，使所有村庄间可以互通，需要修建的公路总里程最短是多少？可以用赋权图建模这个问题：将村庄表示为顶点，将两两村庄间的公路里程表示为非负的边权，如图 6.4（b）所示。使所有村庄间可以互通的子图是一个连通的生成子图，公路总里程最短即边权和最小的连通生成子图是一棵生成树，称作"最小生成树"。可以通过普里姆算法或克拉斯克尔算法解决这个问题。现在，首先给出最小生成树的数学定义。

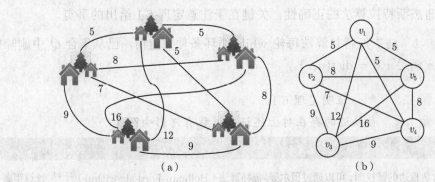

图 6.4　村村通公路问题

（a）村庄间的公路里程；（b）将村庄和公路表示为赋权图

　　本节讨论的赋权图都是连通图。

6.2.1　理论

　　对于连通赋权图 $G = \langle V, E, w \rangle$，边权和最小的生成树称作**最小生成树**（minimum spanning tree）。例如，对于图 6.4（b）所示的赋权图，图 6.5（a）所示的生成树的边权和为 29，它不是最小生成树；图 6.5（b）和图 6.5（c）所示的生成树的边权和为 24，它们都是最小生成树。

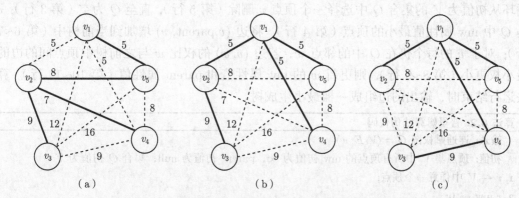

图 6.5 图 6.4（b）所示的赋权图的三棵生成树
（a）非最小生成树；（b）一棵最小生成树；（c）另一棵最小生成树
粗实线—生成树的边

本节讨论的赋权图都是连通图，因此，最小生成树一定存在。

✏ **思考题 6.6** 最小生成树唯一吗？

✏ **思考题 6.7** 对于连通赋权图 $G = \langle V, E, w \rangle$，若边 $e \in E$ 在某个圈 C 中且 e 的权大于 C 中其他所有边的权，则 e 有可能出现在 G 的最小生成树中吗？

✏ **思考题 6.8** 对于连通赋权图 $G = \langle V, E, w \rangle$，若边 $e \in E$ 在某个极小边割集 S' 中且 e 的权小于 S' 中其他所有边的权，则 e 有可能不出现在 G 的最小生成树中吗？

6.2.2 算法

如何找出最小生成树？这个问题可以通过普里姆算法或克拉斯克尔算法解决。

1. 普里姆算法

普里姆算法（Prim's algorithm）[27-28] 逐步构造最小生成树，每步向当前树增加一条边，并尽可能选择权小的边。

> **人物简介**
>
> 普里姆算法的两位作者：亚尔尼克（Vojtěch Jarník），1897 年出生于奥地利帝国；普里姆（Robert Clay Prim），1921 年出生于美国。

普里姆算法伪代码如算法 6.2所示。对于连通赋权图 $G = \langle V, E, w \rangle$，顶点集 V 中每个顶点的 mw 属性是一个实数型变量，表示该顶点与当前树中顶点间的边的最小权，初

值为 ∞；parent 属性是一个初值为 null 的顶点型变量，表示上述这条权最小的边在当前树中的端点。该算法从仅含 V 中任意一个顶点 r 的平凡树开始（第 1~2 行），每轮 while 循环从初值为 V 的集合 Q 中选择一个顶点 v 删除（第 5 行），直至 Q 为空（第 3 行）：v 是 Q 中 mw 属性值最小的顶点（第 4 行），将边 $(v.\text{parent}, v)$ 增加到当前树中（第 6~7 行）；对于 v 的每个仍在 Q 中的邻点 w，若边 (v, w) 的权比 w 与之前树中顶点间的边的最小权更小（第 8~9 行），则更新 w 的 mw 属性值和 parent 属性值（第 10~11 行）。算法运行结束时，输出的边组成一棵最小生成树。

算法 6.2: 普里姆算法伪代码

输入: 连通赋权图 $G = \langle V, E, w \rangle$

初值: 顶点集 V 中所有顶点的 mw 初值为 ∞，parent 初值为 null；集合 Q 初值为 V

1   $r \leftarrow V$ 中任意一个顶点;

2   $r.\text{mw} \leftarrow 0$;

3   **while** $Q \neq \varnothing$ **do**

4      $v \leftarrow \underset{u \in Q}{\arg\min} \, u.\text{mw}$;

5      $Q \leftarrow Q \setminus \{v\}$;

6   **if** $v \neq r$ **then**

7   输出 $((v.\text{parent}, v))$;

8   **foreach** $(v, w) \in E$ **do**

9   **if** $w \in Q$ 且 $w((v, w)) < w.\text{mw}$ **then**

10            $w.\text{mw} \leftarrow w((v, w))$;

11            $w.\text{parent} \leftarrow v$;

例如，对于图 6.4（b）所示的赋权图，从顶点 v_3 开始运行普里姆算法，输出的最小生成树可能如图 6.5（b）所示，也可能如图 6.5（c）等所示，具体结果取决于顶点的选择。以如图 6.5（b）所示的最小生成树为例，该算法运行过程示意图如图 6.6 所示。

思考题 6.9 为什么普里姆算法输出的边组成一棵生成树？

要理解普里姆算法的正确性，关键在于注意定理 6.2 给出的事实。

定理 6.2 普里姆算法每轮 while 循环结束后，当前树是赋权图 G 的一棵最小生成树的子图。

思考题 6.10 $(\diamond\blacklozenge)$ 证明定理 6.2。

对于阶为 n、边数为 m 的赋权图，若采用基于斐波那契堆的优先队列存储集合 Q，则普里姆算法从顶点集 V 构造 Q 的时间复杂度为 $O(n)$，while 循环的轮数为 $O(n)$，每轮 while 循环从 Q 中选择并删除顶点 v 的时间复杂度为 $O(\log n)$，所有循环更新 mw 属性值和 parent 属性值并维护 Q 的时间复杂度为 $O(m)$。因此，该算法的时间复杂度为

$O(m+n\log n)$。

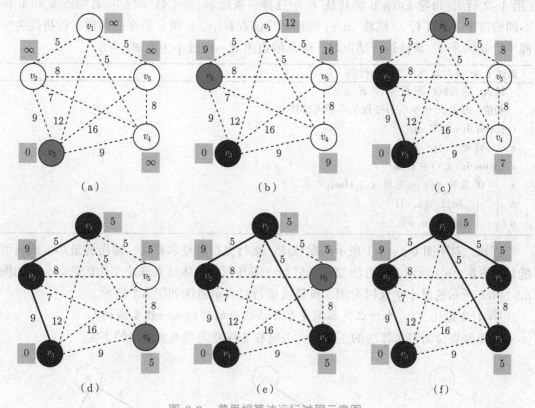

（a）　　　　　　　　　　（b）　　　　　　　　　　（c）

（d）　　　　　　　　　　（e）　　　　　　　　　　（f）

图 6.6　普里姆算法运行过程示意图

（a）从仅含 v_3 的平凡树开始，下轮 while 循环选择 v_3；（b）更新 v_1，v_2，v_4，v_5 的 mw 属性值，下轮 while 循环选择
v_2；（c）将 (v_3, v_2) 增加到当前树中，更新 v_1，v_4，v_5 的 mw 属性值，下轮 while 循环选择 v_1；（d）将 (v_2, v_1) 增加到当
前树中，更新 v_4，v_5 的 mw 属性值，下轮 while 循环选择 v_4；（e）将 (v_1, v_4) 增加到当前树中，下轮 while 循环选择
v_5；（f）将 (v_1, v_5) 增加到当前树中

灰色顶点—下轮 while 循环选择的顶点 v　黑色顶点—已增加到当前树中的顶点　粗实线—已增加到当前树中的边　灰
底色数字—顶点的 mw 属性值

2. 克拉斯克尔算法

克拉斯克尔算法（Kruskal's algorithm）[29] 逐步构造最小生成树，每步向当前森林增
加一条边，并尽可能选择权小的边。

人物简介
克拉斯克尔（Joseph Bernard Kruskal, Jr.），1928 年出生于美国。

克拉斯克尔算法伪代码如算法 6.3所示。对于连通赋权图 $G = \langle V, E, w \rangle$，边集 E 中

所有边按权从小到大排序。该算法将顶点集 V 中每个顶点作为一棵平凡树形成一座森林（第 1~2 行），每轮 foreach 循环从 E 中选择一条边 (u,v)（第 3 行）：若端点 u 和 v 在不同的树中（第 4 行），则将 (u,v) 增加到当前森林中，u 和 v 所在的两棵树被拼接为一棵（第 5~6 行）。算法运行结束时，输出的边组成一棵最小生成树。

算法 6.3：克拉斯克尔算法伪代码

输入： 连通赋权图 $G = \langle V, E, w \rangle$

初值： 边集 E 中所有边按权从小到大排序

1 **foreach** $v \in V$ **do**
2   建树 (v);
3 **foreach** $(u,v) \in E$ **do**
4   **if** 查树 $(u) \neq$ 查树 (v) **then**
5   输出 $((u,v))$;
6   并树 (u,v);

例如，对于图 6.4（b）所示的赋权图，运行克拉斯克尔算法，输出的最小生成树可能如图 6.5（b）所示，也可能如图 6.5（c）等所示，具体结果取决于边的选择。以如图 6.5（b）所示的最小生成树为例，该算法运行过程示意图如图 6.7 所示。

✍ **思考题 6.11** 为什么克拉斯克尔算法输出的边组成一棵生成树？

要理解克拉斯克尔算法的正确性，关键在于注意定理 6.3 给出的事实。

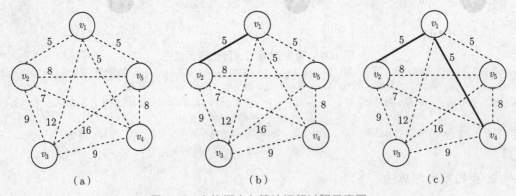

图 6.7 克拉斯克尔算法运行过程示意图

（a）初始各棵树的顶点集为 $\{v_1\}, \{v_2\}, \{v_3\}, \{v_4\}, \{v_5\}$；（b）选择 (v_1,v_2)，增加到当前森林中，各棵树的顶点集变为 $\{v_1,v_2\}, \{v_3\}, \{v_4\}, \{v_5\}$；（c）选择边 (v_1,v_4)，增加到当前森林中，各棵树的顶点集变为 $\{v_1,v_2,v_4\}, \{v_3\}, \{v_5\}$；（d）选择边 (v_1,v_5)，增加到当前森林中，各棵树的顶点集变为 $\{v_1,v_2,v_4,v_5\}, \{v_3\}$；（e）选择边 (v_2,v_4)，不增加到当前森林中；（f）选择边 (v_2,v_5)，不增加到当前森林中；（g）选择边 (v_4,v_5)，不增加到当前森林中；（h）选择边 (v_2,v_3)，增加到当前森林中，各棵树的顶点集变为 $\{v_1,v_2,v_3,v_4,v_5\}$；（i）依次选择边 (v_3,v_4)、(v_1,v_3)、(v_3,v_5)，不增加到当前森林中

粗实线—已增加到当前森林中的边 细实线—不增加到当前森林中的边 虚线—未被选择的边

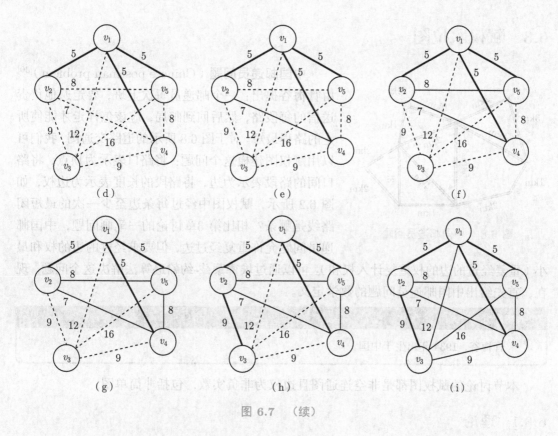

图 6.7 （续）

定理 6.3 克拉斯克尔算法每轮 foreach 循环（第 3 行）开始前，当前森林是赋权图 G 的一棵最小生成树的子图。

🔔 **思考题 6.12** ($\diamondsuit\spadesuit$) 证明定理 6.3。

对于阶为 n、边数为 m 的赋权图，克拉斯克尔算法对边集 E 中所有边排序的时间复杂度为 $O(m \log m)$；若采用按秩合并优化和路径压缩优化的并查集存储当前森林中各棵树的顶点集，则所有建树、查树、并树的时间复杂度为 $O((n+m) \cdot \alpha(n))$，其中函数 α 是实际值可视作常数的反阿克曼函数。因此，该算法的时间复杂度为 $O(m \log m)$。

¶ 课后练习

练习 6.3 对于本节开头的村村通公路问题，若村庄间的公路里程两两互不相同，则公路总里程最短的修建方案唯一吗？

练习 6.4 请编程实现普里姆算法和克拉斯克尔算法。

6.3 赋权欧拉图

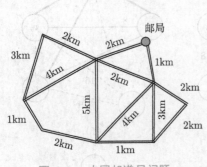

图 6.8　中国邮递员问题

中国邮递员问题（Chinese postman problem）[30]由管梅谷提出：一个邮递员每次上班，要走遍他负责送信的每段路，然后回到邮局，应该怎样走才能使所走的路程最短。对于图 6.8 所示的道路交通图，我们可以用赋权图建模这个问题：将路口表示为顶点，将路口间的路段表示为边，将路段的长度表示为边权，如图 6.2 所示，赋权图中经过每条边至少一次的最短闭路线是哪条？相比第 3 章讨论的一笔画问题，中国邮递员问题允许重复经过边，但要求经过的边的权和最小（重复经过的边的权重复计入权和）。可以通过埃德蒙兹-约翰逊算法解决这个问题。现在，首先给出中国邮递员问题的数学定义。

人物简介
管梅谷，1934 年出生于中国。

本节讨论的赋权图都是非空连通图且边权为非负实数，包括非简单图。

6.3.1　理论

对于赋权图 $G = \langle V, E, w \rangle$，经过每条边至少一次的闭路线称作**邮递路线**（post walk），中国邮递员问题要求找出一条最短的邮递路线，称作**最优邮递路线**（optimum post walk）。例如，对于图 6.2 所示的赋权图，路线 $v_1, v_2, v_4, v_5, v_3, v_1, v_5, v_7, v_8, v_9, v_6, v_8, v_4, v_6, v_8, v_5, v_1$ 是长度为 41 的邮递路线，它重复经过边 (v_1, v_5) 和 (v_6, v_8)，它不是最优邮递路线；路线 $v_1, v_2, v_4, v_5, v_3, v_1, v_2, v_4, v_6, v_9, v_8, v_4, v_6, v_8, v_5, v_7, v_8, v_5, v_1$ 是长度为 40 的邮递路线，它重复经过边 (v_1, v_2)、(v_2, v_4)、(v_4, v_6)、(v_5, v_8)，它是最优邮递路线。

本节讨论的赋权图都是非空连通图且边权为非负实数，因此，最优邮递路线一定存在。

✏️ **思考题 6.13**　赋权欧拉图的最优邮递路线是什么？

对于非欧拉图 G，邮递路线一定重复经过边。对于一条邮递路线，其每次重复经过一条边，便将一条权相同的重边增加到 G 中，最终形成的赋权图记作 G^{E}，增加的重边的集合记作 E^{M}。例如，上述两条邮递路线对应的 G^{E} 如图 6.9 所示。

✏️ **思考题 6.14**　赋权图 G^{E} 有什么特征？它的最优邮递路线是什么？

因此，中国邮递员问题可以转化为下述问题：如何向赋权图 G 中增加重边的集合 E^{M} 形成赋权欧拉图 G^{E}，且 E^{M} 的权和最小？定理 6.4 为解决该问题提供了思路。

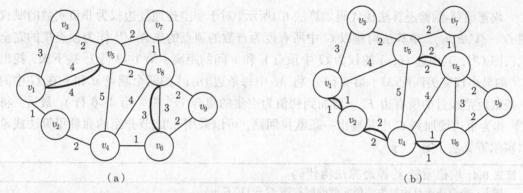

图 6.9　将图 6.2 所示的赋权图的两条邮递路线重复经过的边作为重边增加到图中
粗弧线—增加的重边

> **定理 6.4**　存在一条最优邮递路线，其对应的重边的集合 E^M 是以赋权图 G 中所有 $2k$ 个（$k \geqslant 0$）度为奇数的顶点为起点和终点的 k 条无公共边的最短路经过的边的集合[31]。

✎ **思考题 6.15**（◇◆）　证明定理 6.4。

6.3.2　算法

如何找出最优邮递路线？这个问题可以通过埃德蒙兹-约翰逊算法解决。

在介绍该算法前，首先定义最小权完美匹配。对于赋权图 G，权和最小的完美匹配称作 G 的**最小权完美匹配**（minimum-weight perfect matching）。可以采用 5.1.2 节介绍的花算法的变体[32]基于线性规划计算最小权完美匹配，该算法较为复杂，这里不展开介绍。

> **课外阅读**
>
> 对用于计算最小权完美匹配的花算法的变体感兴趣的读者，可以参考介绍并优化其具体实现的三篇论文[33-35]。

埃德蒙兹-约翰逊算法（Edmonds-Johnson algorithm）[31]基于定理 6.4，通过计算最小权完美匹配，找出 $2k$ 个度为奇数的顶点间长度之和最小的 k 条最短路，将其经过的边作为重边增加到图中，再找一条欧拉回路。

> **人物简介**
>
> 约翰逊（Ellis Lane Johnson），1938 年出生于美国。由于对整数规划和组合优化的基础性贡献，他于 2000 年获得约翰·冯·诺依曼理论奖。

埃德蒙兹-约翰逊算法伪代码如算法 6.4 所示。对于非空连通且边权为非负实数的赋权图 $G = \langle V, E, w \rangle$，该算法构建以 G 中所有度为奇数的顶点的集合 V^O 作为顶点集的完全赋权图 G^O，其中边 (u, v) 的权为 G 中顶点 u 和 v 间的距离（第 1~2 行）。接下来，找出 G^O 的最小权完美匹配 M（第 3 行），将 M 中每条边 (u, v) 的两个端点 u 和 v 在 G 中的一条最短路经过的所有边 $E_{u,v}$ 增加到初值为空集的集合 E^M 中（第 4~6 行）。最后，将 E^M 作为重边增加到 G 中并输出一条欧拉回路，可以采用 3.3.2 节介绍的弗勒里算法或希尔霍尔策算法（第 7 行）。

算法 6.4：埃德蒙兹-约翰逊算法伪代码

输入：非空连通且边权为非负实数的赋权图 $G = \langle V, E, w \rangle$

初值：集合 E^M 初值为 $\varnothing$

1 $V^O \leftarrow \{v \in V \mid d(v)$是奇数$\}$；
2 $G^O = \langle V^O, E^O, w^O \rangle \leftarrow$ 完全赋权图，其中顶点集为 V^O，赋权函数 $w^O(u, v)$ 为 G 中顶点 u 和 v 间的距离；
3 $M \leftarrow G^O$ 的最小权完美匹配；
4 **foreach** $(u, v) \in M$ **do**
5      $\quad E_{u,v} \leftarrow G$ 中一条最短 u-v 路经过的边的集合；
6      $\quad E^M \leftarrow E^M \cup E_{u,v}$；
7 输出（图 $\langle V, E \cup E^M \rangle$ 的欧拉回路）；

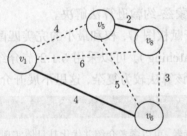

图 6.10　图 6.2 所示的赋权图中所有度为奇数的顶点的集合作为顶点集的完全赋权图及其最小权完美匹配

粗实线—最小权完美匹配

例如，对于图 6.2 所示的赋权图，所有度为奇数的顶点的集合 $V^O = \{v_1, v_5, v_6, v_8\}$，完全赋权图 G^O 及其最小权完美匹配 $M = \{(v_1, v_6), (v_5, v_8)\}$ 如图 6.10 所示，M 对应的最短 v_1-v_6 路和最短 v_5-v_8 路经过的边作为重边增加到 G 中，如图 6.9（b）所示，埃德蒙兹-约翰逊算法输出的欧拉回路为 $v_1, v_2, v_4,$ $v_5, v_3, v_1, v_2, v_4, v_6, v_9, v_8, v_4, v_6, v_8, v_5, v_7, v_8, v_5,$ v_1，即一条最优邮递路线。该算法输出的最优邮递路线是不确定的，具体输出取决于最小权完美匹配、最短路、欧拉回路的选择。

要理解埃德蒙兹-约翰逊算法的正确性，基于定理 6.4，只需再注意引理 6.1 给出的事实。

引理 6.1　埃德蒙兹-约翰逊算法中找到的最短路不经过公共边（或经过的公共边的权为 0，则可重组为不经过公共边的最短路）。

✍ 思考题 6.16（◇◇）　证明引理 6.1。

对于阶为 n、边数为 m 的赋权图，埃德蒙兹-约翰逊算法采用 6.1.2 节介绍的弗洛伊德-沃舍尔算法计算赋权图 G 中所有度为奇数的顶点间的距离的时间复杂度为 $O(n^3)$，构造完全赋权图 G^O 并计算最小权完美匹配的时间复杂度为 $O(n^3)$[33]，增加重边并采用希尔霍尔策算法计算欧拉回路的时间复杂度为 $O(n+m)$。因此，埃德蒙兹-约翰逊算法的时间复杂度为 $O(n^3+m)$。

¶ 课后练习

练习 6.5　对于图 6.1（a）和图 6.4（b）所示的赋权图，请分别写出埃德蒙兹-约翰逊算法的主要运行过程。

6.4　赋权哈密尔顿图

旅行商问题（traveling salesman problem，**TSP**）是一个旅行商要访问他负责推销的每座城市恰一次，然后回到公司，应该按怎样的顺序访问才能使总路程最短。对于图 6.11（a）所示的连接城市的铁路网，可以用赋权图建模这个问题：将城市表示为顶点，将城市间的铁路表示为边，将铁路的长度表示为边权，没有铁路直连的城市间的边权为 ∞，如图 6.11（b）所示，赋权图中最短的哈密尔顿圈是哪个？相比 3.4 节讨论的哈密尔顿圈的存在性的判定问题，TSP 基于完全图，一定存在哈密尔顿圈，但要求经过的边的权和最小。可以通过最近邻点算法或克里斯托菲德斯-谢尔久科夫算法找出一个较短（但未必最短）的哈密尔顿圈。现在，首先给出 TSP 的数学定义。

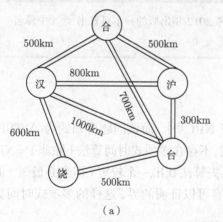

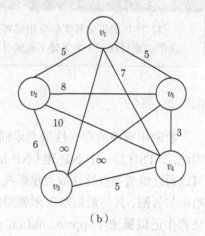

（a）　　　　　　　　　　　　　　　（b）

图 6.11　旅行商问题

（a）连接城市的铁路网；（b）将城市和铁路表示为赋权图

本节讨论的赋权图都是完全图且边权为非负实数（包括 ∞）。

6.4.1 理论

对于赋权图 $G = \langle V, E, w \rangle$，TSP 要求找出一个最短的哈密尔顿圈。例如，对于图 6.11（b）所示的赋权图，圈 $v_1, v_4, v_3, v_2, v_5, v_1$ 是长度为 31 的哈密尔顿圈，它不是最短哈密尔顿圈；圈 $v_1, v_2, v_3, v_4, v_5, v_1$ 是长度为 24 的哈密尔顿圈，它是最短哈密尔顿圈。

本节讨论的赋权图都是完全图且边权为非负实数，因此，最短哈密尔顿圈一定存在。

✏ 思考题 6.17　如何将 3.4 节讨论的哈密尔顿圈的存在性的判定问题归约为 TSP？

通常应用较多的是一种特殊的 TSP，称作**度量旅行商问题**（metric traveling salesman problem，**Δ-TSP**），赋权函数 w 满足三角不等式：

$$\forall u, v, w \in V,\ w(u,v) + w(v,w) \geqslant w(u,w) \quad (6.3)$$

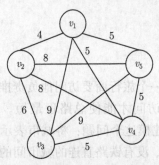

图 6.12　赋权函数满足三角不等式

例如，图 6.12 所示的赋权函数满足三角不等式。Δ-TSP 的适用范围较广，很多实际问题中的赋权函数都满足三角不等式，例如欧几里得距离（Euclidean distance）、曼哈顿距离（Manhattan distance）等。

6.4.2 节对算法的分析将基于 Δ-TSP。

✏ 思考题 6.18　哈密尔顿圈的存在性的判定问题可以归约为 Δ-TSP 吗？

课外阅读

对 TSP 的历史和实际应用感兴趣的读者，可以参考 2012 年出版的一本科普书[36]（中译名《迷茫的旅行商：一个无处不在的计算机算法问题》）。

6.4.2 算法

哈密尔顿圈的存在性的判定问题的复杂度属于 NPC[12]，而该问题可归约为 Δ-TSP，因此，Δ-TSP 是一个 **NP 难**（NP-hard）的优化问题，不存在多项式时间算法（除非 P=NP）。可以通过最近邻点算法或克里斯托菲德斯-谢尔久科夫算法找出一个较短（但未必最短）的哈密尔顿圈，其与最短哈密尔顿圈的长度的差异具有可以证明的界，这样的多项式时间算法称作**近似算法**（approximation algorithm）。

1. 最近邻点算法

最近邻点算法（nearest neighbor algorithm）逐步构造哈密尔顿圈，每步将当前路延长一条边，并尽可能选择权小的边。

最近邻点算法伪代码如算法 6.5所示。对于边权为非负实数的完全赋权图 $G = \langle V,$ $E, w \rangle$，该算法从顶点集 V 中任意一个顶点 s 出发（第 1 行），顶点 u 表示当前到达的顶点（第 2 行），集合 U 表示经过的顶点的集合（第 3 行）。接下来，每轮 while 循环到达 u 的一个邻点 v，作为下轮 while 循环的 u（第 6~7 行），直至经过所有顶点（第 5 行）：v 是未经过的顶点中，和 u 间的边权最小的（第 6 行），这是一种贪心策略。算法运行过程中，按序输出经过的顶点（第 4、8 行），最后再次输出出发点（第 9 行），形成一个较短哈密尔顿圈。

算法 6.5: 最近邻点算法伪代码

输入: 边权为非负实数的完全赋权图 $G = \langle V, E, w \rangle$

1 $s \leftarrow V$ 中任意一个顶点;
2 $u \leftarrow s$;
3 $U \leftarrow \{u\}$;
4 输出 (u);
5 **while** $U \neq V$ **do**
6       $u \leftarrow \underset{v \in V \setminus U}{\arg\min} \, w(u, v)$;
7       $U \leftarrow U \cup \{u\}$;
8   输出 (u);
9 输出 (s);

例如，对于图 6.12 所示的赋权图，从顶点 v_1 出发运行最近邻点算法，输出的哈密尔顿圈是 $v_1, v_2, v_3, v_4, v_5, v_1$；从顶点 v_4 出发，输出的哈密尔顿圈可能是 $v_4, v_1, v_2, v_3, v_5, v_4$，也可能是 $v_4, v_5, v_1, v_2, v_3, v_4$ 等，具体结果取决于邻点的选择。以哈密尔顿圈 $v_1, v_2, v_3, v_4, v_5, v_1$ 为例，该算法运行过程示意图如图 6.13 所示。

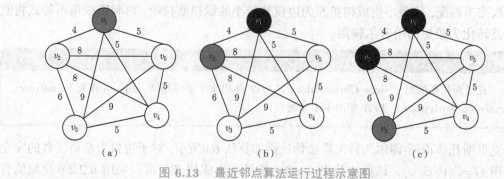

图 6.13　最近邻点算法运行过程示意图

(a) 从 v_1 出发，输出 v_1；(b) 到达 v_2，输出 v_2；(c) 到达 v_3，输出 v_3；(d) 到达 v_4，输出 v_4；(e) 到达 v_5，输出 v_5；(f) 再次输出出发点 v_1

灰色顶点—当前到达的顶点　黑色顶点—经过的顶点

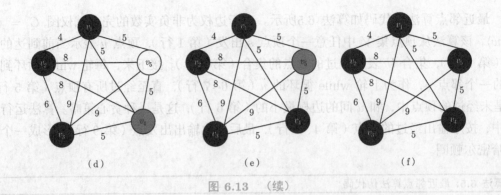

图 6.13 （续）

较短哈密尔顿圈未必是最短哈密尔顿圈，但可以作为最短哈密尔顿圈的一种近似。定理 6.5 给出了这种近似的准确度，称作**近似比**（approximation ratio）。对于最小化目标函数的优化问题（例如 Δ-TSP），近似比是算法输出的解与最优解的目标函数的比值；对于最大化目标函数的优化问题，近似比是最优解与算法输出的解的目标函数的比值。因此，近似比越小近似越准确，近似比的最小值为 1。

定理 6.5　对于阶为 n 的赋权图，若赋权函数满足三角不等式，则较短哈密尔顿圈的长度不超过最短哈密尔顿圈的长度的 $\frac{1}{2}\lceil \log n \rceil + \frac{1}{2}$ 倍[37]。

对于阶为 n 的赋权图，最近邻点算法 while 循环的轮数为 $O(n)$，每轮 while 循环找顶点 u 的时间复杂度为 $O(n)$。因此，该算法的时间复杂度为 $O(n^2)$。

2. 克里斯托菲德斯-谢尔久科夫算法

克里斯托菲德斯-谢尔久科夫算法（Christofides-Serdyukov algorithm）[38-39] 通过计算最小权完美匹配，将最小生成树扩充为边权和较小的赋权欧拉图，再利用三角不等式将欧拉回路转化为较短的哈密尔顿圈。

人物简介
克里斯托菲德斯（Nicos Christofides），1942 年出生于塞浦路斯；谢尔久科夫（Anatoliy Ivanovich Serdyukov），1951 年出生于苏联。

克里斯托菲德斯-谢尔久科夫算法伪代码如算法 6.6所示。对于边权为非负实数的完全赋权图 $G = \langle V, E, w \rangle$，该算法找出 G 的一棵最小生成树 T，可以采用 6.2.2节介绍的普里姆算法或克拉斯克尔算法（第 1 行）。接下来，$d_T(v)$ 表示 T 中顶点 v 的度，将 T 中所有度为奇数的顶点的集合记作 V^O（第 2 行），找出 G 中 V^O 的点导出子图 $G[V^O]$ 的最

小权完美匹配 M，可以采用 6.3.2 节介绍的花算法的变体（第 3 行）。然后，将 M 增加到 T 中（可能形成重边）形成赋权欧拉图，并找出一条欧拉回路 C，可以采用 3.3.2 节介绍的弗勒里算法或希尔霍策算法（第 4 行）。算法运行结束时，按序输出 C 经过的顶点，每个顶点只在第一次经过时输出，并再次输出 C 的起点，形成一个哈密尔顿圈（第 5~6 行）。

算法 6.6：克里斯托菲德斯-谢尔久科夫算法伪代码

输入：边权为非负实数的完全赋权图 $G = \langle V, E, w \rangle$

1    $T = \langle V, E_T \rangle \leftarrow G$ 的最小生成树;
2    $V^O \leftarrow \{v \in V \mid d_T(v)$ 是奇数$\}$;
3    $M \leftarrow G[V^O]$ 的最小权完美匹配;
4    $C \leftarrow$ 图 $\langle V, E_T \cup M \rangle$ 的欧拉回路;
5   输出（C 经过的不重复顶点）;
6   输出（C 的起点）;

例如，对于图 6.12 所示的赋权图 G，G 的最小生成树 T 如图 6.14（a）所示，T 中所有度为奇数的顶点的集合 $V^O = \{v_2, v_3, v_4, v_5\}$，点导出子图 $G[V^O]$ 及其最小权完美匹配 M 如图 6.14（b）所示，M 增加到 T 中如图 6.14（c）所示，欧拉回路 C 为 $v_1, v_2, v_3, v_4, v_5, v_4, v_1$，依次经过的不重复顶点 v_1, v_2, v_3, v_4, v_5 和起点 v_1 形成的哈密尔顿圈如图 6.14（d）所示。该算法输出的哈密尔顿圈是不确定的，具体输出取决于最小生成树、最小权完美匹配、欧拉回路的选择。

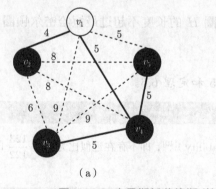
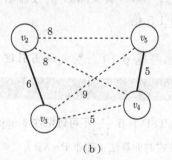

（a）   （b）

图 6.14   克里斯托菲德斯-谢尔久科夫算法运行过程示意图

（a）G 的最小生成树 T，其中 $V^O = \{v_2, v_3, v_4, v_5\}$（粗实线—最小生成树 T 的边，黑色顶点—最小生成树 T 中所有度为奇数的顶点的集合 V^O）；（b）点导出子图 $G[V^O]$ 的最小权完美匹配 M（粗实线—最小权完美匹配 M）；（c）将 M 增加到 T 中，以 v_1 为起点的欧拉回路 C（实线箭头—欧拉回路 C 经过的边）；（d）以 v_1 为起点的哈密尔顿圈（实线箭头—哈密尔顿圈经过的边）

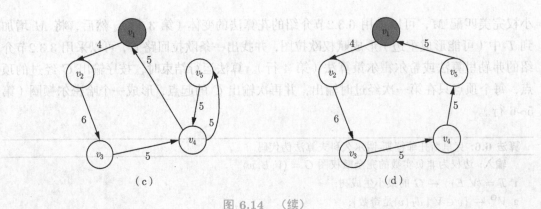

图 6.14 （续）

将克里斯托菲德斯-谢尔久科夫算法输出的较短哈密尔顿圈记作 H，将赋权图 G 的一个最短哈密尔顿圈记作 H^*，若赋权函数满足三角不等式，则引理 6.2~6.5 和定理 6.6 给出了该算法的近似比。

引理 6.2 赋权图 G 的最小生成树 T 的边权和不超过最短哈密尔顿圈 H^* 的长度。

引理 6.3 赋权图 G 的点导出子图 $G[V^O]$ 含一个哈密尔顿圈，其长度不超过 G 的最短哈密尔顿圈 H^* 的长度。

引理 6.4 赋权图 G 的点导出子图 $G[V^O]$ 的最小权完美匹配 M 的权和不超过任意一个哈密尔顿圈的长度的一半。

引理 6.5 赋权图 G 的较短哈密尔顿圈 H 的长度不超过图 $\langle V, E_T \cup M \rangle$ 的欧拉回路 C 对应的 G 中闭路线的长度。

定理 6.6 赋权图 G 的较短哈密尔顿圈 H 的长度不超过最短哈密尔顿圈 H^* 的长度的 1.5 倍。

思考题 6.19 ($\diamond\blacklozenge$) 证明引理 6.2~6.5 和定理 6.6。

课外阅读

Δ-TSP 具有 $\dfrac{123}{122}$ 不可近似性（inapproximability）[40]，即不存在近似比为小于 $\dfrac{123}{122}$ 的常数的多项式时间算法（除非 P=NP）。

对于阶为 n 的完全赋权图，克里斯托菲德斯-谢尔久科夫算法采用普里姆算法计算最小生成树的时间复杂度为 $O(n^2)$，构造点导出子图 $G[V^O]$ 并计算最小权完美匹配的时间复杂度为 $O(n^3)$ [33]，增加边并采用希尔霍尔策算法计算欧拉回路的时间复杂度为 $O(n)$。因此，克里斯托菲德斯-谢尔久科夫算法的时间复杂度为 $O(n^3)$。

¶ 课后练习

练习 6.6　请编程实现最近邻点算法。

练习 6.7　对于图 6.4（b）所示的完全赋权图，请分别写出最近邻点算法和克里斯托菲德斯-谢尔久科夫算法的主要运行过程。

第 7 章 有 向 图

在第 6 章中，我们扩展了图的数学表示，允许边赋有权，也可以允许边具有方向，例如，对于图 1.1（b）所示的柯尼斯堡七桥问题，每座桥（边）可以有限行方向，如图 7.1（a）所示，称作"有向图"。在有向图中，路线应与经过的边的方向保持一致。进一步地，每座桥还可以赋有表示限行人数的权，如图 7.1（b）所示，称作"赋权有向图"。

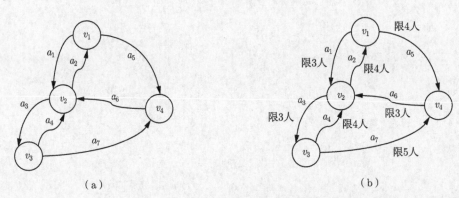

图 7.1 有向图和赋权有向图

（a）桥的限行方向；（b）桥的限行方向和限行人数

这些扩展后的边具有方向的图和赋权图，具有哪些新的数学性质?基于这些扩展后的数学表示，可以定义哪些新的问题？如何设计算法解决这些问题？这便是本章讨论的主题——有向图。

本章共分 5 节：7.1 节介绍有向图的定义和基本术语；7.2 节介绍有向图的数学表示和在计算机内存中的存储方式；7.3 节介绍有向图的连通性；7.4 节介绍顶点间的有向距离；7.5 节介绍特殊的赋权有向图——流网络和最大流。

7.1 有向图的定义

首先给出有向图的数学定义。**有向图**（directed graph）是一个二元组，记作 $G = \langle V, A \rangle$，其中：

- V 是顶点的有限集合；
- A 是**有向边**（directed edge）的有限集合，有向边又称**弧**（arc），A 中的每条弧是一个有序对，由 V 中的两个顶点组成。

例如，对于图 7.1（a）所示的有向图 G，其顶点集为 $V = \{v_1, v_2, v_3, v_4\}$，弧集为 $A = \{a_1, a_2, a_3, a_4, a_5, a_6, a_7\}$。以弧 a_5 为例，它是一个有序对 $a_5 = \langle v_1, v_4 \rangle$，顶点 v_1 和 v_4 分别称作 a_5 的**尾**（tail）和**头**（head），统称作**端点**。弧和它的端点互相**关联**，弧是它的头的**入弧**（incoming arc），是它的尾的**出弧**（outgoing arc），例如，a_5 是 v_4 的入弧，是 v_1 的出弧。一条弧的两个端点称作**相邻**，尾是头的**入邻点**（in-neighbor），头是尾的**出邻点**（out-neighbor），例如，v_1 是 v_4 的入邻点，v_4 是 v_1 的出邻点。有公共端点的两条弧也称作**相邻**，例如，弧 $a_1 = \langle v_1, v_2 \rangle$ 和 $a_5 = \langle v_1, v_4 \rangle$ 相邻，它们有公共端点 v_1。

尾和头完全相同的两条弧称作**重弧**（multiple arcs），又称**平行弧**（parallel arcs）。重弧给有向图的上述简单数学表示带来了问题：弧集 A 作为一个集合是不允许含有重复有序对的。为了表示重弧，需要扩展有向图的数学表示，将弧集 A 定义为一个多重集。

若一条弧的两个端点是同一个顶点，则这种弧称作**自环**。不含自环和重弧的有向图称作**简单有向图**（simple directed graph）。例如，图 7.1（a）所示的有向图是简单有向图。

尾和头相反的两条弧互为**反向弧**（inverse arc）。例如，在图 7.1（a）所示的有向图中，弧 a_1 和 a_2 互为反向弧。

有向图 G 的顶点数量 $|V|$ 称作 G 的**阶**，记作 $\nu(G)$。G 的弧的数量 $|A|$ 称作 G 的**弧数**（size），记作 $\epsilon(G)$。

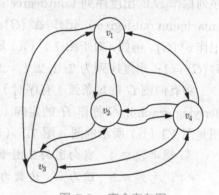

图 7.2　完全有向图

✐ **思考题 7.1**　阶为 n 的简单有向图的弧数的上界是多少？

若一个简单有向图中的每对顶点间都关联一对反向弧，则这种简单有向图称作**完全有向图**（complete directed graph）。例如，图 7.2 所示的是一个完全有向图。

✐ **思考题 7.2**　完全有向图的弧数是多少？

顶点 v 关联的入弧的数量称作 v 的**入度**（indegree），记作 $d^-(v)$；v 关联的出弧的数量称作 v 的**出度**（outdegree），记作 $d^+(v)$；v 的入度和出度的和称作 v 的**度**，记作 $d(v)$。例如，在图 7.1（a）所示的有向图中，$d^-(v_1) = 1$，$d^+(v_1) = 2$，$d(v_1) = 3$。

定理 7.1 对于任意一个有向图 $G = \langle V, A \rangle$，顶点集 V 中所有顶点的入度和与出度和都等于 G 的弧数：

$$\sum_{v \in V} d^-(v) = \sum_{v \in V} d^+(v) = \epsilon(G) \tag{7.1}$$

推论 7.1 对于任意一个有向图 $G = \langle V, A \rangle$，顶点集 V 中所有顶点的度的和等于 G 的弧数的 2 倍：

$$\sum_{v \in V} d(v) = 2 \cdot \epsilon(G) \tag{7.2}$$

✎ **思考题 7.3**（♦） 证明定理 7.1 和推论 7.1。

有向图 G 中所有顶点的入度组成的非增序列称作 G 的**入度序列**（indegree sequence）。入度序列中的最大值称作 G 的**最大入度**（maximum indegree），记作 $\Delta^-(G)$；最小值称作 G 的**最小入度**（minimum indegree），记作 $\delta^-(G)$。G 中所有顶点的出度组成的非增序列称作 G 的**出度序列**（outdegree sequence）。出度序列中的最大值称作 G 的**最大出度**（maximum outdegree），记作 $\Delta^+(G)$；最小值称作 G 的**最小出度**（minimum outdegree），记作 $\delta^+(G)$。例如，对于图 7.1（a）所示的有向图 G，入度序列为 3, 2, 1, 1，$\Delta^-(G) = 3$，$\delta^-(G) = 1$；出度序列为 2, 2, 2, 1，$\Delta^+(G) = 2$，$\delta^+(G) = 1$。

将有向图 G 的每条弧（有序对）改为边（无序对）形成的图 H 称作 G 的**底图**（underlying graph），G 称作 H 的**定向**（orientation）。例如，图 7.1（a）所示的有向图的底图是图 1.1（b）所示的图，图 7.1（a）所示的有向图是图 1.1（b）所示的图的定向。

✎ **思考题 7.4** 有向图的底图唯一吗？图的定向唯一吗？

✎ **思考题 7.5** 阶为 n、边数为 m 的图的定向有多少种？

¶ **课后练习**

练习 7.1 认识是单向的。下述情况有可能存在吗？若有可能，请给出一个例子；若不可能，请证明。

(a) 5 位同学认识和被认识的其他同学数量都相同。

(b) 5 位同学认识的其他同学数量互不相同，被认识的其他同学数量也互不相同。

(c) 5 位同学认识的其他同学数量都相同，被认识的其他同学数量互不相同。

练习 7.2 某地计划调整道路交通图，将所有路段改为单行线，并要求每个路口的出入路段数量基本平衡，即每个路口的入路段数量和出路段数量的差不超过 1。

(a) 若道路交通图不含圈，则这种调整方案一定存在吗？请证明。

(b) 对于任意的道路交通图，这种调整方案一定存在吗？请证明。

7.2　有向图的表示

1.2节已介绍了图的矩阵表示和邻接表实现，有向图可以扩展这些表示和实现。

对于阶为 n 的有向图 G，其**邻接矩阵$A(G)$** 是 n 维方阵，第 i 行第 j 列元素 $A_{i,j}$ 表示以顶点 v_i 为尾、v_j 为头的弧的数量。例如，图 7.1（a）所示的有向图的邻接矩阵为

$$\begin{pmatrix} 0 & 1 & 0 & 1 \\ 1 & 0 & 1 & 0 \\ 0 & 1 & 0 & 1 \\ 0 & 1 & 0 & 0 \end{pmatrix} \tag{7.3}$$

因此，$A(G)$ 第 i 列元素之和与第 i 行元素之和分别等于顶点 v_i 的入度和出度：

$$\sum_{j=1}^{n} A_{j,i} = d^{-}(v_i), \quad \sum_{j=1}^{n} A_{i,j} = d^{+}(v_i) \tag{7.4}$$

对于阶为 n、弧数为 m 的不含自环的有向图 G，其**关联矩阵$M(G)$** 是 $n \times m$ 维矩阵，第 i 行第 j 列元素 $M_{i,j}$ 表示顶点 v_i 和弧 e_j 是否关联：$M_{i,j} = -1$ 表示 e_j 是 v_i 的入弧，$M_{i,j} = 1$ 表示 e_j 是 v_i 的出弧，$M_{i,j} = 0$ 表示不关联。例如，图 7.1（a）所示的有向图的关联矩阵为

$$\begin{pmatrix} 1 & -1 & 0 & 0 & 1 & 0 & 0 \\ -1 & 1 & 1 & -1 & 0 & -1 & 0 \\ 0 & 0 & -1 & 1 & 0 & 0 & 1 \\ 0 & 0 & 0 & 0 & -1 & 1 & -1 \end{pmatrix} \tag{7.5}$$

若 G 含自环，则 $M_{i,j} = 2$ 表示顶点 v_i 和自环 e_j 关联。因此，$M(G)$ 第 i 行元素的绝对值之和等于顶点 v_i 的度，第 i 列元素的绝对值之和恒等于 2：

$$\sum_{j=1}^{m} |M_{i,j}| = d(v_i), \quad \sum_{j=1}^{n} |M_{j,i}| = 2 \tag{7.6}$$

有向图的**邻接表**可以用每个顶点 v_i 的内层列表存储 v_i 的所有出邻点。例如，图 7.1（a）所示的有向图的邻接表如表 7.1 所示。也可以将每个顶点 v_i 的内层列表扩展为两个，分别存储 v_i 的所有入邻点和所有出邻点。

表 7.1　图 7.1（a）所示的有向图的邻接表

顶点	出邻点列表
v_1	v_2, v_4
v_2	v_1, v_3
v_3	v_2, v_4
v_4	v_2

¶ 课后练习

练习 7.3 请分别扩展你已经编程实现的基于二维数组和邻接表的图的邻接矩阵表示：实现的数据结构可表示任意的有向图，并支持各种基本操作。

7.3 有向图的连通

在有向图中，随着方向的引入，路线等术语的定义随之变化，可以扩展第 2 章和第 3 章中的定义。连通也随之分为"弱连通"和"强连通"，可以通过扩展 2.1.2 节介绍的 DFS 算法将图转化为强连通的有向图，可以通过扩展 DFS 算法找出有向图的所有强连通分支。现在，首先给出有向图中路线的数学定义。

7.3.1 理论

在有向图中，一条**有向路线**（directed walk）是一个以顶点开始、顶点和弧交替出现、以顶点结束的序列 $v_0, a_1, v_1, \cdots, a_l, v_l$，其中每条弧 a_i 的尾和头分别为顶点 v_{i-1} 和 v_i。顶点 v_0 和 v_l 分别称作这条有向路线的**起点**和**终点**，这条有向路线称作一条 v_0-v_l 有向路线，非负整数 l 称作这条有向路线的**长度**。基于这个扩展后的有向路线的定义，可以将 2.1.1 节定义的踪迹或迹、路径或路分别扩展为**有向踪迹**或**有向迹**（directed trail）、**有向路径**或**有向路**（directed path）。在不含重弧的简单有向图中，以特定顶点为尾和头的弧是唯一的，因此，有向路线的序列表示可以省略弧。例如，在图 7.1（a）所示的有向图中，序列 v_1, v_2, v_3, v_2, v_3 是长度为 4 的 v_1-v_3 有向路线，它不是有向迹，更不是有向路；序列 v_1, v_2, v_3, v_2 是长度为 3 的 v_1-v_2 有向迹，它不是有向路；序列 v_1, v_2, v_3 是长度为 2 的 v_1-v_3 有向路。

思考题 7.6 若有向图中存在 u-v 有向路线，则一定存在 u-v 有向迹吗？若有向图中存在 u-v 有向迹，则一定存在 u-v 有向路吗？

思考题 7.7 对于有向图 G 的邻接矩阵 A，矩阵 A^k 的第 i 行第 j 列元素有什么含义？

类似地，可以将 3.1.1 节定义的闭路线、闭迹或回路、圈分别扩展为**有向闭路线**（directed closed walk）、**有向闭迹**（directed closed trail）或**有向回路**（directed circuit、directed tour）、**有向圈**（directed cycle）。例如，在图 7.1（a）所示的有向图中，序列 $v_1, v_4, v_2, v_3, v_4, v_2, v_1$ 是长度为 6 的有向闭路线，它不是有向闭迹，更不是有向圈；序列 $v_1, v_4, v_2, v_3, v_2, v_1$ 是长度为 5 的有向闭迹，它不是有向圈；序列 v_1, v_4, v_2, v_1 是长度为 3 的有向圈。

思考题 7.8 若图中存在有向闭路线，则一定存在有向闭迹吗？若图中存在有向闭迹，则一定存在有向圈吗？

对于有向图 $G = \langle V, A \rangle$，若 G 的底图连通，则称 G **弱连通**（weakly connected），是**弱连通图**（weakly connected graph）。

若有向图中存在 u-v 有向路，则称顶点 v 从 u **可达**（reachable）。对于有向图 $G = \langle V, A \rangle$，若顶点集 V 中每对顶点都互相可达，则称 G **强连通**（strongly connected），是**强连通图**（strongly connected graph）。例如，图 7.1（a）所示的有向图是弱连通图，也是强连通图；图 7.3（a）所示的有向图是弱连通图，它不是强连通图。

定理 7.2 为强连通给出了一个充要条件。

> **定理 7.2**　对于有向图 $G = \langle V, A \rangle$，G 强连通当且仅当 G 含一条有向闭路线经过顶点集 V 中所有顶点。

　　思考题 7.9（♦）　证明定理 7.2。

　　思考题 7.10　强连通图的每条弧都在某个有向圈中吗？你能就此为强连通给出另一个充要条件吗？

　　思考题 7.11　图 1.6（a）所示的彼得森图有强连通定向吗？

罗宾斯定理（Robbins' theorem）[41] 为强连通定向的存在性给出了一个充要条件。

> **定理 7.3**（罗宾斯定理）　连通图 G 有强连通定向当且仅当 G 没有割边。

　　思考题 7.12（◇♦）　证明定理 7.3。

> **人物简介**
>
> 罗宾斯（Herbert Ellis Robbins），1915 年出生于美国。

有向图 G 的极大弱连通子图称作 G 的**弱连通分支**（weakly connected component）；G 的极大强连通子图称作 G 的**强连通分支**（strongly connected component）。例如，图 7.3（a）所示的有向图有 1 个弱连通分支和 3 个强连通分支。

　　思考题 7.13　弱连通图有多少个弱连通分支？强连通图有多少个强连通分支？

　　思考题 7.14　一个顶点可以出现在图的两个强连通分支中吗？一条弧可以出现在图的两个强连通分支中吗？

事实上，顶点集 V 上的互相可达关系将 V 划分为若干子集，每个子集 $V_i \subseteq V$ 的点导出子图 $G[V_i]$ 形成一个强连通分支。

将有向图 G 的所有强连通分支的集合记作 C，构造有向图 $H = \langle C, A' \rangle$，每个顶点 $c_i \in C$ 表示 G 的一个强连通分支，弧 $\langle c_i, c_j \rangle \in A'$ 当且仅当 G 含一条弧，其尾在顶点

$c_i \in C$ 表示的强连通分支中、头在顶点 $c_j \in C$ 表示的强连通分支中，H 称作 G 的**浓缩**（condensation）。例如，图 7.3（a）所示的有向图的浓缩如图 7.3（b）所示。

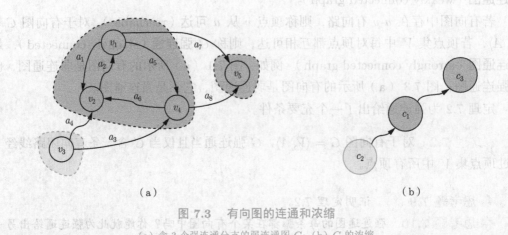

（a）   （b）

图 7.3   有向图的连通和浓缩

（a）含 3 个强连通分支的弱连通图 G；（b）G 的浓缩

虚线—强连通分支

思考题 7.15   浓缩含圈吗？

课外阅读

欧拉迹、欧拉回路、欧拉图、哈密尔顿路、哈密尔顿圈、哈密尔顿图的定义可以扩展到有向图，感兴趣的读者可以自行尝试。

7.3.2   算法

如何找出一个图的强连通定向？如何找出一个有向图的所有强连通分支？这些问题可以通过扩展 DFS 算法解决。

1. 计算强连通定向的算法

计算强连通定向的算法[42] 伪代码如算法 7.1所示，该算法基于 DFS 树。具体而言，对于无割边的连通图 $G = \langle V, E \rangle$，该算法首先从顶点集 V 中任意一个顶点 s 出发运行 2.1.2节介绍的 DFS 算法（第 1~2 行），得到一棵 DFS 树。接下来，对于每条树边 e，以 e 关联的父顶点为尾、子顶点为头形成一条弧（第 3~4 行）；对于每条后向边 e，以 e 关联的后代顶点为尾、祖先顶点为头形成一条弧（第 5~6 行）。算法运行结束时，输出该定向（第 7 行）。

算法 7.1: 计算强连通定向的算法伪代码

输入: 无割边的连通图 $G = \langle V, E \rangle$

初值: 弧集 A 初值为 $\varnothing$

1 $s \leftarrow V$ 中任意一个顶点;
2 DFS(G, s);
3 **foreach** 树边 $e \in E$ **do**
4 $\quad\mid\quad A \leftarrow A \cup \{\langle e$关联的父顶点, e关联的子顶点$\rangle\}$;
5 **foreach** 后向边 $e \in E$ **do**
6 $\quad\mid\quad A \leftarrow A \cup \{\langle e$关联的后代顶点, e关联的祖先顶点$\rangle\}$;
7 输出 (有向图 $\langle V, A \rangle$);

例如, 对于图 7.4 (a), 该算法输出的强连通定向可能如图 7.4 (b) 所示, 也可能如图 7.4 (c) 所示, 具体结果取决于 DFS 树的选择。

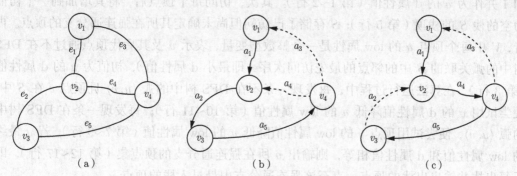

图 7.4 计算强连通定向的算法运行结果示例

(a) 图 G; (b) G 的一个强连通定向; (c) G 的另一个强连通定向

实线箭头—树边对应的弧 虚线箭头—后向边对应的弧

要理解该算法的正确性, 关键在于注意引理 7.1~7.2 给出的事实。

引理 7.1 算法输出的定向中, 从顶点 s 可达其他每个顶点。

引理 7.2 算法输出的定向中, 顶点 s 从其他每个顶点都可达。

🐾 **思考题 7.16** ($\diamondsuit\blacklozenge$) 证明引理 7.1 和引理 7.2。

对于阶为 n、边数为 m 的图, 该算法的时间复杂度为 $O(n+m)$, 和 DFS 算法相同。

2. 计算强连通分支的算法

强连通分支的计算问题可以通过扩展 (适用于有向图的) DFS 算法解决, 扩展之后的伪代码如算法 7.2所示, 称作**塔尔真强连通分支算法** (Tarjan's strongly connected components algorithm)[43]。该算法调用的 DFSSCC 算法从有向图中的一个指定顶点 s 出发, 按

DFS 的方式有序地遍历所有从 s 可达的未被访问过的顶点，并找出所有强连通分支（第 3 行）。

算法 7.2: 塔尔真强连通分支算法伪代码

输入: 有向图 $G = \langle V, A \rangle$

初值: 变量 time 初值为 0；顶点集 V 中所有顶点的 visited 初值为 false；栈 S 初值为空

1 **foreach** $s \in V$ **do**
2   **if** s.visited = false **then**
3   DFSSCC(G, s);

DFSSCC 算法伪代码如算法 7.3 所示。相比于算法 2.1 所示的 DFS 算法，DFSSCC 算法的扩展与 4.1.2 节介绍的 DFSBlk 算法有相似之处。首先，记录每个顶点被访问的次序。对于有向图 $G = \langle V, A \rangle$，顶点集 V 中每个顶点的 d 属性是一个整数型变量，表示该顶点被访问的次序；为此，引入初值为 0 的整数型变量 time，每访问一个顶点 u，便将 time 加 1 并作为 u 的 d 属性值（第 1~2 行）。其次，访问每个顶点后，将其增加到一个初值为空的栈 S 的栈顶（第 5 行）；S 存储了已访问但尚未确定其所在强连通分支的顶点。再者，V 中每个顶点 u 的 low 属性是一个整数型变量，表示 u 及其后代顶点通过不在 DFS 树中的弧关联的 S 中的邻点的最先访问次序（即最小 d 属性值），初值为 u 的 d 属性值（第 3 行）。在算法运行过程中，每发现一条不在 DFS 树中的弧 $\langle u, v \rangle$ 且顶点 v 在 S 中，便尝试用 v 的 d 属性值降低 u 的 low 属性值（第 10~11 行）；每发现一条在 DFS 树中的弧 $\langle u, v \rangle$，便尝试用顶点 v 的 low 属性值降低 u 的 low 属性值（第 7~9 行）。若 u 最终的 low 属性值和 d 属性值相等，则输出 u 所在强连通分支的顶点集（第 12~17 行），即反复出栈并输出出栈的顶点，直至该强连通分支中最早入栈的顶点 u。

例如，对于图 7.3（a）所示的有向图，塔尔真强连通分支算法运行过程示意图如图 7.5 所示。DFSSCC 算法完成从顶点 v_4 对 v_5 的递归调用前，输出第 1 个强连通分支的顶点集 $\{v_5\}$；当塔尔真强连通分支算法完成对顶点 v_1 的 DFSSCC 调用前，输出第 2 个强连通分支的顶点集 $\{v_2, v_4, v_1\}$；当塔尔真强连通分支算法完成对顶点 v_3 的 DFSSCC 调用前，输出第 3 个强连通分支的顶点集 $\{v_3\}$。

为理解塔尔真强连通分支算法的正确性，我们先考虑该算法的首轮 foreach 循环，分析调用 DFSSCC 算法运行的下述时间段：开始时刻是访问顶点 u 并将其增加到栈 S 中，u 是其所在强连通分支中被访问的首个顶点；结束时刻是 DFSSCC 算法判定 u 的 low 属性值和 d 属性值是否相等。对于有向图 G，其浓缩 $H = \langle C, A' \rangle$ 不含圈，其中顶点 $c \in C$ 表示的强连通分支含 u，H 中从 c 可达的顶点的集合记作 C'。注意定理 7.4 给出的事实。

算法 7.3: DFSSCC 算法伪代码

　　输入: 有向图 $G = \langle V, A \rangle$，顶点 u

1　time ← time + 1;

2　$u.\mathrm{d}$ ← time;

3　$u.\mathrm{low}$ ← $u.\mathrm{d}$;

4　$u.\mathrm{visited}$ ← true;

5　入栈 (S, u);

6　**foreach** $\langle u, v \rangle \in A$ **do**

7　　**if** $v.\mathrm{visited}$ = false **then**

8　　　DFSSCC(G, v);

9　　　$u.\mathrm{low}$ ← $\min\{u.\mathrm{low}, v.\mathrm{low}\}$;

10　　**else if** $v \in S$ **then**

11　　　$u.\mathrm{low}$ ← $\min\{u.\mathrm{low}, v.\mathrm{d}\}$;

12　**if** $u.\mathrm{low}$ = $u.\mathrm{d}$ **then**

13　　输出（以下顶点组成一个强连通分支）;

14　　**do**

15　　　v ← 出栈 (S);

16　　　输出 (v);

17　　**while** $v \neq u$;

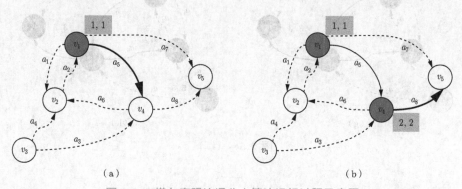

（ a ）　　　　　　　　　　　　　　　（ b ）

图 7.5　塔尔真强连通分支算法运行过程示意图

（a）调用 DFSSCC 算法访问 v_1，v_1 入栈，S 含 v_1，再从 v_1 递归调用 DFSSCC 算法访问 v_4；（b）访问 v_4，v_4 入栈，S 含 v_1，v_4，再从 v_4 递归调用 DFSSCC 算法访问 v_5；（c）访问 v_5，v_5 入栈，S 含 v_1，v_4，v_5；（d）输出一个强连通分支的顶点集 $\{v_5\}$，S 含 v_1，v_4，对 v_5 的 DFSSCC 调用结束，再从 v_4 递归调用 DFSSCC 算法访问 v_2；（e）访问 v_2，v_2 入栈，S 含 v_1，v_4，v_2；（f）对 v_2、v_4 的 DFSSCC 调用依次结束，输出一个强连通分支的顶点集 $\{v_2, v_4, v_1\}$，S 为空，对 v_1 的 DFSSCC 调用结束；（g）调用 DFSSCC 算法访问 v_3，v_3 入栈，S 含 v_3；（h）输出一个强连通分支的顶点集 $\{v_3\}$，S 为空，对 v_3 的 DFSSCC 调用结束

白色顶点—DFSSCC 未调用的顶点　灰色顶点—DFSSCC 已调用未结束的顶点　黑色顶点—DFSSCC 调用已结束的顶点　粗实线箭头—下一步 DFSSCC 调用　细实线箭头—已发生的 DFSSCC 调用　虚线—未发生 DFSSCC 调用的相邻顶点　灰底色数字—顶点的 d 和 low 属性值

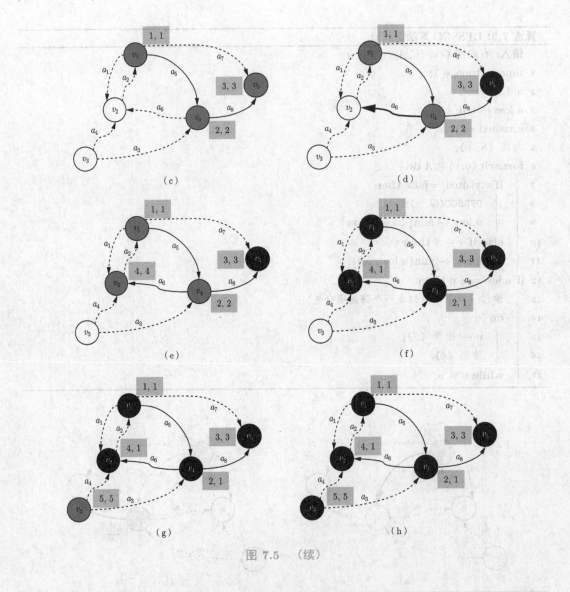

图 7.5 （续）

定理 7.4　上述时间段内访问的顶点恰组成集合 C' 中的顶点表示的所有强连通分支的顶点集的并集。

✎ 思考题 7.17 (♦)　证明定理 7.4。

因此，在上述时间段内，DFSSCC 算法恰将这些强连通分支中的顶点增加到栈 S 中，其中最先增加的顶点是 u。同时，在 DFS 树中，u 的后代顶点恰由这些强连通分支中的顶点（除 u 外）组成。在此基础上，注意引理 7.3 和定理 7.5 给出的事实。

引理 7.3 在上述时间段的结束时刻，顶点 u 的 low 属性值和 d 属性值相等，顶点 c 表示的强连通分支中除 u 外的每个顶点的 low 属性值都小于 d 属性值。

定理 7.5 在上述时间段的结束时刻，顶点 u 在栈 S 中，且从栈顶到 u 恰存储了顶点 c 表示的强连通分支的顶点集。

✍ **思考题 7.18** ($\diamond\blacklozenge$) 证明引理 7.3 和定理 7.5。

因此，在上述时间段的结束时刻，DFSSCC 算法出栈并且输出的正是顶点 c 表示的强连通分支的顶点集。

上述分析同样适用于塔尔真强连通分支算法的非首轮 foreach 循环。具体而言，每轮 foreach 循环结束时，从顶点 s 可达的所有顶点可以视作已从有向图 G 中删除，相应的强连通分支可以视作已从浓缩 H 中删除，并不影响 G 中其他顶点间的可达性。

对于阶为 n、弧数为 m 的有向图，塔尔真强连通分支算法的时间复杂度为 $O(n+m)$，和 DFS 算法相同。

¶ 课后练习

某国有 n 座城市（$n \geqslant 2$），若干对城市间开通了直飞航线，居住在城市中的旅游爱好者的愿望是：乘飞机环游至少一座其他城市并回到出发城市，经过的直飞航线和城市不重复（注：直飞航线是单向的，例如，"北京—上海" 和 "上海—北京" 是不同的直飞航线，未必都开通）。

练习 7.4 若每座城市都有直飞航线到达，则一定有旅游爱好者可以实现愿望吗？

练习 7.5 若没有旅游爱好者可以实现愿望，则一定有某座城市没有直飞航线到达、某座城市没有直飞航线出发吗？

练习 7.6 请编程实现计算强连通定向的算法。

练习 7.7 请编程实现一种算法：判定一个图是否有强连通定向；若有，则输出一个强连通定向。

练习 7.8 请编程实现一种算法：判定一个有向图是否弱连通。

练习 7.9 请编程实现适用于有向图的 DFS 算法，并输出顶点的访问顺序。

练习 7.10 请基于适用于有向图的 DFS 算法，编程实现一种算法：判定两个顶点是否可达。

练习 7.11 请编程实现塔尔真强连通分支算法。

练习 7.12 请编程实现一种算法：判定一个有向图是否强连通。

练习 7.13 请编程实现一种算法：输出有向图的浓缩。

7.4 有向图的距离

在有向图中，随着方向的引入和路线等术语定义的变化，距离的定义随之变化，可以扩展 2.3.1 节中的定义，可以通过扩展 2.3.2 节介绍的 BFS 算法计算有向图中的距离。现在，首先给出有向图中距离的数学定义。

7.4.1 理论

在有向图中，对于顶点 u 和 v，长度最小的 u-v 有向路称作从 u 到 v 的**最短有向路**（shortest directed path）。从 u 到 v 的最短有向路的长度称作从 u 到 v 的**距离**，记作 $\text{dist}(u, v)$。若 v 从 u 不可达，则定义 $\text{dist}(u, v) = \infty$。例如，对于图 7.1（a）所示的有向图，两两顶点间的距离可以写成矩阵的形式，第 i 行第 j 列元素表示从顶点 v_i 到 v_j 的距离：

$$\begin{pmatrix} 0 & 1 & 2 & 1 \\ 1 & 0 & 1 & 2 \\ 2 & 1 & 0 & 1 \\ 2 & 1 & 2 & 0 \end{pmatrix} \tag{7.7}$$

📎 **思考题 7.19** 对于有向图 G 的邻接矩阵 $\boldsymbol{A}$，若从顶点 v_i 到 v_j 的距离为 d，则矩阵 $\boldsymbol{A}^1, \boldsymbol{A}^2, \cdots, \boldsymbol{A}^d$ 的第 i 行第 j 列元素分别是多少？

📎 **思考题 7.20** 在有向图中，距离满足对称性吗？满足三角不等式吗？

7.4.2 算法

如何计算有向图中两个顶点间的距离？如何计算有向图中一个顶点和所有顶点间的距离？这些问题可以通过扩展 BFS 算法解决，作为练习留给读者自己编程实现。

> **课外阅读**
>
> 对于赋权有向图，可以通过扩展 6.1.2 节介绍的迪杰斯特拉算法、贝尔曼-福特算法、弗洛伊德-沃舍尔算法计算距离，感兴趣的读者可以自行尝试。

¶ 课后练习

练习 7.14 请编程实现适用于有向图的 BFS 算法，并输出顶点的访问顺序，以及从出发点到每个顶点的距离。

练习 7.15 请编程实现一种算法：找出两个可达顶点间的一条最短有向路。

练习 7.16 请基于适用于有向图的 BFS 算法，编程实现一种算法：判定两个顶点是否可达。

7.5 流网络和最大流

对于图 7.1（b）所示的桥的限行方向和单位时间内的限行人数，从某地（如顶点 v_1）到某地（如顶点 v_4）单位时间内最多可以通行多少人？对于这个例子，通过尝试可以找出通行人数最多的方案：经过桥 a_5 通行 4 人，经过 a_1、a_3、a_7 通行 3 人，共 7 人。然而，一般意义上，如何解决这个问题呢？

对于图 7.6（a）所示的连接城市的输油管道网，管道分为单向和双向，从某座特定城市（称作"源"）向某座特定城市（称作"汇"）每日最多可以输送多少容量的石油？可以用赋权有向图建模这个问题：将城市表示为顶点，其中，源用顶点 s 表示，汇用顶点 t 表示；将城市间的输油管道表示为弧，其中，双向管道表示为一对反向弧；将管道的日容量表示为弧权。这种赋权有向图称作"流网络"，如图 7.6（b）所示。对于这个例子，通过尝试可以找出从源 s 到汇 t 输油量最大的方案：经过城市 v_1 和 v_2 输送 200 万桶，经过 v_3、v_1、v_2 输送 100 万桶，经过 v_3 和 v_4 输送 200 万桶，共 500 万桶。然而，一般意义上，如何解决这个问题呢？

图 7.6 输油问题

（a）连接城市的输油管道的日容量；（b）将城市和输油管道表示为流网络

上述两个问题本质上都是要求确定流网络中经过每条弧的"流量"，使从源到汇的总流量最大。当然，合理的方案需要满足一些约束条件，例如，经过每条弧的流量不应超过其容量，除源和汇外的其他顶点不应截流。可以通过福特-法尔克森算法解决这个问题。现在，首先给出流网络的数学定义。

若无特殊说明，则本节讨论的有向图都是简单有向图。

7.5.1 理论

流网络（flow network）是一个五元组，记作 $G = \langle V, A, c, s, t \rangle$，其中：

- V 是顶点的有限集合；
- A 是弧的有限集合；
- $c: A \mapsto \mathbf{R}_{\geqslant 0}$ 是**容量函数**（capacity function），定义域是弧集 A，值域是非负实数集 $\mathbf{R}_{\geqslant 0}$，$c(a)$ 称作弧 a 的**容量**（capacity）；
- $s \in V$ 是**源**（source）；
- $t \in V$ 是**汇**（sink），且 $t \neq s$。

例如，对于图 7.6（b）所示的流网络，弧 $\langle v_1, v_2 \rangle$ 的容量为 3，弧 $\langle v_2, v_1 \rangle$ 的容量为 3。

在流网络 G 中，**流**（flow）是一个函数 $f: A \mapsto \mathbf{R}$，定义域是弧集 A，值域是实数集 $\mathbf{R}$，$f(a)$ 称作弧 a 的**流量**（flow）。所有弧的流量均为 0 的流称作**零流**（zero flow）。满足容量约束和守恒约束的流称作**可行流**（feasible flow）：

- **容量约束**（capacity constraint）：每条弧的流量非负且不超过容量，即

$$\forall a \in A,\ 0 \leqslant f(a) \leqslant c(a) \tag{7.8}$$

- **守恒约束**（conservation constraint）：除源和汇外，其他每个顶点所有入弧的流量和（即流入量）等于该顶点所有出弧的流量和（即流出量），即

$$\forall v \in V \setminus \{s, t\},\ f^-(v) = f^+(v) \tag{7.9}$$

其中，$f^-(v)$ 表示顶点 v 的流入量，$f^+(v)$ 表示顶点 v 的流出量，即

$$
\begin{aligned}
f^-(v) &= \sum_{\langle u, v \rangle \in A} f(\langle u, v \rangle) \\
f^+(v) &= \sum_{\langle v, u \rangle \in A} f(\langle v, u \rangle)
\end{aligned}
\tag{7.10}
$$

例如，对于图 7.6（b）所示的流网络，两个可行流如图 7.7 所示。

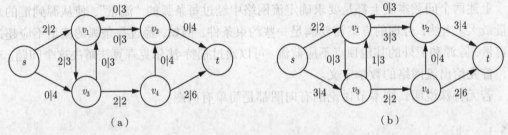

图 7.7　两个可行流
（a）非最大流；（b）最大流
数字—流量 | 容量

✑ 思考题 7.21　每个流网络都有可行流吗？

✑ 思考题 7.22　对于可行流 f，请比较源的净流出量 $f^+(s) - f^-(s)$ 和汇的净流入量 $f^-(t) - f^+(t)$。

对于可行流 f，汇的净流入量 $f^-(t) - f^+(t)$ 称作 f 的**值**（value），记作 $\mathrm{val}(f)$。例如，图 7.7 所示的两个可行流的值分别为 2 和 5。在流网络 G 中，值最大的可行流称作 G 的**最大流**（maximum flow）。例如，图 7.7（a）所示的可行流不是最大流，图 7.7（b）所示的可行流是最大流。

✑ 思考题 7.23　流网络一定有最大流吗？若有，则唯一吗？

✑ 思考题 7.24　如何判断出图 7.7（a）所示的可行流不是最大流，而图 7.7（b）所示的可行流是最大流？

对于流网络 G 和可行流 f，**剩余容量**（residual capacity）是一个函数 $r : V \times V \mapsto \mathbf{R}_{\geqslant 0}$，定义域是顶点集 V 的笛卡儿平方，值域是非负实数集 $\mathbf{R}_{\geqslant 0}$，$r(u, v)$ 称作从顶点 u 到 v 的剩余容量，表示从 u 到 v 的流量的可增量，包括下述两项的和：

- $c(\langle u, v \rangle) - f(\langle u, v \rangle)$，仅当弧 $\langle u, v \rangle \in A$ 存在时，表示 $\langle u, v \rangle$ 的流量的可增量；
- $f(\langle v, u \rangle)$，仅当弧 $\langle v, u \rangle \in A$ 存在时，表示 $\langle v, u \rangle$ 的流量的可减量。

所有顶点间的剩余容量可以表示为一个赋权有向图，称作**剩余网络**（residual network），记作 $G_f = \langle V, A_f, r \rangle$，其中：

- V 是顶点的有限集合，即流网络 G 的顶点集；
- A_f 是弧的有限集合，对于顶点 $u, v \in V$，$\langle u, v \rangle \in A_f$ 当且仅当 $r(u, v) > 0$；
- r 是赋权函数，即剩余容量函数。

例如，对于图 7.7 所示的两个可行流，其剩余网络如图 7.8 所示；对于图 7.8（b）所示的剩余网络，

$$r(v_1, v_3) = (3 - 0) + 1 = 4$$
$$r(v_3, v_1) = (3 - 1) + 0 = 2$$
$$r(s, v_3) = 4 - 3 = 1 \tag{7.11}$$
$$r(v_3, s) = 3$$

✑ 思考题 7.25　流网络 G 的弧集 A 和剩余网络 G_f 的弧集 A_f 相同吗？

✑ 思考题 7.26　请比较弧集 A 的容量和与弧集 A_f 的权和。

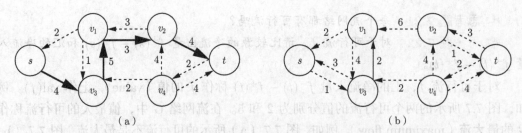

图 7.8　图 7.7 所示的两个可行流的剩余网络
（a）含增广路；（b）不含增广路
粗实线箭头—增广路经过的弧

📖 **思考题 7.27**　如何利用图 7.8 所示的剩余网络判断出图 7.7（a）所示的可行流不是最大流，而图 7.7（b）所示的可行流是最大流？

在剩余网络 G_f 中，s-t 有向路称作 f **增广路**（augmenting path），其经过的弧的最小权称作这条路的**可增量**（tolerance）。例如，对于图 7.8（a）所示的剩余网络，有向路 s, v_3, v_1, v_2, t 是可增量为 3 的 f 增广路。

📖 **思考题 7.28**　每个剩余网络都有增广路吗？若有，则唯一吗？

📖 **思考题 7.29**　如何利用增广路得到一个值更大的流？

例如，利用图 7.8（a）所示的增广路，可以得到图 7.7（b）所示的值更大的流。

> **定理 7.6**　对于流网络 G 和可行流 f，f 是最大流当且仅当剩余网络 G_f 不含 f 增广路。

要理解上述定理的正确性，我们分析流网络 G 的顶点集 V 的任意一种满足 $s \in S$ 和 $t \in T$ 的划分 S 和 $T = V \setminus S$。

引理 7.4　对于流网络 G、可行流 f、顶点集 V 的划分 S 和 T，所有尾在顶点子集 S 中、头在顶点子集 T 中的弧的流量和记作 $f^+(S)$，所有头在 S 中、尾在 T 中的弧的流量和记作 $f^-(S)$，则

$$f^+(s) - f^-(s) = \sum_{v \in S} (f^+(v) - f^-(v)) = f^+(S) - f^-(S) \tag{7.12}$$

📖 **思考题 7.30**（◇♦）　证明引理 7.4。

所有尾在 S 中、头在 T 中的弧的集合称作 G 的**源汇割**（source-sink cut），记作 $C_{S,T}$，其中所有弧的容量和称作 $C_{S,T}$ 的**容量**（capacity），记作 $c(S,T)$。例如，对于图 7.6（b）所示的流网络的顶点集的划分 $S = \{s, v_1, v_3\}$ 和 $T = \{t, v_2, v_4\}$，弧集 $\{\langle v_1, v_2 \rangle, \langle v_3, v_4 \rangle\}$ 是一个容量为 5 的源汇割。

推论 7.2　对于流网络 G、可行流 f、源汇割 $C_{S,T}$，$\mathrm{val}(f) \leqslant c(S,T)$。

🖉 思考题 7.31 (♦)   证明推论 7.2。

🖉 思考题 7.32 (◇♦)   证明定理 7.6。

下述**最大流最小割定理**（max-flow min-cut theorem）[44] 在推论 7.2的基础上，进一步明确了流的值和源汇割的容量间的关系。

定理 7.7 (最大流最小割定理)   对于任意一个流网络，最大流的值等于所有源汇割的容量的最小值。

🖉 思考题 7.33 (◇♦)   证明定理 7.7。

7.5.2 算法

如何计算流网络中的最大流？这个问题可以通过**福特-法尔克森算法**（Ford-Fulkerson algorithm）[44] 解决。该算法逐步构造最大流，每步利用当前流的一条增广路得到一个值更大的流。

人物简介

　　福特-法尔克森算法的两位作者：福特（Lester Randolph Ford Jr.），1927 年出生于美国；法尔克森（Delbert Ray Fulkerson），1924 年出生于美国。

福特-法尔克森算法伪代码如算法 7.4所示。对于流网络 $G = \langle V, A, c, s, t \rangle$，该算法从初值为零流的可行流 f 开始，每轮 while 循环尝试在剩余网络 G_f 中找一条 f 增广路 P，可以采用适用于有向图的 DFS 算法，直至 G_f 中不存在 f 增广路（第 1 行）：若能找到，则利用 P 得到一个值更大的流（第 2~9 行）。算法运行结束时，输出最大流 f（第 10 行）。其中，为了得到一个值更大的流，首先计算 P 的可增量 r（第 2 行）；接下来，对于 P 经过的每条弧 $\langle u, v \rangle$（第 3 行）：先将 r 用于减少反向弧 $\langle v, u \rangle$ 的流量（第 4~7 行），再将剩余的 r 用于增加弧 $\langle u, v \rangle$ 的流量（第 8~9 行）。

例如，对于图 7.6（b）所示的流网络，福特-法尔克森算法输出的最大流如图 7.7（b）所示。福特-法尔克森算法运行过程示意图如图 7.9 所示。该算法输出的最大流是不确定的，具体输出取决于增广路的选择。

要理解福特-法尔克森算法的正确性，关键在于注意到下述事实。算法每轮 while 循环开始前：或者剩余网络 G_f 不含 f 增广路，则由定理 7.6，流网络 G 的最大流已找到；或者 G_f 含 f 增广路，则本轮 while 循环将流 f 的值增加 r。因此，算法运行结束时，输出的流是最大流。然而，当 G 中弧的容量包含无理数时，算法有可能无法运行结束[45]。

算法 7.4: 福特-法尔克森算法伪代码

输入: 流网络 $G = \langle V, A, c, s, t \rangle$

初值: 流 f 初值为零流

1 **while** G_f 含 f 增广路 P **do**

2      $r \leftarrow \displaystyle\min_{\langle u,v \rangle \in P经过的所有弧} r(u,v)$;

3   **foreach** $\langle u,v \rangle \in P$经过的所有弧 **do**

4   **if** $\langle v,u \rangle \in A$ **then**

5              $r' \leftarrow \min\{f(\langle v,u \rangle), r\}$;

6              $f(\langle v,u \rangle) \leftarrow f(\langle v,u \rangle) - r'$;

7              $r \leftarrow r - r'$;

8   **if** $\langle u,v \rangle \in A$ **then**

9              $f(\langle u,v \rangle) \leftarrow f(\langle u,v \rangle) + r$;

10 输出 (f);

思考题 7.34 (◇)   当流网络 G 中所有弧的容量都是有理数时，为什么福特-法尔克森算法一定会运行结束？

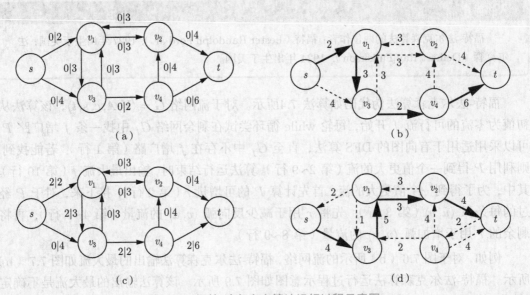

图 7.9 福特-法尔克森算法运行过程示意图

（a）第 1 轮 while 循环开始前的 f；（b）第 1 轮 while 循环开始时的 G_f 和 P，可增量 $r = 2$；（c）第 2 轮 while 循环开始前的 f；（d）第 2 轮 while 循环开始时的 G_f 和 P，可增量 $r = 3$；（e）第 3 轮 while 循环开始前的 f；（f）第 3 轮 while 循环开始时的 G_f 和 P（不存在）

粗实线箭头 - f 增广路 P 经过的弧

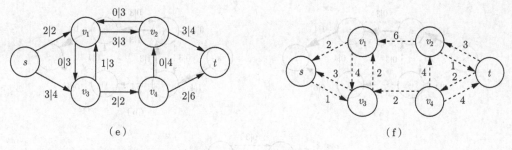

图 7.9 （续）

对于阶为 n、弧数为 m 的流网络 G，福特-法尔克森算法每轮 while 循环的时间复杂度为 $O(n+m)$，和 DFS 算法相同；当 G 中所有弧的容量都是正整数时，算法每轮 while 循环将流的值增加一个正整数，若 G 的最大流的值为正整数 $\mathcal{V}$，则 while 循环的轮数为 $O(\mathcal{V})$。因此，该算法的时间复杂度为 $O((n+m)\mathcal{V})$。

👉 思考题 7.35　请给出一个例子：福特-法尔克森算法 while 循环的轮数为最大流的值 $\mathcal{V}$。

课外阅读

　　若采用适用于有向图的 BFS 算法找增广路，则福特-法尔克森算法的时间复杂度可降为 $O(nm^2)$ [46] 或 $O(n^2m)$ [47]，且当弧的容量包含无理数时，算法也一定会运行结束。对最大流算法感兴趣的读者，还可以参考其他有代表性的算法[48-51]。

　　流网络和最大流可用来建模并解决图论中的诸多其他问题。例如，首先定义单位路径流。对于所有弧的容量都是整数的流网络 G，所有弧的流量都是整数的流称作**整数流**（integer flow）。作为一种特殊的整数流，所有弧的流量为 0 或 1，且所有流量为 1 的弧恰组成 G 中的一条 $s\text{-}t$ 有向路的可行流称作**单位路径流**（unit path flow），其值为 1。例如，对于图 7.6（b）所示的流网络，两个整数流如图 7.7 所示，三个单位路径流如图 7.10 所示。

　　定理 7.8　对于所有弧的容量都是整数的流网络：最大流的值是整数，存在一个最大流是整数流，且该最大流可表示为若干单位路径流的和。

例如，对于图 7.6（b）所示的流网络，图 7.7（b）所示的最大流是整数流，可表示为如图 7.10 所示的三种共 5 个单位路径流的和：$2f_1 + f_2 + 2f_3$。

👉 思考题 7.36 (♢♦)　证明定理 7.8。

　　引入上述定义和定理的意义在于：对于所有弧的容量都是 1 的流网络，其最大流对应数量最多的一组两两无公共弧的 $s\text{-}t$ 有向路，如图 7.11 所示，从而与门格尔定理建立了联系。

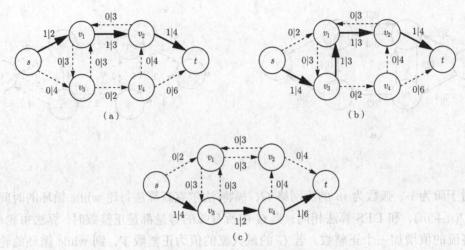

图 7.10　三个单位路径流

(a) f_1; (b) f_2; (c) f_3

粗实线箭头—流量为 1 的弧

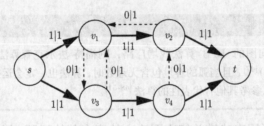

图 7.11　所有弧的容量都是 1 的流网络的最大流

上述讨论的流网络具有唯一的源和唯一的汇，称作**单源单汇流网络**（single-source single-sink flow network）。更一般地，对于具有多个源 $s_1, s_2, \cdots, s_i$ 和多个汇 $t_1, t_2, \cdots, t_j$ 的**多源多汇流网络**（multi-source multi-sink flow network），如图 7.12 所示，其最大流的值是所有汇的净流入量的和。多源多汇流网络的最大流的计算问题可以转化为单源单汇流网络的最大流的计算问题，如图 7.13 所示：增加一个称作**超源**（super-source）的顶点 s^*，在超源和每个源之间增加一条容量为 ∞ 的弧；增加一个称作**超汇**（super-sink）的顶点 t^*，在每个汇和超汇之间增加一条容量为 ∞ 的弧；计算以超源为源、以超汇为汇的单源单汇流网络的最大流。

课外阅读

利用流网络和最大流还可以证明 5.2 节介绍的霍尔定理和第 8 章将要介绍的柯尼希-艾盖尔瓦里定理，感兴趣的读者可以自行尝试。

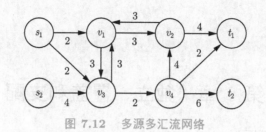

图 7.12 　多源多汇流网络

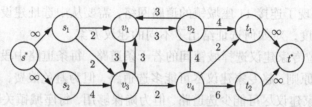

图 7.13 　向多源多汇流网络中增加超源和超汇

¶ 课后练习

练习 7.17 　请利用最大流最小割定理,证明面向边连通度的门格尔定理,即定理 4.8。

练习 7.18 　请将图的边连通度的计算问题转化为流网络的最大流的计算问题。

练习 7.19 　请利用最大流最小割定理,证明面向点连通度的门格尔定理,即定理 4.7。

练习 7.20 　请将图的点连通度的计算问题转化为流网络的最大流的计算问题。

练习 7.21 　请将二分图的最大匹配的计算问题转化为流网络的最大流的计算问题。

练习 7.22 　某软件公司急需开发一款大型软件,涉及多种编程语言,每种编程语言需要特定数量的程序员。公司从各部门抽调程序员参与该软件的开发,每位程序员只掌握一种编程语言,每个部门掌握每种编程语言的程序员的数量是有限的,从每个部门可以抽调的程序员的数量也是有限的。请利用流网络和最大流,判断满足软件开发需要的抽调方案是否存在;若存在,则给出抽调方案。

练习 7.23 　请编程实现福特-法尔克森算法。

第 8 章 独立、覆盖和支配

图 8.1（a）呈现了连接 11 座城镇的道路网络，需要从中选址建设若干座加油站，多位专家从不同的角度，对如何选址给出了不同的建议方案。

赵、钱、孙三位专家建议选择城镇间的若干条道路，每条道路中段建一座加油站，并分别给出了各自的原则。赵专家建议尽可能多选道路，但为避免浪费，相邻的道路原则上至多选一条。钱专家建议尽可能少选道路，但为确保够用，每座城镇关联的道路原则上至少选一条。孙专家也建议尽可能少选道路，但每条未被选中的道路原则上至少与一条被选中的道路相邻。

李、周、吴三位专家建议选择若干座城镇，每座城镇内部建一座加油站，并分别给出了各自的原则。李专家建议尽可能多选城镇，但为避免浪费，相邻的城镇原则上至多选一座。周专家建议尽可能少选城镇，但为确保够用，每条道路关联的城镇原则上至少选一座。吴专家也建议尽可能少选城镇，但每座未被选中的城镇原则上至少与一座被选中的城镇相邻。

可以用图建模这个问题：将城镇表示为顶点，将城镇间的道路表示为边，如图 8.1（b）所示。上述 6 种建议方案，对应满足 6 种特定条件的边子集或顶点子集：赵专家和李专家选择的子集称作"最大独立集"，钱专家和周专家选择的子集称作"最小覆盖集"，孙专家和吴专家选择的子集称作"最小支配集"。这些集合之间有什么关系？如何设计算法，找出这些集合？这便是本章讨论的主题：独立、覆盖和支配。

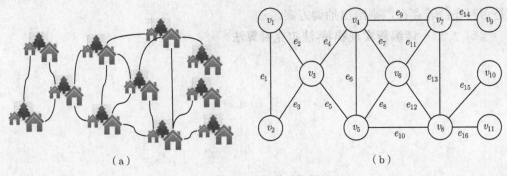

（a） （b）

图 8.1 加油站选址问题

（a）连接城镇的路网；（b）将城镇和道路表示为图

本章共分 2 节：8.1 节介绍边的独立、覆盖和支配；8.2 节介绍顶点的独立、覆盖和支配。若无特殊说明，则本章讨论的图都是简单图。

8.1 边的独立、覆盖和支配

边独立集是一组不相邻的边，即匹配，我们通常感兴趣的是最大边独立集，即最大匹配，5.1.2 节已介绍了找出最大匹配的算法。边覆盖集是一组端点包括所有顶点的边，我们通常感兴趣的是最小边覆盖集，可以通过扩展最大边独立集得到最小边覆盖集。边支配集是一组与其他所有边都相邻的边，我们通常感兴趣的是最小边支配集，可以通过计算极大边独立集得到一个较小（但未必最小）的边支配集。现在，首先给出边独立集、边覆盖集、边支配集的数学定义。

8.1.1 理论

图 G 的匹配、极大匹配、最大匹配也分别称作 G 的**边独立集**（edge independent set）、**极大边独立集**（maximal edge independent set）、**最大边独立集**（maximum edge independent set）。最大边独立集的大小称作 G 的**边独立数**（edge independence number），记作 $\alpha'(G)$。例如，对于图 8.1（b），边子集 $\{e_1, e_4\}$ 是边独立集，它不是极大边独立集，更不是最大边独立集；边子集 $\{e_1, e_4, e_8, e_{13}\}$ 是极大边独立集，它不是最大边独立集，如图 8.2（a）所示；边子集 $\{e_1, e_4, e_8, e_{14}, e_{15}\}$ 是最大边独立集，如图 8.2（b）所示，该图的边独立数是 5。

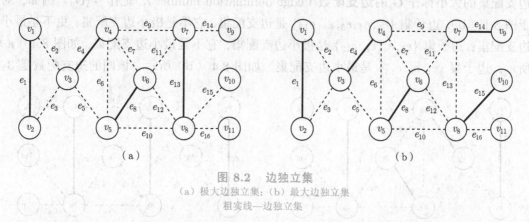

图 8.2 边独立集
（a）极大边独立集；（b）最大边独立集
粗实线—边独立集

对于图 $G = \langle V, E \rangle$ 和边子集 $C' \subseteq E$，若 C' 中所有边的端点的集合为顶点集 V，则 C' 称作 G 的**边覆盖集**（edge cover）。若 G 的任何边覆盖集都不是边覆盖集 C' 的真子集，则 C' 称作 G 的**极小边覆盖集**（minimal edge cover）。边的数量最少的边覆盖集称作 G 的**最小**

边覆盖集（minimum edge cover）。最小边覆盖集的大小称作 G 的**边覆盖数**（edge covering number），记作 $\beta'(G)$。例如，对于图 8.1（b），边子集 $\{e_2, e_3, e_6, e_{11}, e_{12}, e_{14}, e_{15}, e_{16}\}$ 是边覆盖集，它不是极小边覆盖集，更不是最小边覆盖集；边子集 $\{e_2, e_3, e_6, e_{11}, e_{14}, e_{15}, e_{16}\}$ 是极小边覆盖集，它不是最小边覆盖集，如图 8.3（a）所示；边子集 $\{e_1, e_4, e_8, e_{14}, e_{15}, e_{16}\}$ 是最小边覆盖集，如图 8.3（b）所示，该图的边覆盖数是 6。

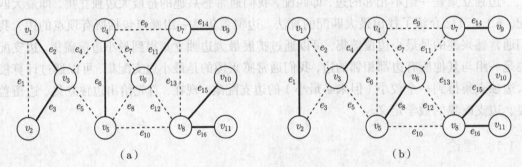

图 8.3　边覆盖集
（a）极小边覆盖集；（b）最小边覆盖集
粗实线—边覆盖集

对于图 $G = \langle V, E \rangle$ 和边子集 $D' \subseteq E$，若集合 $E \setminus D'$ 中的每条边都与 D' 中至少一条边相邻，则 D' 称作 G 的**边支配集**（edge dominating set）。若 G 的任何边支配集都不是边支配集 D' 的真子集，则 D' 称作 G 的**极小边支配集**（minimal edge dominating set）。边的数量最少的边支配集称作 G 的**最小边支配集**（minimum edge dominating set）。最小边支配集的大小称作 G 的**边支配数**（edge domination number），记作 $\gamma'(G)$。例如，对于图 8.1（b），边子集 $\{e_1, e_4, e_5, e_8, e_{13}\}$ 是边支配集，它不是极小边支配集，更不是最小边支配集；边子集 $\{e_1, e_4, e_8, e_{13}\}$ 是极小边支配集，它不是最小边支配集，如图 8.4（a）所示；边子集 $\{e_1, e_6, e_{13}\}$ 是最小边支配集，如图 8.4（b）所示，该图的边支配数是 3。

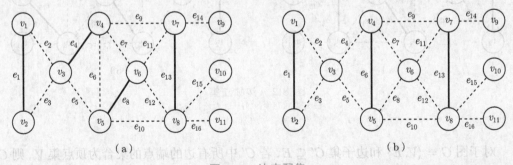

图 8.4　边支配集
（a）极小边支配集；（b）最小边支配集
粗实线—边支配集

🖎 **思考题 8.1** 每个图都有边独立集、边覆盖集、边支配集吗?

🖎 **思考题 8.2** 图 1.6(a)所示的彼得森图的边独立数、边覆盖数、边支配数分别是多少?

🖎 **思考题 8.3** 阶为 n 的图的边独立数的上界是多少?边覆盖数的下界是多少?边支配数的下界是多少?

🖎 **思考题 8.4** 完全图 K_n 的边独立数、边覆盖数、边支配数分别是多少?

🖎 **思考题 8.5** 完全二分图 $K_{m,n}$ 的边独立数、边覆盖数、边支配数分别是多少?

🖎 **思考题 8.6** 边独立集、极小边覆盖集、极小边支配集的边导出子图的每个连通分支分别有什么特征?

定理 8.1 给出了边独立数和边覆盖数的一种关系。

定理 8.1 对于任意一个不含孤立点的图 G:
$$\alpha'(G) \leqslant \beta'(G) \tag{8.1}$$

🖎 **思考题 8.7** ($\diamond\blacklozenge$) 证明定理 8.1。

🖎 **思考题 8.8** 若图 G 的一个边独立集和一个边覆盖集的大小相等,则能得出什么结论?

定理 8.2[52] 及其推论 8.1 给出了边独立数和边覆盖数的另一种关系。

定理 8.2 对于任意一个不含孤立点的图 G:
$$\alpha'(G) + \beta'(G) = \nu(G) \tag{8.2}$$

🖎 **思考题 8.9** ($\diamond\blacklozenge$) 证明定理 8.2。

推论 8.1 对于任意一个不含孤立点的图 G,$\alpha'(G) = \beta'(G)$ 当且仅当 G 有完美匹配。

🖎 **思考题 8.10** ($\blacklozenge$) 证明推论 8.1。

🖎 **思考题 8.11** 边独立集是边支配集吗?极大边独立集是边支配集吗?

定理 8.3 给出了边独立数和边支配数的一种关系。

定理 8.3 对于任意一个图 G:
$$\alpha'(G) \geqslant \gamma'(G) \tag{8.3}$$

🖎 **思考题 8.12** ($\diamond\blacklozenge$) 证明定理 8.3。

定理 8.4 及其推论 8.2 给出了最小边支配集和极大边独立集的一种关系。

定理 8.4 对于任意一个图,存在一个最小边支配集是极大边独立集[53]。

推论 8.2 对于任意一个图，边支配数是最小的极大边独立集包含的边数。

🏠 **思考题 8.13** (◇◆) 证明定理 8.4 和推论 8.2。

8.1.2 算法

如何找出图中的最大边独立集、最小边覆盖集、最小边支配集？5.1.2 节已介绍了找出最大边独立集即最大匹配的算法；根据定理 8.2，可以基于最大边独立集构造最小边覆盖集；可以基于极大边独立集构造一个较小（但未必最小）的边支配集。

1. 计算最小边覆盖集的算法

计算最小边覆盖集的算法[54]伪代码如算法 8.1 所示，该算法基于最大边独立集构造最小边覆盖集。具体而言，对于不含孤立点的图 $G = \langle V, E \rangle$，该算法首先找出 G 的最大边独立集 I'（第 1 行），可以采用 5.1.2 节介绍的花算法。接下来，以 I' 为基础构造边覆盖集 C'（第 2 行）：对于顶点集 V 中未被 I' 饱和的每个顶点 v（第 3~4 行），向 C' 中增加 v 关联的任意一条边 e（第 5~6 行）。算法运行结束时，输出最小边覆盖集 C'（第 7 行）。

算法 8.1：计算最小边覆盖集的算法伪代码

输入： 不含孤立点的图 $G = \langle V, E \rangle$

1   $I' \leftarrow G$ 的最大边独立集;
2   $C' \leftarrow I'$;
3   **foreach** $v \in V$ **do**
4   **if** v 未被 I' 饱和 **then**
5         $e \leftarrow v$ 关联的任意一条边;
6         $C' \leftarrow C' \cup \{e\}$;
7   输出 (C');

例如，对于图 8.1（b），该算法输出的最小边覆盖集可能是 $\{e_1, e_4, e_8, e_{14}, e_{15}, e_{16}\}$，也可能是 $\{e_1, e_5, e_7, e_{14}, e_{15}, e_{16}\}$ 等，具体输出取决于最大边独立集和关联边的选择。以输出 $\{e_1, e_4, e_8, e_{14}, e_{15}, e_{16}\}$ 为例，该算法运行过程示意图如图 8.5 所示。

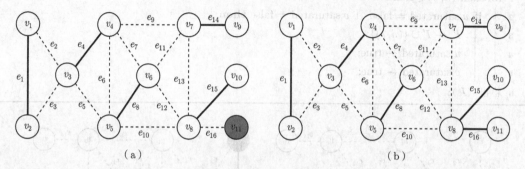

图 8.5　计算最小边覆盖集的算法运行过程示意图

（a）最大边独立集 I' 和未被 I' 饱和的顶点（粗实线—最大边独立集 I'　灰色顶点—未被 I' 饱和的顶点）；（b）最小边覆盖集 C'（粗实线—最小边覆盖集 C'）

该算法的正确性较容易根据定理 8.2 证明。

定理 8.5　算法输出的集合 C' 是图 G 的最小边覆盖集。

✍ **思考题 8.14**（♦）　证明定理 8.5。

该算法的主要步骤是计算最大边独立集，其时间复杂度与计算最大边独立集的算法（例如，花算法）的时间复杂度相同。

2. 计算最小边支配集的近似算法

最小边支配集的计算是一个 NP 难的优化问题[53]，不存在多项式时间算法（除非 P= NP）。事实上，由思考题 8.12 的证明，极大边独立集就是边支配集，计算极大边独立集的算法伪代码如算法 8.2 所示。对于图 $G = \langle V, E \rangle$，该算法从初值为空集的边独立集 I' 开始，每轮 foreach 循环尝试向 I' 中增加一条边 $(u,v) \in E$（第 1 行）：若端点 u 和 v 都未被 I' 饱和（第 2 行），则向 I' 中增加 (u,v)（第 3 行）。具体而言，顶点集 V 中每个顶点的 saturated 属性是一个布尔型变量，表示该顶点是否被 I' 饱和，初值为 false；向 I' 中增加 (u,v) 时，将 u 和 v 的 saturated 属性值设为 true（第 4~5 行）。算法运行结束时，输出极大边独立集 I'（第 6 行）。

例如，对于图 8.1（b），该算法输出的极大边独立集可能是 $\{e_1, e_4, e_8, e_{13}\}$，也可能是 $\{e_1, e_6, e_{13}\}$ 等，具体输出取决于边的尝试顺序。以尝试顺序 $e_1, e_2, \cdots, e_{16}$ 为例，该算法运行过程示意图如图 8.6 所示。

算法 8.2: 计算极大边独立集的算法伪代码

输入: 图 $G = \langle V, E \rangle$

初值: 集合 I' 初值为 $\varnothing$; 顶点集 V 中所有顶点的 saturated 初值为 false

1 **foreach** $(u, v) \in E$ **do**

2   **if** u.saturated = false 且 v.saturated = false **then**

3          $I' \leftarrow I' \cup \{(u, v)\}$;

4   u.saturated $\leftarrow$ true;

5   v.saturated $\leftarrow$ true;

6 输出 (I');

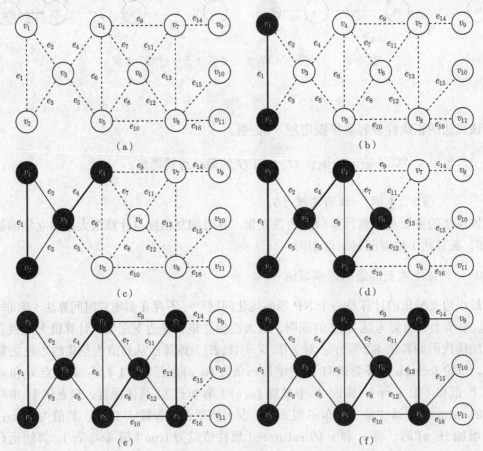

图 8.6　计算极大边独立集的算法运行过程示意图

(a) I' 初值为 $\varnothing$; (b) 向 I' 中增加边 e_1; (c) 向 I' 中增加边 e_4; (d) 向 I' 中增加边 e_8; (e) 向 I' 中增加边 e_{13};
(f) 输出 I'

白色顶点—saturated 属性值为 false　黑色顶点—saturated 属性值为 true　粗实线—已增加到边独立集 I' 中的边　细
实线—已尝试但未增加到 I' 中的边　虚线—未尝试的边

该算法的正确性较容易根据极大边独立集的定义证明。

定理 8.6 算法输出的集合 I' 是图 G 的极大边独立集。

✐ **思考题 8.15** (♦) 证明定理 8.6。

极大边独立集未必是最小边支配集,但可以作为最小边支配集的一种近似,是一个较小边支配集。定理 8.7 给出了该算法的近似比。

定理 8.7 极大边独立集包含的边的数量不超过最小边支配集包含的边的数量的 2 倍。

✐ **思考题 8.16** (◇♦) 证明定理 8.7。

课外阅读

在某种特定猜想成立的前提下,对于任意小的常数 $\epsilon > 0$,最小边支配集的计算具有 $(2-\epsilon)$ 不可近似性[55]。因此,以极大边独立集作为最小边支配集的近似,在理论上也许已足够精确了。

对于阶为 n、边数为 m 的图,该算法的时间复杂度为 $O(n+m)$。

¶ **课后练习**

对于本章开头的加油站选址问题,假设每座城镇与至少一座其他城镇相邻。尽管各位专家遵循的原则不同,但他们各自建议的方案之间存在一定联系。

练习 8.1 赵专家按其原则具体给出了一种较优的方案:在该方案基础上,再多选任意一条道路都将违背其原则。证明:该方案是赵专家给出的最优方案,当且仅当它是钱专家给出的一种最优方案的子集。

练习 8.2 钱专家按其原则具体给出了一种较优的方案:在该方案基础上,再少选任意一条道路都将违背其原则。证明:该方案是钱专家给出的最优方案,当且仅当它是赵专家给出的一种最优方案的超集。

练习 8.3 请编程实现计算最小边覆盖集的算法。

练习 8.4 请编程实现计算最小边支配集的近似算法。

8.2 顶点的独立、覆盖和支配

点独立集是一组不相邻的顶点,我们通常感兴趣的是最大点独立集,可以通过贪心算法找出一个较大(但未必最大)的点独立集。点覆盖集是一组关联所有边的顶点,我们通常感兴趣的是最小点覆盖集,可以通过计算极大边独立集得到一个较小(但未必最小)的点覆盖集。点支配集是一组与其他所有顶点都相邻的顶点，我们通常感兴趣的是最小点支配集，可以通过贪心算法找出一个较小（但未必最小）的点支配集。现在，首先给出点独立集、点覆盖集、点支配集的数学定义。

8.2.1 理论

对于图 $G = \langle V, E \rangle$ 和顶点子集 $I \subseteq V$，若 I 中的顶点两两不相邻，则 I 称作 G 的**点独立集**（vertex independent set），简称**独立集**（independent set）。若点独立集 I 不是 G 的任何点独立集的真子集，则 I 称作 G 的**极大点独立集**（maximal vertex independent set）。顶点的数量最多的点独立集称作 G 的**最大点独立集**（maximum vertex independent set）。最大点独立集的大小称作 G 的**点独立数**（vertex independence number），简称**独立数**（independence number），记作 $\alpha(G)$。例如，对于图 8.1（b），顶点子集 $\{v_1, v_4, v_9\}$ 是点独立集，它不是极大点独立集，更不是最大点独立集；顶点子集 $\{v_1, v_4, v_8, v_9\}$ 是极大点独立集，它不是最大点独立集，如图 8.7（a）所示；顶点子集 $\{v_1, v_4, v_9, v_{10}, v_{11}\}$ 是最大点独立集，如图 8.7（b）所示，该图的点独立数是 5。

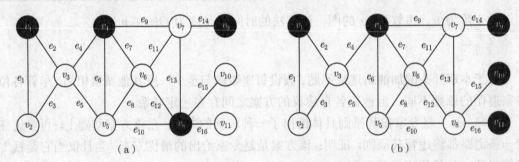

图 8.7　点独立集
（a）极大点独立集；（b）最大点独立集
黑色顶点—点独立集

对于图 $G = \langle V, E \rangle$ 和顶点子集 $C \subseteq V$，若 C 中所有顶点关联的边的集合为边集 E，则 C 称作 G 的**点覆盖集**（vertex cover），简称**覆盖集**（cover）。若 G 的任何点覆盖集都不是点覆盖集 C 的真子集，则 C 称作 G 的**极小点覆盖集**（minimal vertex cover）。顶点的数量最少的点覆盖集称作 G 的**最小点覆盖集**（minimum vertex cover）。最小点覆盖集的大小称作 G 的**点覆盖数**（vertex covering number），简称**覆盖数**（covering number），记作 $\beta(G)$。例如，对于图 8.1（b），顶点子集 $\{v_1, v_3, v_5, v_6, v_7, v_8, v_{10}, v_{11}\}$ 是点覆盖集，它不是极小点覆盖集，更不是最小点覆盖集；顶点子集 $\{v_1, v_3, v_5, v_6, v_7, v_{10}, v_{11}\}$ 是极小点覆盖集，它不是最小点覆盖集，如图 8.8（a）所示；顶点子集 $\{v_1, v_3, v_5, v_6, v_7, v_8\}$ 是最小点覆盖集，如图 8.8（b）所示，该图的点覆盖数是 6。

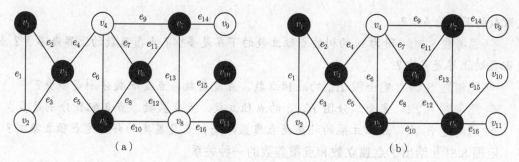

图 8.8　点覆盖集
（a）极小点覆盖集；（b）最小点覆盖集
黑色顶点—点覆盖集

对于图 $G = \langle V, E \rangle$ 和顶点子集 $D \subseteq V$，若集合 $V \setminus D$ 中的每个顶点都与 D 中至少一个顶点相邻，则 D 称作 G 的**点支配集**（vertex dominating set），简称**支配集**（dominating set）。若 G 的任何点支配集都不是点支配集 D 的真子集，则 D 称作 G 的**极小点支配集**（minimal vertex dominating set）。顶点数量最少的点支配集称作 G 的**最小点支配集**（minimum vertex dominating set）。最小点支配集的大小称作 G 的**点支配数**（vertex domination number），简称**支配数**（domination number），记作 $\gamma(G)$。例如，对于图 8.1（b），顶点子集 $\{v_3, v_7, v_9, v_{10}, v_{11}\}$ 是点支配集，它不是极小点支配集，更不是最小点支配集；顶点子集 $\{v_3, v_7, v_{10}, v_{11}\}$ 是极小点支配集，它不是最小点支配集，如图 8.9（a）所示；顶点子集 $\{v_3, v_8, v_9\}$ 是最小点支配集，如图 8.9（b）所示，该图的点支配数是 3。

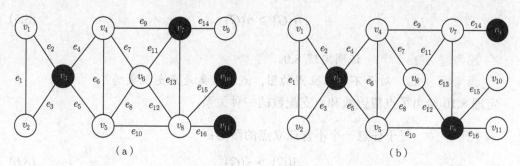

图 8.9　点支配集
（a）极小点支配集；（b）最小点支配集
黑色顶点—点支配集

🔖 **思考题 8.17**　每个图都有点独立集、点覆盖集、点支配集吗？

🔖 **思考题 8.18**　图 1.6（a）所示的彼得森图的点独立数、点覆盖数、点支配数分别是多少？

🔖 **思考题 8.19**　阶为 n 的图的点独立数的上界是多少？点覆盖数的下界是多少？点

支配数的下界是多少？

    📖 思考题 8.20   阶为 n 的树的点独立数的下界是多少？点覆盖数的上界是多少？点支配数的上界是多少？

    📖 思考题 8.21   完全图 K_n 的点独立数、点覆盖数、点支配数分别是多少？

    📖 思考题 8.22   完全二分图 $K_{m,n}$ 的点独立数、点覆盖数、点支配数分别是多少？

    📖 思考题 8.23   点独立集的补集是点覆盖集吗？点覆盖集的补集是点独立集吗？

定理 8.8[52] 给出了点独立数和点覆盖数的一种关系。

> **定理 8.8**   对于任意一个图 G：
> $$\alpha(G) + \beta(G) = \nu(G) \tag{8.4}$$

    📖 思考题 8.24 (◇♦)   证明定理 8.8。

    📖 思考题 8.25   对于不含孤立点的图，点支配集的补集也是点支配集吗？极小点支配集的补集是点支配集吗？

    📖 思考题 8.26   对于极小点支配集中的顶点，其邻点有什么特征？

    📖 思考题 8.27   点独立集是点支配集吗？极大点独立集是点支配集吗？极大点独立集是极小点支配集吗？

定理 8.9 给出了点独立数和点支配数的一种关系。

> **定理 8.9**   对于任意一个图 G：
> $$\alpha(G) \geqslant \gamma(G) \tag{8.5}$$

    📖 思考题 8.28 (◇♦)   证明定理 8.9。

    📖 思考题 8.29   对于不含孤立点的图，点覆盖集是点支配集吗？

定理 8.10 给出了点覆盖数和点支配数的一种关系。

> **定理 8.10**   对于任意一个不含孤立点的图 G：
> $$\beta(G) \geqslant \gamma(G) \tag{8.6}$$

    📖 思考题 8.30 (◇♦)   证明定理 8.10。

定理 8.11 给出了点覆盖数和边独立数的一种关系。

> **定理 8.11**   对于任意一个图 G：
> $$\beta(G) \geqslant \alpha'(G) \tag{8.7}$$

🖎 思考题 8.31 (◇♦)　证明定理 8.11。

🖎 思考题 8.32　若图 G 的一个点覆盖集和一个边独立集的大小相等，则能得出什么结论？

柯尼希-艾盖尔瓦里定理（König-Egerváry theorem）[56-57] 给出了二分图的点覆盖数和边独立数的一种关系。

> **定理 8.12** (柯尼希-艾盖尔瓦里定理)　对于任意一个二分图 G：
>
> $$\beta(G) = \alpha'(G) \tag{8.8}$$

🖎 思考题 8.33 (◇♦)　证明定理 8.12。

人物简介

柯尼希（Dénes König），1884 年出生于奥匈帝国；艾盖尔瓦里（Jenö Egerváry），1891 年出生于匈牙利。

定理 8.13 给出了点独立数和边覆盖数的一种关系。

> **定理 8.13**　对于任意一个不含孤立点的图 G：
>
> $$\alpha(G) \leqslant \beta'(G) \tag{8.9}$$

🖎 思考题 8.34 (◇♦)　证明定理 8.13。

🖎 思考题 8.35　若图 G 的一个点独立集和一个边覆盖集的大小相等，则能得出什么结论？

定理 8.14 给出了二分图的点独立数和边覆盖数的一种关系。

> **定理 8.14**　对于任意一个不含孤立点的二分图 G：
>
> $$\alpha(G) = \beta'(G) \tag{8.10}$$

🖎 思考题 8.36 (◇♦)　证明定理 8.14。

定理 8.15 给出了点支配数和边覆盖数的一种关系。

> **定理 8.15**　对于任意一个不含孤立点的图 G：
>
> $$\gamma(G) \leqslant \beta'(G) \tag{8.11}$$

🔖 **思考题 8.37** (◊◆)　证明定理 8.15。

定理 8.16 给出了点支配数和边独立数的一种关系。

> **定理 8.16**　对于任意一个不含孤立点的图 G：
>
> $$\gamma(G) \leqslant \alpha'(G) \tag{8.12}$$

🔖 **思考题 8.38** (◊◆)　证明定理 8.16。

8.2.2　算法

如何找出图中的最大点独立集、最小点覆盖集、最小点支配集？可以通过贪心算法构造一个较大（但未必最大）的点独立集；可以基于极大边独立集构造一个较小（但未必最小）的点覆盖集；可以通过贪心算法构造一个较小（但未必最小）的点支配集。

1. 计算最大点独立集的近似算法

图 G 的最大点独立集是其补图 $\overline{G}$ 的最大团。对于图 $H = \langle V, E \rangle$ 和顶点子集 $C \subseteq V$，若 C 中的顶点两两相邻，则 C 称作 H 的**团**（clique）；顶点数量最多的团称作 H 的**最大团**（maximum clique）。最大团的计算是一个 NP 难的优化问题[12]，不存在多项式时间算法（除非 P=NP），因此，最大点独立集的计算也是一个 NP 难的优化问题。

计算最大点独立集的近似算法[58]伪代码如算法 8.3所示，该算法逐步构造点独立集，每步向当前点独立集增加一个顶点，并尽可能选择度小的顶点，从而提高剩余的顶点被增加到点独立集中的可能性。具体而言，对于图 $G = \langle V, E \rangle$，该算法从初值为空集的点独立集 I 开始，每轮 while 循环从顶点集 V 中选择一个顶点 v 增加到 I 中（第 3 行），直至没有顶点能被增加到 I 中（第 1 行）：v 是 V 中度最小的顶点（第 2 行），因此，V 中还能被增加到 I 中的顶点数量最多，这是一种贪心策略；接下来，将 v 及其所有邻点的集合 $N(v)$ 从 G 中删除（第 4 行），因为 $N(v)$ 不能再被增加到 I 中。算法运行结束时，输出较大点独立集 I（第 5 行）。

算法 8.3：计算最大点独立集的近似算法伪代码

　输入： 图 $G = \langle V, E \rangle$

　初值： 集合 I 初值为 $\varnothing$

1　**while** $V \neq \varnothing$ **do**
2　　$v \leftarrow \underset{u \in V}{\arg\min}\, d(u)$;
3　　$I \leftarrow I \cup \{v\}$;
4　　$G \leftarrow G - (\{v\} \cup N(v))$;
5　输出 (I);

例如，对于图 8.1（b），该算法输出的较大点独立集可能是 $\{v_9, v_{10}, v_{11}, v_1, v_4\}$，也可能是 $\{v_9, v_{10}, v_{11}, v_6, v_3\}$ 等，具体输出取决于顶点的选择。以输出 $\{v_9, v_{10}, v_{11}, v_1, v_4\}$ 为例，该算法运行过程示意图如图 8.10 所示。

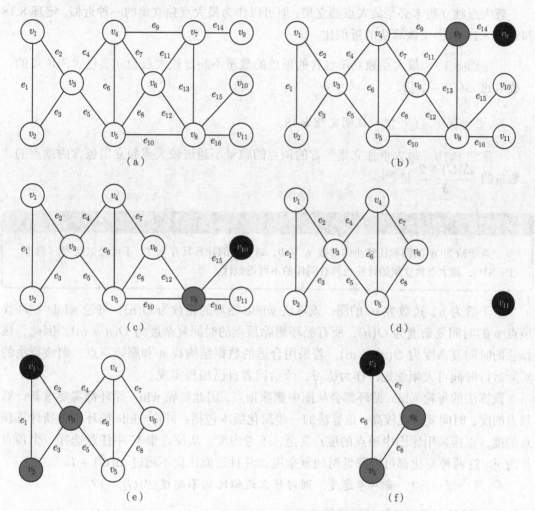

图 8.10　计算最大点独立集的近似算法运行过程示意图
(a) I 初值为 $\varnothing$；(b) 向 I 中增加顶点 v_9；(c) 向 I 中增加顶点 v_{10}；(d) 向 I 中增加顶点 v_{11}；
(e) 向 I 中增加顶点 v_1；(f) 向 I 中增加顶点 v_4
黑色顶点—顶点 v　灰色顶点—顶点 v 的邻点 $N(v)$

思考题 8.39　每轮 while 循环条件判定前，集合 V 中的顶点有什么特征？
该算法的正确性较容易根据思考题 8.39 证明。

定理 8.17 算法输出的集合 I 是图 G 的点独立集。

✍ **思考题 8.40** (♦) 证明定理 8.17。

较大点独立集未必是最大点独立集，但可以作为最大点独立集的一种近似。定理 8.18 和定理 8.19 给出了该算法的近似比。

定理 8.18 最大点独立集包含的顶点的数量不超过较大点独立集包含的顶点的数量的 $\Delta(G)+1$ 倍。

✍ **思考题 8.41** (◇♦) 证明定理 8.18。

定理 8.19 最大点独立集包含的顶点的数量不超过较大点独立集包含的顶点的数量的 $\dfrac{\Delta(G)+2}{3}$ 倍[58]。

课外阅读

对于阶为 n 的图和任意小的常数 $\epsilon > 0$，最大团的计算具有 $n^{1-\epsilon}$ 不可近似性[59]（除非 P=NP），最大点独立集的计算也具有同样的不可近似性。

对于阶为 n、边数为 m 的图，该算法 while 循环的轮数为 $O(n)$，每轮 while 循环找顶点 v 的时间复杂度为 $O(n)$；所有循环删除顶点的时间复杂度为 $O(n+m)$。因此，该算法的时间复杂度为 $O(n^2+m)$。若采用合适的数据结构找 v 和删除顶点，则该算法的实际运行时间可大幅缩短，作为练习，留给读者自己编程实现。

该算法的每轮 while 循环都会从图中删除顶点，因此每轮 while 循环都需要重新计算顶点的度，时间复杂度较高。该算法的一些简化版本包括：每轮 while 循环不重新计算顶点的度，直接采用原图中顶点的度；甚至，不考虑度，从顶点集 V 中任意选择一个顶点作为 v。这两种简化都可以降低时间复杂度，并且近似比仍不超过 $\Delta(G)+1$。

✍ **思考题 8.42** 若不考虑度，则为什么近似比仍不超过 $\Delta(G)+1$？

2. 计算最小点覆盖集的近似算法

最小点覆盖集的计算是一个 NP 难的优化问题[12]，不存在多项式时间算法（除非 P=NP）。计算最小点覆盖集的近似算法伪代码如算法 8.4 所示，该算法基于极大边独立集构造较小点覆盖集。具体而言，对于图 $G = \langle V, E \rangle$，该算法首先找出 G 的极大边独立集 I'（第 1 行），可以采用 8.1.2 节介绍的算法 8.2。接下来，以 I' 为基础构造点覆盖集 C：对于 I' 中的每条边 (u,v)（第 2 行），向初值为空的集合 C 中增加这条边的两个端点 u 和 v（第 3 行）。算法运行结束时，输出较小点覆盖集 C（第 4 行）。

算法 8.4: 计算最小点覆盖集的近似算法伪代码

输入: 图 $G = \langle V, E \rangle$

初值: 集合 C 初值为 $\varnothing$

1   $I' \leftarrow G$ 的极大边独立集;
2   **foreach** $(u, v) \in I'$ **do**
3 | $C \leftarrow \{u, v\}$;
4   输出 (C);

例如,对于图 8.1(b),该算法输出的较小点覆盖集可能是 $\{v_1, v_2, v_3, v_4, v_5, v_6, v_7, v_8\}$,也可能是 $\{v_1, v_2, v_4, v_5, v_7, v_8\}$ 等,具体输出取决于极大边独立集的选择。以输出 $\{v_1, v_2, v_3, v_4, v_5, v_6, v_7, v_8\}$ 为例,算法首先找出极大边独立集 $\{e_1, e_4, e_8, e_{13}\}$,如图 8.2(a)所示,再输出其中所有边的端点的集合 $\{v_1, v_2, v_3, v_4, v_5, v_6, v_7, v_8\}$。

该算法的正确性较容易根据极大边独立集的定义证明。

定理 8.20   算法输出的集合 C 是图 G 的点覆盖集。

📖 **思考题 8.43**（♦）   证明定理 8.20。

较小点覆盖集未必是最小点覆盖集,但可以作为最小点覆盖集的一种近似。定理 8.21 给出了该算法的近似比。

定理 8.21   较小点覆盖集包含的顶点的数量不超过最小点覆盖集包含的顶点的数量的 2 倍。

📖 **思考题 8.44**（◇♦）   证明定理 8.21。

课外阅读

最小点覆盖集的计算具有 1.36 不可近似性[60]（除非 P=NP）。在某种特定猜想成立的前提下,对于任意小的常数 $\epsilon > 0$,最小点覆盖集的计算具有 $(2 - \epsilon)$ 不可近似性[61]。因此,以较小点覆盖集作为最小点覆盖集的近似,在理论上也许已足够精确了。

该算法的主要步骤是计算极大边独立集,其时间复杂度与计算极大边独立集的算法（例如,算法 8.2）的时间复杂度相同。

3. 计算最小点支配集的近似算法

最小点支配集的计算是一个 NP 难的优化问题[62],不存在多项式时间算法（除非 P=NP）。该问题可归约为**集合覆盖问题**（set cover problem）,继而通过集合覆盖问题的近似算法[63] 解决。

    计算最小点支配集的近似算法伪代码如算法 8.5 所示，该算法逐步构造点支配集，每步向当前点支配集增加一个顶点，并尽可能选择度大的顶点，从而降低剩余的顶点被增加到点支配集中的必要性。具体而言，对于图 $G = \langle V, E \rangle$，该算法从初值为空集的集合 D 开始，每轮 while 循环从顶点集 V 中选择一个顶点 v 增加到 D 中（第 3 行），直至没有顶点需要增加到 D 中（第 1 行）；v 是 V 中度最大的顶点（第 2 行），因此，V 中剩余的与 D 中所有顶点都不相邻的顶点数量最少，这是一种贪心策略；接下来，将 v 及其所有邻点的集合 $N(v)$ 从 G 中删除（第 4 行），因为 $N(v)$ 无须再增加到 D 中。算法运行结束时，输出较小点支配集 D（第 5 行）。

算法 8.5： 计算最小点支配集的近似算法伪代码

    输入：图 $G = \langle V, E \rangle$

    初值：集合 D 初值为 $\varnothing$

1 **while** $V \neq \varnothing$ **do**

2      $v \leftarrow \underset{u \in V}{\arg\max}\, d(u)$;

3      $D \leftarrow D \cup \{v\}$;

4      $G \leftarrow G - (\{v\} \cup N(v))$;

5 输出（D）;

    例如，对于图 8.1（b），该算法输出的较小点支配集是 $\{v_8, v_3, v_9\}$，该算法运行过程示意图如图 8.11 所示。该算法输出的较小点支配集是不确定的，具体输出取决于顶点 v 的选择。

    ✍ **思考题 8.45**   每轮 while 循环条件判定前，集合 V 中的顶点有什么特征？

    该算法的正确性较容易根据思考题 8.45 证明。

    定理 8.22   算法输出的集合 D 是图 G 的点支配集。

    ✍ **思考题 8.46**（♦）   证明定理 8.22。

    较小点支配集未必是最小点支配集，但可以作为最小点支配集的一种近似。定理 8.23 给出了该算法的近似比。

    定理 8.23   对于阶为 n 的图，较小点支配集包含的顶点的数量不超过最小点支配集包含的顶点的数量的 $\ln n - \ln\ln n + \Theta(1)$ 倍[64]。

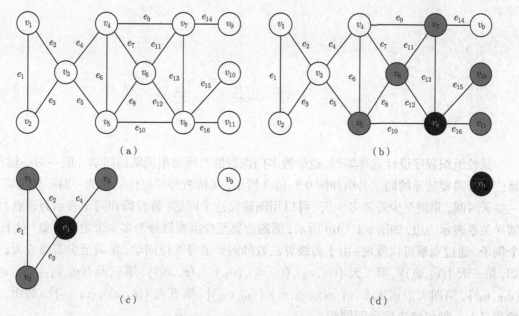

图 8.11　计算最小点支配集的近似算法运行过程示意图
（a）D 初值为 $\varnothing$；（b）向 D 中增加顶点 v_8；（c）向 D 中增加顶点 v_3；（d）向 D 中增加顶点 v_9
黑色顶点—顶点 v　灰色顶点—顶点 v 的邻点 $N(v)$

课外阅读

　　对于任意小的常数 $\epsilon > 0$，集合覆盖问题具有 $(1-\epsilon)\ln n$ 不可近似性[65]（除非 P=NP），而集合覆盖问题和最小点支配集的计算问题可以互相 **L** 规约（L-reduction）[66]，因此，存在常数 $c > 0$，最小点支配集的计算具有 $c\ln n$ 不可近似性。

　　对于阶为 n、边数为 m 的图，该算法 while 循环的轮数为 $O(n)$，每轮 while 循环找顶点 v 的时间复杂度为 $O(n)$；所有循环删除顶点的时间复杂度为 $O(n+m)$。因此，该算法的时间复杂度为 $O(n^2 + m)$。若采用合适的数据结构找 v 和删除顶点，则该算法的实际执行时间可大幅缩短，作为练习留给读者自己编程实现。

¶ 课后练习

　　练习 **8.5**　一群同学中有若干对互相认识，每位同学恰认识 r 位其他同学（$r \geqslant 1$），有超过半数的同学互不认识。这种情况有可能存在吗？若有可能，请给出一个例子；若不可能，请证明。

　　练习 **8.6**　请编程实现计算最大点独立集的近似算法。

　　练习 **8.7**　请编程实现计算最小点覆盖集的近似算法。

　　练习 **8.8**　请编程实现计算最小点支配集的近似算法。

第 9 章 染 色

　　某校组织程序设计竞赛集训,邀请教多门课程的教师对集训队的同学开展一对一辅导,每位教师需要辅导的同学名单如图 9.1(a)所示,每位教师对每位同学的一对一辅导需要一整天时间,集训至少需要多少天?可以用图建模这个问题:将教师和同学表示为顶点,将辅导关系表示为边,如图 9.1(b)所示,图的边集至少需要划分为多少个边独立集?对于这个例子,通过观察可以发现:由于高级算法教师需要辅导 5 位同学,集训至少需要 5 天,例如,第一天 $\{(v_4, v_3)\}$、第二天 $\{(v_1, v_3), (v_2, v_5), (v_4, v_7), (v_8, v_9)\}$、第三天 $\{(v_4, v_{11}), (v_6, v_5),$ $(v_{10}, v_9)\}$、第四天 $\{(v_2, v_3), (v_4, v_5), (v_6, v_7), (v_{10}, v_{11})\}$、第五天 $\{(v_4, v_9), (v_8, v_7)\}$。然而,一般意义上, 如何解决这个问题呢?

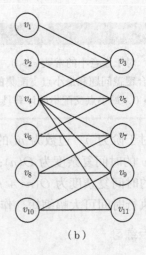

教师	同学
算法教师	赵同学
图论与算法教师	赵同学、钱同学
高级算法教师	赵同学、钱同学、孙同学、李同学、周同学
数据结构教师	钱同学、孙同学
计算复杂性教师	孙同学、李同学
组合优化教师	李同学、周同学

（a）

图 9.1 一对一辅导问题
（a）教师需要辅导的同学名单;（b）将辅导关系表示为图

（b）

　　某软件公司组织技能比赛,每项比赛需要参加的员工名单如图 9.2(a)所示,每项比赛需要一整天时间,比赛至少需要多少天?可以用图建模这个问题:将比赛表示为顶点,将相同员工参加导致的时间冲突关系表示为边,如图 9.2(b)所示,图的顶点集至少需要划分为多少个点独立集?对于这个例子,通过观察可以发现:由于小赵需要参加 3 项比赛，比赛至少需要 3 天，例如，第一天 $\{v_3\}$、第二天 $\{v_2, v_5\}$、第三天 $\{v_1, v_4, v_6\}$。然而，一般意义上，如何解决这个问题呢？

比赛	员工
① 编程	小赵
② 算法	小赵、小钱
③ 架构	小赵、小钱、小孙、小李、小周
④ 调参	小钱、小孙
⑤ 测试	小孙、小李
⑥ 理论	小李、小周

（a）

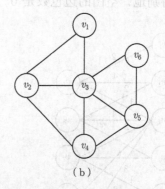

（b）

图 9.2　参赛问题

（a）比赛需要参加的员工名单；（b）将时间冲突关系表示为图

可以对每条边或每个顶点染"色"，使存在冲突关系的边或顶点的色不同，上述两个问题都是要找色的数量最少的染色方案。如何设计算法解决这些问题？这便是本章讨论的主题：染色。

本章共分 2 节：9.1节介绍边的染色；9.2节介绍顶点的染色。

若无特殊说明，则本章讨论的图都是简单图。

9.1　边的染色

边的染色是对边集的一种划分，色相同的边形成的子集是一个边独立集。我们通常感兴趣的是形成子集的数量最少的边染色。可以通过分治算法找出二分图的最优边染色，可以通过米什拉-格赖斯算法找出非二分图的一个较优（但未必最优）的边染色。现在，首先给出边染色的数学定义。

9.1.1　理论

对于图 $G = \langle V, E \rangle$ 和非负整数 k，k **边染色**（k-edge-coloring）是一个函数 $ec : E \mapsto \{1, 2, \cdots, k\}$，定义域是边集 E，值域是正整数集的子集 $\{1, 2, \cdots, k\}$，代表 k 种色（color），$ec(e)$ 称作边 e 的色。对于 k 边染色 ec，若相邻的边的色都不同，则 ec 称作 G 的**正常 k 边染色**（proper k-edge-coloring）。若存在 G 的正常 k 边染色，则称 G 是 k **边色可染**（k-edge-colorable）。使 G 是 k 边色可染的最小 k 值称作 G 的**边色数**（edge chromatic number），记作 $\chi'(G)$。例如，对于图 9.1（b），图 9.3（a）所示的是 4 边染色，它不是

正常 4 边染色；图 9.3（b）所示的是 6 边染色，它是正常 6 边染色，该图是 6 边色可染；图 9.3（c）所示的是 5 边染色，它是正常 5 边染色，该图是 5 边色可染，边色数是 5。特别地，空图的边色数是 0。

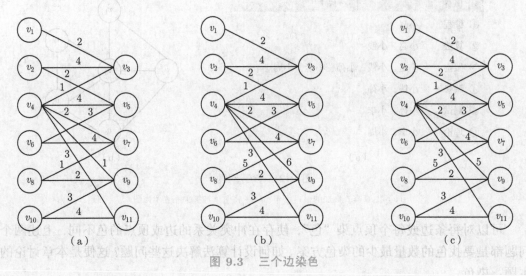

图 9.3　三个边染色

（a）4 边染色；（b）正常 6 边染色；（c）正常 5 边染色

📖 思考题 9.1　图 1.6（a）所示的彼得森图的边色数是多少？

📖 思考题 9.2　边数为 m 的图的边色数的上界是多少？下界是多少？

📖 思考题 9.3　完全图 K_n 的边色数是多少？

📖 思考题 9.4　树的边色数是多少？

定理 9.1[67] 给出了二分图的边色数。

定理 9.1　对于任意一个二分图 G：

$$\chi'(G) = \Delta(G) \tag{9.1}$$

📖 思考题 9.5　($\diamondsuit\spadesuit$)　证明定理 9.1。

📖 思考题 9.6　若图 G 的每个连通分支 G_i 的边色数为 χ'_i，则 G 的边色数是多少？

下述维辛定理（Vizing's theorem）[68] 给出了边色数的界。

定理 9.2（维辛定理）　对于任意一个图 G：

$$\Delta(G) \leqslant \chi'(G) \leqslant \Delta(G) + 1 \tag{9.2}$$

该定理的第一个不等式显然成立；对于第二个不等式，9.1.2 节会讨论一种边染色算法，能为任意一个图找到一个正常 k 边染色且 $k \leqslant \Delta(G) + 1$，作为构造法证明。

人物简介

维辛（Vadim Georgievich Vizing），1937 年出生于苏联。

对于图 G，若 $\chi'(G) = \Delta(G)$，则称 G 是**第一类图**（class 1 graph）；若 $\chi'(G) = \Delta(G)+1$，则称 G 是**第二类图**（class 2 graph）。例如，偶数阶完全图 K_{2n} 是第一类图，奇数阶非平凡完全图 K_{2n+1} 是第二类图，树和二分图是第一类图。

课外阅读

当阶趋向 ∞ 时，第一类图的比例趋向 100% [69]。

9.1.2　算法

如何找出图的正常 χ' 边染色？对于二分图，可以通过分治算法构造一个正常 Δ 边染色；对于非二分图，可以通过米什拉-格赖斯算法构造一个正常 k 边染色且 $k \leqslant \Delta + 1$。

1. 计算二分图正常 Δ 边染色的分治算法

计算二分图正常 Δ 边染色的分治算法[70] 对图的边集不断划分，直至得到边独立集（匹配）并染同一种色。

分治算法的伪代码如算法 9.1所示，记作 DCEC 算法。对于二分图 $G = \langle X \cup Y, E \rangle$，初值为 0 的整数型变量 c 表示已染过的色的数量。若边集 E 是一个匹配（第 1 行），则对 E 中所有边染同一种新的色（第 2~4 行）；否则，将 E 划分为两个子集 E_1 和 E_2，使边导出子图 $G[E_1]$ 和 $G[E_2]$ 的最大度不超过 $\dfrac{\Delta(G)}{2}$，并对 $G[E_1]$ 和 $G[E_2]$ 分别递归调用该算法（第 12~20 行）。若 $\Delta(G)$ 是奇数（第 6 行），则为满足 $\Delta(G[E_1]), \Delta(G[E_2]) \leqslant \dfrac{\Delta(G)}{2}$，在划分 E 之前，先调用 MDMatching 算法找出 G 中饱和所有度最大的顶点的匹配 M（第 7 行），对 M 中所有边染同一种新的色（第 8~10 行），并将 M 从 G 中删除（第 11 行），使 $\Delta(G)$ 减少 1。

MDMatching 算法伪代码如算法 9.2所示。对于二分图 $G = \langle X \cup Y, E \rangle$，初值为空集的顶点的集合 X' 存储顶点子集 X 中满足 $d < \Delta(G)$ 的所有顶点（第 1~3 行），若存在满足 $d = \Delta(G)$ 的顶点（第 4 行），即 $X \setminus X' \neq \varnothing$，则在图 $G - X'$ 中找出饱和所有这些顶点的匹配 M_1（第 5 行），可以采用 5.1.2 节介绍的霍普克罗夫特-卡普算法，否则 M_1

保持初值，即空集。

算法 9.1: DCEC 算法伪代码

输入: 二分图 $G = \langle X \cup Y, E \rangle$

初值: 变量 c 初值为 0; 集合 E_1 和 E_2 初值都为 $\varnothing$

```
 1  if Δ(G) = 1 then
 2  │   c ← c + 1;
 3  │   foreach e ∈ E do
 4  │   │   ec(e) ← c;
 5  else
 6  │   if Δ(G)是奇数 then
 7  │   │   M ← MDMatching(G);
 8  │   │   c ← c + 1;
 9  │   │   foreach e ∈ M do
10  │   │   │   ec(e) ← c;
11  │   │   G ← G − M;
12  │   P ← EulerPartition(G);
13  │   foreach v₀, e₁, v₁, ⋯ , eₗ, vₗ ∈ P do
14  │   │   foreach eᵢ ∈ {e₁, e₂, ⋯ , eₗ} do
15  │   │   │   if i是奇数 then
16  │   │   │   │   E₁ ← E₁ ∪ {eᵢ};
17  │   │   │   else
18  │   │   │   │   E₂ ← E₂ ∪ {eᵢ};
19  │   DCEC(G[E₁]);
20  │   DCEC(G[E₂]);
```

✎ **思考题 9.7** ($\diamond\blacklozenge$)　为什么图 $G - X'$ 的最大匹配饱和顶点子集 $X \setminus X'$ 中所有顶点?

同理，在图 $G - Y'$ 中找出饱和集合 $Y \setminus Y'$ 中所有顶点的匹配 M_2（第 6~10 行）。接下来，利用 M_1 和 M_2 构造饱和 $X \setminus X'$ 和 $Y \setminus Y'$ 中所有顶点的匹配 M。具体而言，这些顶点或关联 M_1 和 M_2 的交集中的边，或关联 M_1 和 M_2 的对称差中的边。因此，首先，将集合 $M_1 \cap M_2$ 增加到 M 中（第 11 行）。其次，对于 $M' = M_1 \,\Delta\, M_2$（第 12 行），由思考题 5.7，边导出子图 $G[M']$ 的每个连通分支 G_i 由一条路或一个偶圈构成（第 13~14 行），且其边序列交替属于 M_1 和 M_2。对于偶圈或长度为奇数的路，从其边序列中间隔地取出至少一半的边增加到 M 中（第 15~17 行），可饱和其经过的所有顶点。对于长度为偶数的路，其起点和终点中只有一个满足 $d = \Delta(G)$，以该顶点为起点间隔地取出一半的边增加到 M 中（第 14~17 行），可饱和其经过的满足 $d = \Delta(G)$ 的所有顶点。

✎ **思考题 9.8** ($\blacklozenge$)　对于长度为偶数的路，为什么其起点和终点中只有一个满足 $d =$

$\Delta(G)$？

算法运行结束时，返回 M（第 18 行）。

算法 9.2: MDMatching 算法伪代码

　　输入: 二分图 $G = \langle X \cup Y, E \rangle$

　　初值: 集合 X' 和 Y' 初值都为 $\varnothing$；集合 M_1 和 M_2 初值都为 $\varnothing$

1　**foreach** $v \in X$ **do**
2　　**if** $d(v) < \Delta(G)$ **then**
3　　　　$X' \leftarrow X' \cup \{v\}$；
4　**if** $X' \neq X$ **then**
5　　$M_1 \leftarrow G - X'$ 的最大匹配；
6　**foreach** $v \in Y$ **do**
7　　**if** $d(v) < \Delta(G)$ **then**
8　　　　$Y' \leftarrow Y' \cup \{v\}$；
9　**if** $Y' \neq Y$ **then**
10　　$M_2 \leftarrow G - Y'$ 的最大匹配；
11　$M \leftarrow M_1 \cap M_2$；
12　$M' \leftarrow M_1 \triangle M_2$；
13　**foreach** $G_i \in G[M']$ 的所有连通分支 **do**
14　　$v_0, e_1, v_1, \cdots, e_l, v_l \leftarrow G_i$ 中的极长路或圈（以 $d = \Delta(G)$ 的顶点为起点）；
15　　**foreach** $e_i \in \{e_1, e_2, \cdots, e_l\}$ **do**
16　　　**if** i 是奇数 **then**
17　　　　$M \leftarrow M \cup \{e_i\}$；
18　**return** M；

在分治算法中，为了将边集 E 划分为两个子集 E_1 和 E_2，使 $\Delta(G[E_1]), \Delta(G[E_2]) \leqslant \dfrac{\Delta(G)}{2}$，调用 EulerPartition 算法（第 12 行）计算图 G 的**欧拉划分**（Euler partition）：将 E 划分为若干子集，每个子集的边导出子图是 G 中的一条非平凡迹或（长度为偶数的）闭迹，满足 G 中每个度为奇数的顶点恰作为一条非平凡迹的起点或终点，所有度为偶数的顶点都不作为非平凡迹的起点或终点。对于每条非平凡迹或闭迹（第 13 行），将其经过的边间隔地增加到初值为空集的 E_1 和 E_2 中（第 14~18 行）。

思考题 9.9 (◇♦)　根据欧拉划分的性质，为什么 $\Delta(G[E_1]), \Delta(G[E_2]) \leqslant \dfrac{\Delta(G)}{2}$？

EulerPartition 算法伪代码如算法 9.3所示。对于图 $G = \langle V, E \rangle$，该算法每轮 while 循环从 G 中找出一条非平凡迹或闭迹（第 6 行），将其经过的边从 G 中删除（第 8 行），直至边集 E 为空（第 1 行）：优先以度为奇数的顶点作为起点 u（第 2~5 行），在 G 中找一条极长迹或极长闭迹 P（第 6 行），增加到初值为空集的集合 $\mathcal{P}$ 中（第 7 行），并将 P

经过的边从 G 中删除（第 8 行）。算法运行结束时，返回 $\mathcal{P}$（第 9 行）。

📖 思考题 9.10 (♦)　为什么集合 $\mathcal{P}$ 中的迹经过的边的集合满足欧拉划分的性质？

算法 9.3: EulerPartition 算法伪代码

输入: 图 $G = \langle V, E \rangle$
初值: 集合 $\mathcal{P}$ 初值为 $\varnothing$

1　**while** $E \neq \varnothing$ **do**
2　　**if** $\exists v \in V,\, d(v)$ 是奇数 **then**
3　　　$u \leftarrow v$;
4　　**else**
5　　　$u \leftarrow V$ 中任意一个非孤立点;
6　　$P \leftarrow G$ 中以 u 为起点的极长迹或极长闭迹;
7　　$\mathcal{P} \leftarrow \mathcal{P} \cup \{P\}$;
8　　$G \leftarrow G - P$ 经过的边的集合;
9　**return** $\mathcal{P}$;

例如，对于图 9.1（b）所示的二分图，计算其正常 5 边染色的分治算法运行过程示意图如图 9.4 所示。该算法输出的边染色是不确定的，具体输出取决于匹配和边集划分的选择。

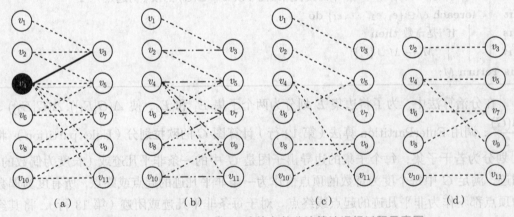

（a）　　　　　　（b）　　　　　　（c）　　　　　　（d）

图 9.4　计算二分图正常 $\triangle$ 边染色的分治算法运行过程示意图

(a) $\triangle = 5$，计算饱和 $\{v_4\}$ 的匹配，染 1 号色；(b) 根据欧拉划分得到剩余边集的划分，图（c）、（d）为两个边导出子图；(c) $\triangle = 2$，边集可直接划分；(d) $\triangle = 2$，边集也可直接划分；(e) 根据欧拉划分得到图 (c) 的边集的划分，图 (f)、(g) 为两个边导出子图；(f) $\triangle = 1$，染 2 号色；(g) $\triangle = 1$，染 3 号色；(h) 根据欧拉划分得到图 (d) 的边集的划分，图 (i)、(j) 为两个边导出子图；(i) $\triangle = 1$，染 4 号色；(j) $\triangle = 1$，染 5 号色
黑色顶点—度最大的顶点　粗实线—饱和所有度最大的顶点的匹配 M　单点画线和双点画线—根据欧拉划分对边集的划分 E_1 和 E_2

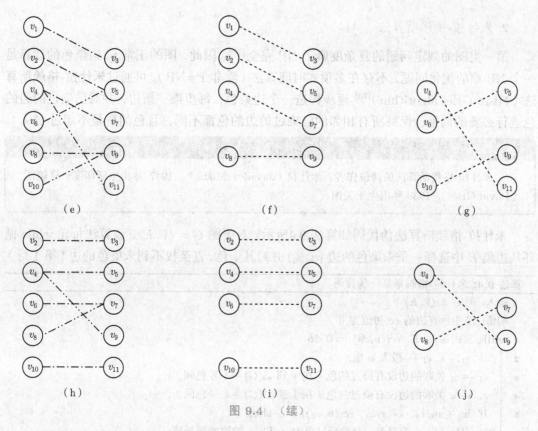

图 9.4 （续）

该算法的正确性较易采用数学归纳法证明。

定理 9.3 算法构造的函数 ec 是图 G 的正常 Δ 边染色。

✍ 思考题 9.11 (♦) 证明定理 9.3。

对于阶为 n、边数为 m、最大度为 Δ 的二分图，假设 $m \in \Omega(n)$，则该算法调用 MDMatching 算法（采用霍普克罗夫特-卡普算法计算二分图最大匹配）的时间复杂度为 $O(\sqrt{n}m)$，调用 EulerPartitioning 算法的时间复杂度为 $O(m)$，递归的深度为 $O(\log \Delta)$。因此，该算法的时间复杂度为 $O(\sqrt{n}m \log \Delta)$。

课外阅读

若采用更好的方法实现 MDMatching，则计算二分图正常 Δ 边染色的分治算法的时间复杂度可降为 $O(m \log m)^{[71]}$ 或 $O(m \log \Delta)^{[72]}$。

2. 米什拉-格赖斯算法

第一类图的判定问题的复杂度属于 NP 完全[73]，因此，图的正常 χ' 边染色的计算是一个 NP 难的优化问题，不存在多项式时间算法（除非 P=NP）。可通过**米什拉-格赖斯算法**（Misra-Gries algorithm）[74] 逐步构造一个边染色，每步染一条边，并对已染过的边的色进行必要的调整，保持所有相邻的已染过的边的色都不同，且色的数量不超过 $\Delta+1$。

人物简介

米什拉-格赖斯算法的两位作者：米什拉（Jayadev Misra），1947 年出生于印度；格赖斯（David Gries），1939 年出生于美国。

米什拉-格赖斯算法伪代码如算法 9.4所示。对于图 $G=\langle V,E\rangle$，该算法每轮 while 循环从边集 E 中选择一条未染色的边 (u,v_0) 并对其染色，直至找不到未染色的边（第 1 行）。

算法 9.4: 米什拉-格赖斯算法伪代码

输入： 图 $G=\langle V,E\rangle$

初值： E 中所有边的 ec 初值为 0

1   **while** $\exists(u,v_0)\in E,\ ec((u,v_0))=0$ **do**

2      $v_0,v_1,\cdots,v_l \leftarrow$ 极大 u 扇；

3      $c_l \leftarrow v_l$ 关联的边没有染过的色（在 1 到 $\Delta(G)+1$ 号色间）；

4      $c_u \leftarrow u$ 关联的边没有染过的色（在 1 到 $\Delta(G)+1$ 号色间）；

5   **if** $\exists v_k \in v_0,v_1,\cdots,v_{l-1},\ ec((u,v_k))=c_l$ **then**

6        $P \leftarrow$ 以 u 为起点、交替经过色为 c_l 和 c_u 的边的极长路；

7   **foreach** $e \in P$ 经过的所有边 **do**

8   **if** $ec(e)=c_l$ **then**

9            $ec(e) \leftarrow c_u$；

10   **else**

11            $ec(e) \leftarrow c_l$；

12   **if** P 经过顶点 v_{k-1} **then**

13          $v_w \leftarrow v_l$；

14   **else**

15          $v_w \leftarrow v_{k-1}$；

16   **else**

17        $v_w \leftarrow v_l$；

18   **foreach** $v_i \in v_1,v_2,\cdots,v_w$ **do**

19        $ec((u,v_{i-1})) \leftarrow ec((u,v_i))$；

20      $ec((u,v_w)) \leftarrow c_l$；

对边 (u, v_0) 染色的难点在于：在 1 到 $\Delta(G) + 1$ 号色间有可能不存在顶点 u 和 v_0 关联的边都没有染过的色。若如此，则对于 v_0 关联的边没有染过的色 $1 \leqslant c_0 \leqslant \Delta(G) + 1$，$u$ 关联一条色为 c_0 的边 (u, v_1)，可先对 (u, v_0) 染色 c_0，再对 (u, v_1) 重新染另一种色。

✎ **思考题 9.12**　为什么色 c_0 一定存在？

然而，对 (u, v_1) 染色可能再次面临上述难点，若如此，则对于顶点 v_1 关联的边没有染过的色 $1 \leqslant c_1 \leqslant \Delta(G) + 1$，$u$ 关联一条色为 c_1 的边 (u, v_2)，可先对 (u, v_1) 染色 c_1，再对 (u, v_2) 重新染另一种色。若对 (u, v_2) 染色再次面临上述难点，则重复该过程。

具体而言，对于顶点 u 的邻点序列 $v_0, v_1, \cdots, v_l$，若边 (u, v_0) 未染色，且对于所有 $1 \leqslant i \leqslant l$，顶点 v_{i-1} 关联的边没有染过边 (u, v_i) 的色，则该顶点序列称作 u **扇**（fan），如图 9.5（a）所示。对于 u 扇 $v_0, v_1, \cdots, v_l$ 和所有 $1 \leqslant i \leqslant l$，可同时对每条边 (u, v_{i-1}) 染 (u, v_i) 的色，并取消对边 (u, v_l) 的染色，该操作称作扇的**旋转**（rotate）。

✎ **思考题 9.13** (♦)　若旋转前"所有相邻的已染过的边的色都不同"成立，则旋转后其是否仍成立？

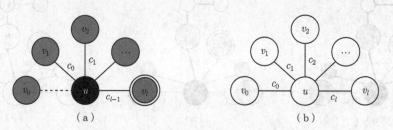

图 9.5　可直接旋转并染色的极大 u 扇
（a）旋转前；（b）旋转并染色后
黑色顶点—顶点 u　灰色顶点—极大 u 扇　双线边框顶点—顶点 v_w　虚线—未染的边　实线—已染色的边

由于顶点集 V 是有限集合，上述过程不可能无限重复，因此，对于极大 u 扇 $v_0, v_1, \cdots,$ v_l（第 2 行），即不是任何 u 扇的真子序列的 u 扇，只有两种可能。

第一种可能：对于顶点 v_l 关联的边没有染过的色 $1 \leqslant c_l \leqslant \Delta(G) + 1$（第 3 行），顶点 u 关联的边也没有染过色 c_l。因此，可直接旋转该极大 u 扇（第 17~19 行），并对边 (u, v_l) 染色 c_l（第 20 行），如图 9.5 所示。在算法的伪代码中，顶点 v_w 表示被旋转的 u 扇的最后一个顶点。

第二种可能：顶点 u 关联的边 (u, v_k) 染过色 c_l（第 5 行）。

✎ **思考题 9.14** (♦)　为什么顶点 v_k 一定在该极大 u 扇中？

因此，不可直接旋转该极大 u 扇，但可旋转该极大 u 扇的子序列 $v_0, v_1, \cdots, v_{k-1}$，再对边 (u, v_{k-1}) 染色 c_l。然而，这将导致 (u, v_{k-1}) 和 (u, v_k) 的色都为 c_l。为避免该情况，对于 u 关联的边没有染过的色 $1 \leqslant c_u \leqslant \Delta(G) + 1$（第 4 行），可在旋转前对 (u, v_k) 重新

染色 c_u。对 (u, v_k) 重新染色的难点在于：顶点 v_k 关联的另一条边可能染过色 c_u。若如此，则对另一条边也重新染色 c_l。若对另一条边重新染色再次面临上述难点，则重复该过程。

具体而言，对于以顶点 u 为起点、交替经过色为 c_l 和 c_u 的边的极长路 P，**翻转**（invert）其经过的边的色（第 6~11 行），即 P 经过的色为 c_l 和 c_u 的边的色互换，如图 9.6（a）和图 9.6（b）所示。

✏ 思考题 9.15（♦）　若翻转前"所有相邻的已染过的边的色都不同"成立，则翻转后其是否仍成立？

若路 P 不经过顶点 v_{k-1}（第 14 行），如图 9.6（a）所示，则翻转后，v_{k-1} 关联的边仍没有染过色 $c_{k-1} = c_l$，如图 9.6（b）所示。因此，可旋转 u 扇 $v_0, v_1, \cdots, v_{k-1}$（第 15、18~19 行），并对边 (u, v_{k-1}) 染色 c_l（第 20 行），如图 9.6（c）所示。

✏ 思考题 9.16（♦）　翻转后，为什么顶点序列 $v_0, v_1, \cdots, v_{k-1}$ 仍满足 u 扇的定义？

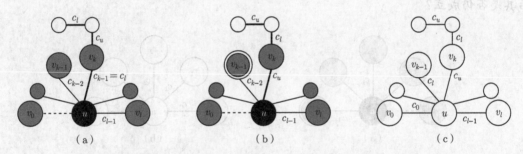

图 9.6　需先翻转再旋转并染色的极大 u 扇，且路 P 不经过顶点 v_{k-1}
(a) 翻转前；(b) 翻转后；(c) 旋转并染色后
黑色顶点—顶点 u　灰色顶点—极大 u 扇　双线边框顶点—顶点 v_w　虚线—未染色的边
实线—已染色的边　粗实线　路 P 经过的边

若路 P 经过顶点 v_{k-1}（第 12 行），而 v_{k-1} 关联的边没有染过色 c_l，则 v_{k-1} 是 P 的终点且关联一条色为 c_u 的边，如图 9.7（a）所示。翻转后，如图 9.7（b）所示，虽然旋转 u 扇 $v_0, v_1, \cdots, v_{k-1}$ 已没有意义，但顶点 v_l 关联的边仍没有染过色 c_l，因此，可旋转 u 扇 $v_0, v_1, \cdots, v_l$（第 13、18~19 行），并对边 (u, v_l) 染色 c_l（第 20 行），如图 9.7（c）所示。

✏ 思考题 9.17　翻转后，为什么旋转 u 扇 $v_0, v_1, \cdots, v_{k-1}$ 已没有意义？

✏ 思考题 9.18（♦）　翻转后，为什么顶点 v_l 关联的边仍没有染过色 c_l？

✏ 思考题 9.19（♦）　翻转后，为什么顶点序列 $v_0, v_1, \cdots, v_l$ 仍满足 u 扇的定义？

例如，对于图 9.8（a），米什拉-格赖斯算法运行过程示意图如图 9.8 所示。该算法输出的边染色是不确定的，具体输出取决于顶点 u、极大 u 扇、色 c_l、色 c_u 的选择。

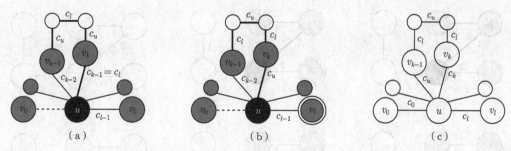

图 9.7　需先翻转再旋转并染色的极大 u 扇，且路 P 经过顶点 v_{k-1}

（a）翻转前；（b）翻转后；（c）旋转并染色后

黑色顶点—顶点 u　灰色顶点—极大 u 扇　双线边框顶点—顶点 v_w　虚线—未染色的边

实线—已染色的边　粗实线—路 P 经过的边

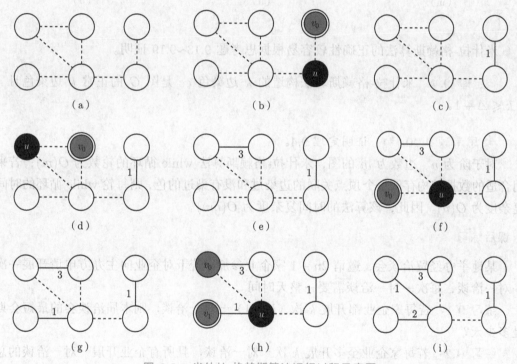

图 9.8　米什拉-格赖斯算法运行过程示意图

（a）图 G；（b）第 1 轮 while 循环，$c_l \leftarrow 1$ 号色，$c_u \leftarrow 1$ 号色，无 v_k；（c）染色；（d）第 2 轮 while 循环，$c_l \leftarrow 3$ 号色，$c_u \leftarrow 1$ 号色，无 v_k；（e）染色；（f）第 3 轮 while 循环，$c_l \leftarrow 1$ 号色，$c_u \leftarrow 1$ 号色，无 v_k；（g）染色；（h）第 4 轮 while 循环，$c_l \leftarrow 2$ 号色，$c_u \leftarrow 2$ 号色，无 v_k；（i）旋转并染色；（j）第 5 轮 while 循环，$c_l \leftarrow 1$ 号色，$c_u \leftarrow 3$ 号色，$v_k \leftarrow v_1$，$v_{k-1} \leftarrow v_0$；（k）翻转 P 经过的边的色，P 经过 v_{k-1}；（l）旋转并染色；（m）第 6 轮 while 循环，$c_l \leftarrow 2$ 号色，$c_u \leftarrow 4$ 号色，$v_k \leftarrow v_1$，$v_{k-1} \leftarrow v_0$；（n）翻转 P 经过的边的色，P 不经过 v_{k-1}；（o）染色

黑色顶点—顶点 u　灰色顶点—极大 u 扇　双线边框顶点—顶点 v_w　虚线—未染色的边

实线—已染色的边　粗实线—路 P 经过的边

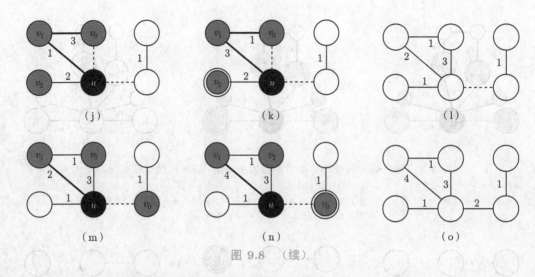

图 9.8 （续）

米什拉-格赖斯算法的正确性较容易根据思考题 9.13～9.19 证明。

定理 9.4 米什拉-格赖斯算法构造的 k 边染色 ec 是图 G 的正常 k 边染色且 $k \leqslant \Delta + 1$。

✒ **思考题 9.20** (♦) 证明定理 9.4。

对于阶为 n、边数为 m 的图，米什拉-格赖斯算法 while 循环的轮数为 $O(m)$；若采用合适的数据结构存储每个顶点关联的边染过和没有染过的色，则每轮 while 循环的时间复杂度为 $O(n)$。因此，该算法的时间复杂度为 $O(mn)$。

¶ **课后练习**

某地举办经贸洽谈会，邀请 $2n+1$ 家企业参加，若干对企业向主办方申请开展一次一对一洽谈，每次一对一洽谈需要一整天时间。

练习 9.1 若每家企业都开展 k 次（$k \geqslant 1$）一对一洽谈，则本届洽谈会的最短会期是多少天？

练习 9.2 若每家企业至多开展 k 次一对一洽谈，且所有企业开展一对一洽谈的总次数超过 kn，则本届洽谈会的最短会期是多少天？

练习 9.3 请编程实现计算二分图正常 Δ 边染色的分治算法。

练习 9.4 请编程实现米什拉-格赖斯算法。

9.2 顶点的染色

点染色是对顶点集的一种划分, 色相同的顶点形成的子集是一个点独立集。我们通常感兴趣的是形成子集的数量最少的点染色。可以通过贪心算法找出一个较优(但未必最优)的点染色。现在, 首先给出点染色的数学定义。

9.2.1 理论

对于图 $G = \langle V, E \rangle$ 和非负整数 k, k **点染色**(k-vertex-coloring)简称 k **染色**(k-coloring), 是一个函数 $vc : V \mapsto \{1, 2, \cdots, k\}$, 定义域是顶点集 V, 值域是正整数集的子集 $\{1, 2, \cdots, k\}$, 代表 k 种色(color), $vc(v)$ 称作顶点 v 的色。对于 k 点染色 vc, 若相邻的顶点的色都不同, 则 vc 称作 G 的**正常 k 点染色**(proper k-vertex-coloring), 简称**正常 k 染色**(proper k-coloring)。若存在 G 的正常 k 点染色, 则称 G 是 k **点色可染**(k-vertex-colorable), 简称 k **色可染**(k-colorable)。使 G 是 k 点色可染的最小 k 值称作 G 的**点色数**(vertex chromatic number), 简称**色数**(chromatic number), 记作 $\chi(G)$。点色数为 k 的图称作 k **色图**(k-chromatic graph)。例如, 对于图 9.2(b), 图 9.9(a)所示的是 2 点染色, 它不是正常 2 点染色; 图 9.9(b)所示的是 4 点染色, 它是正常 4 点染色, 该图是 4 点色可染; 图 9.9(c)所示的是 3 点染色, 它是正常 3 点染色, 该图是 3 点色可染, 点色数是 3, 是 3 色图。特别地, 零图的点色数是 0。

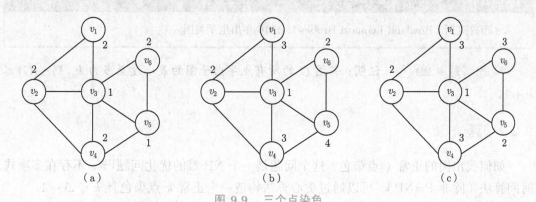

图 9.9   三个点染色

(a) 2 点染色; (b) 正常 4 点染色; (c) 正常 3 点染色

思考题 9.21 图 1.6(a)所示的彼得森图的点色数是多少?

思考题 9.22 阶为 n 的图的点色数的上界是多少? 下界是多少?

思考题 9.23 完全图 K_n 的点色数是多少?

思考题 9.24 树的点色数是多少?

✍ 思考题 9.25 二分图的点色数是多少？

✍ 思考题 9.26 若图 G 的每个连通分支 G_i 的点色数为 χ_i，则 G 的点色数是多少？

✍ 思考题 9.27 若连通图 G 的每个块 G_i 的点色数为 χ_i，则 G 的点色数是多少？

定理 9.5 给出了点色数的一个界。

> **定理 9.5** 对于任意一个图 G：
>
> $$\chi(G) \leqslant \Delta(G) + 1 \tag{9.3}$$

我们在 9.2.2 节会讨论一种点染色算法，能为任意一个图找到一个正常 k 点染色且 $k \leqslant \Delta(G) + 1$，作为构造法证明。

下述**布鲁克斯定理**（Brooks' theorem）[75] 给出了点色数的一个更紧的界。

> **定理 9.6** (布鲁克斯定理) 对于任意一个连通图 G，若 G 非完全图且非恰由一个奇圈组成，则
>
> $$\chi(G) \leqslant \Delta(G) \tag{9.4}$$

✍ 思考题 9.28 (◇◇) 证明定理 9.6。

> **人物简介**
>
> 布鲁克斯（Rowland Leonard Brooks），1916 年出生于英国。

✍ 思考题 9.29 (◇) 证明：若图 G 的所有点导出子图的最小度至多为 k，则 $\chi(G) \leqslant k + 1$。

9.2.2 算法

如何找出图的正常 χ 点染色？这个问题是一个 NP 难的优化问题[12]，不存在多项式时间算法（除非 P=NP）。可以通过贪心算法构造一个正常 k 点染色且 $k \leqslant \Delta + 1$。

计算正常 χ 点染色的近似算法伪代码如算法 9.5所示，该算法逐步构造一个点染色，每步染一个顶点，并保持所有相邻的已染过的顶点的色都不同，且色的数量不超过 $\Delta + 1$。具体而言，对于图 $G = \langle V, E \rangle$，顶点集 V 中所有顶点按度从大到小排序。该算法每轮 foreach 循环从 V 中选择一个顶点 v（第 1 行），其所有相邻的已染过的顶点的色的集合记作 C（第 2～5 行），对 v 染在 1 到 $\Delta(G) + 1$ 号色间与 C 中所有色都不同的最小号色（第 6～9 行），这是一种贪心策略。

算法 9.5: 计算正常 χ 点染色的近似算法伪代码

输入: 图 $G = \langle V, E \rangle$

初值: 顶点集 V 中所有顶点的 vc 初值为 0, 按度从大到小排序

```
1  foreach v ∈ V do
2  |    C ← ∅;
3  |    foreach u ∈ N(v) do
4  |    |    if vc(u) ≠ 0 then
5  |    |    |    C ← C ∪ {vc(u)};
6  |    for c ← 1 to Δ(G) + 1 do
7  |    |    if c ∉ C then
8  |    |    |    vc(v) ← c;
9  |    |    |    中止 for 循环;
```

✎ **思考题 9.30** 若顶点集 V 中所有顶点不排序, 则该算法仍能构造一个正常 k 点染色且 $k \leqslant \Delta + 1$ 吗?

✎ **思考题 9.31** 排序的作用是什么?

例如, 对于图 9.2 (b), 该算法运行过程示意图如图 9.10 所示。该算法输出的点染色是不确定的, 具体输出取决于顶点的排序。

要理解该算法的正确性, 关键在于注意定理 9.7 给出的事实。

定理 9.7 每轮 foreach 循环条件判定前, 所有相邻的已染过的顶点的色都不同, 且色的数量不超过 $\Delta + 1$。

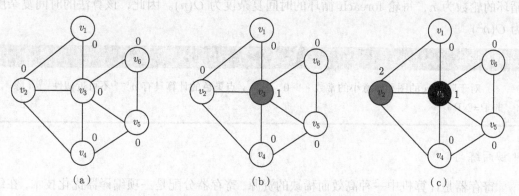

（a） （b） （c）

图 9.10 计算正常χ点染色的近似算法运行过程示意图

(a) 初始化 vc; (b) 第 1 轮 foreach 循环, $vc(v_3) \leftarrow 1$ 号色; (c) 第 2 轮 foreach 循环, $vc(v_2) \leftarrow 2$ 号色; (d) 第 3 轮 foreach 循环, $vc(v_4) \leftarrow 3$ 号色; (e) 第 4 轮 foreach 循环, $vc(v_5) \leftarrow 2$ 号色; (f) 第 5 轮 foreach 循环, $vc(v_1) \leftarrow 3$ 号色; (g) 第 6 轮 foreach 循环, $vc(v_6) \leftarrow 3$ 号色

黑色顶点—已染过的顶点 灰色顶点—顶点 v

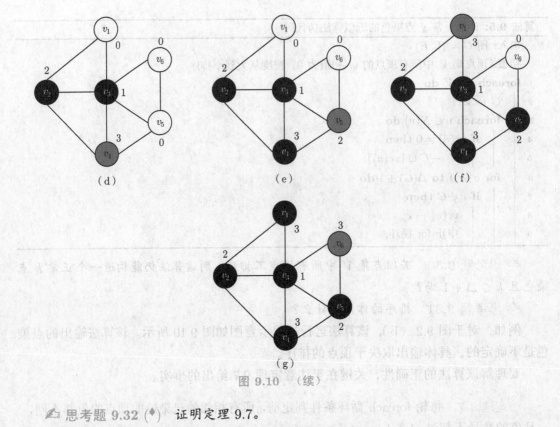

图 9.10　（续）

🔺 思考题 9.32 (♦)　证明定理 9.7。

对于阶为 n 的图，该算法对所有顶点排序的时间复杂度为 $O(n \log n)$；最外层 foreach 循环的轮数为 n，每轮 foreach 循环的时间复杂度为 $O(n)$。因此，该算法的时间复杂度为 $O(n^2)$。

> **课外阅读**
>
> 　　对于阶为 n 的图和任意小的常数 $\epsilon > 0$，正常 χ 点染色的计算具有 $n^{1-\epsilon}$ 不可近似性[59]（除非 P=NP）。

¶ 课后练习

　　寄存器是计算机中一种高效而稀缺的资源，寄存器分配是一项编译器优化技术，在编译一段程序时为每个变量分配一个寄存器。若一组变量的生命周期不重叠，则它们可以共享一个寄存器，寄存器分配的优化目标是为一段程序找出寄存器占用总量最少的分配方案。

　　练习 9.5　若一段程序对寄存器占用总量的最小值为 k（$k \geqslant 2$），则该程序中至少有多少对变量的生命周期重叠？

练习 9.6　若一段程序对寄存器占用总量的最小值为 k（$k \geqslant 2$），且从该程序中删除任意一些变量或调整程序使任意一些变量的生命周期不再重叠，都可减少寄存器占用总量，则该程序中每个变量至少与其他多少个变量的生命周期重叠？

练习 9.7　请编程实现计算正常 χ 点染色的近似算法。

第 10 章 平 面

某电路版图如图 10.1（a）所示，用线路连接了若干器件。若仅用单层电路板制作该电路，则需要优化电路版图的设计，使线路间不交叉。可以用图建模这个问题：将器件表示为顶点，将连接器件的线路表示为边，如图 10.1（b）所示，图是否存在一种在平面上的画法，使任意两条边不交叉？对于这个例子，通过尝试可以发现：在如图 10.1（c）所示的画法中，任意两条边不交叉。然而，一般意义上，如何解决这个问题呢？

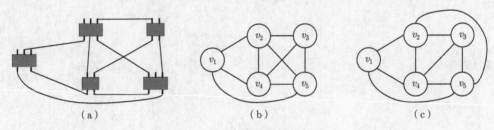

图 10.1　电路版图设计问题

（a）电路版图；（b）将器件和线路表示为图；（c）优化设计使线路不交叉

可以画在平面上且边不交叉的图称作"可平面图"。如何判定一个图是否为可平面图？如何设计算法解决这个问题？这便是本章讨论的主题：平面。

本章共分 2 节：10.1节介绍图的可平面性；10.2节介绍平面图的面的染色。

若无特殊说明，则本章讨论的图包括非简单图。

10.1　可平面图

图在平面上的画法是一种到坐标点的映射。我们通常感兴趣的是极大可平面图，即包含边的数量最多的可平面图。可以通过 DMP 算法判定一个图是否为可平面图。现在，首先给出可平面图的数学定义。

10.1.1　理论

对于图 $G = \langle V, E \rangle$，将 G 画在平面上的**画法**（drawing）是一个单射函数 dr：将每个顶点 $v \in V$ 映射到平面上的一个坐标点 $dr(v)$，将每条边 $(u, v) \in E$ 映射到平面上的一

条 $dr(u)$-$dr(v)$ 曲线。若边集 E 中任意两条边映射到的平面曲线不交叉，即没有除端点外的公共坐标点，则 G 称作**可平面图**（planar graph），dr 称作 G 的**平面嵌入**（planar embedding），映射到平面上的结果称作 G 的**平面图**（plane graph）；否则，G 称作**不可平面图**（non-planar graph）。例如，图 10.1（b）是可平面图，它的平面图如图 10.1（c）所示；图 10.2 是不可平面图。

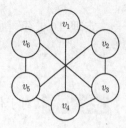

图 10.2　不可平面图

🔖 **思考题 10.1**　图 1.6（a）所示的彼得森图是可平面图吗？

🔖 **思考题 10.2**　完全图 K_1, K_2, K_3, K_4, K_5 是可平面图吗？

🔖 **思考题 10.3**　树是可平面图吗？

🔖 **思考题 10.4**　完全二分图 $K_{1,1}, K_{2,2}, K_{3,3}$ 是可平面图吗？

🔖 **思考题 10.5**　自环和重边影响图的可平面性吗？

🔖 **思考题 10.6**　可平面图的子图是可平面图吗？

🔖 **思考题 10.7**　完全图 K_6 和完全二分图 $K_{4,4}$ 是可平面图吗？

🔖 **思考题 10.8**　若图 G 的所有连通分支都是可平面图，则 G 是可平面图吗？

平面图 H 将平面分隔出的极大相连区域（不含平面图自身）称作 H 的**面**（face）。面积无限的面称作**无限面**（unbounded face），又称**外部面**（outer face）；面积有限的面称作**有限面**（bounded face），又称**内部面**（inner face）。平面图 H 的面的数量称作 H 的**面数**（number of faces），记作 $\phi(H)$。例如，对于图 10.3（a）所示的平面图 H，面 f_6 是无限面，面 f_1, f_2, f_3, f_4, f_5 是有限面，$\phi(H) = 6$；对于图 10.3（b）所示的平面图 H，面 f_3 是无限面，面 f_1, f_2 是有限面，$\phi(H) = 3$。

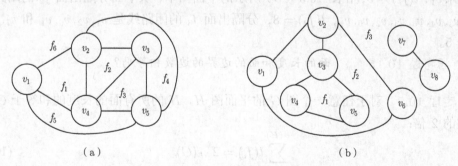

（a）　　　　　　　　　　　　　　　　（b）

图 10.3　平面图的面

（a）面数为 6 的平面图；（b）面数为 3 的平面图

🔖 **思考题 10.9**　平面图可以有多少个无限面？

下述**欧拉公式**（Euler's formula）[76] 给出了图的阶、边数和其平面图的面数的一种关系。

定理 10.1 (欧拉公式) 对于任意一个连通图 G 的平面图 H:

$$\nu(G) - \epsilon(G) + \phi(H) = 2 \tag{10.1}$$

推论 10.1 对于任意一个有 w 个连通分支的图 G 的平面图 H:

$$\nu(G) - \epsilon(G) + \phi(H) = w + 1 \tag{10.2}$$

✍ **思考题 10.10** ($\diamondsuit$) 证明定理 10.1 和推论 10.1。

对于图 G 的平面图的面 f,与 f 在平面上相邻的坐标点对应的 G 的顶点和边形成的子图称作 f 的**边界**(boundary)。例如,在图 10.3(a)所示的平面图中,面 f_1 的边界包括顶点 v_1, v_2, v_4 和边 $(v_1, v_2), (v_2, v_4), (v_4, v_1)$;在图 10.3(b)所示的平面图中,面 f_2 的边界包括顶点 $v_1, v_2, v_3, v_4, v_5, v_6$ 和边 $(v_1, v_2), (v_2, v_3), (v_3, v_4), (v_4, v_5), (v_5, v_3), (v_2, v_6), (v_6, v_1)$,面 f_3 的边界包括顶点 v_1, v_2, v_6, v_7, v_8 和边 $(v_1, v_2), (v_2, v_6), (v_6, v_1), (v_7, v_8)$。

✍ **思考题 10.11** 什么样的边在两个面的边界中?什么样的边只在一个面的边界中?

✍ **思考题 10.12** 平面图的两个不同的面的边界可以完全相同吗?

✍ **思考题 10.13** 对于任意一个图的平面图(面数至少为 2)的无限面,你能找到该图的另一个平面图的有限面,使两个面的边界是相同的子图吗?反之能吗?

✍ **思考题 10.14** 若图 G 的所有块都是可平面图,则 G 是可平面图吗?

图 G 的平面图的面 f 的**长度**(length)是从平面分隔出 f 的 G 中闭路线的长度的和,记作 $l(f)$。例如,在图 10.3(a)所示的平面图中,从平面分隔出面 f_1 的闭路线是 v_1, v_2, v_4, v_1,$l(f_1) = 3$;在图 10.3(b)所示的平面图中,从平面分隔出面 f_2 的闭路线是 $v_1, v_2, v_3, v_4, v_5, v_3, v_2, v_6, v_1$,$l(f_2) = 8$,分隔出面 f_3 的闭路线是 v_1, v_2, v_6, v_1 和 v_7, v_8, v_7,$l(f_3) = 5$。

✍ **思考题 10.15** ($\diamondsuit$) 面的长度和面的边界的边数相等吗?

定理 10.2 对于任意一个图 G 的平面图 H,H 的所有面的长度的和等于 G 的边数的 2 倍:

$$\sum_{i=1}^{\phi(H)} l(f_i) = 2 \cdot \epsilon(G) \tag{10.3}$$

✍ **思考题 10.16** ($\spadesuit$) 证明定理 10.2。

✍ **思考题 10.17** 阶至少为 3 的简单连通可平面图的平面图的面的长度的下界是多少?

若简单可平面图 G 不是任何简单可平面图的生成真子图，则 G 称作**极大可平面图**（maximal planar graph）。例如，图 10.4 所示的简单可平面图是非极大可平面图，它是图 10.5 所示的简单可平面图的生成真子图；图 10.5 所示的简单可平面图是极大可平面图。

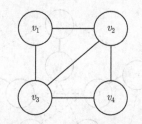

图 10.4　非极大可平面图

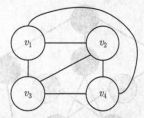

图 10.5　极大可平面图

✎ **思考题 10.18**　极大可平面图连通吗？

✎ **思考题 10.19**　阶至少为 3 的极大可平面图可以有割点或割边吗？

✎ **思考题 10.20**　阶至少为 3 的极大可平面图的平面图的每个面的边界有什么特征？

定理 10.3　对于任意一个阶为 n（$n \geqslant 3$）的极大可平面图 G：$\epsilon(G) = 3n - 6$。

推论 10.2　对于任意一个阶为 n（$n \geqslant 3$）的简单可平面图 G：$\epsilon(G) \leqslant 3n - 6$。

✎ **思考题 10.21** ($\diamond\blacklozenge$)　证明定理 10.3 和推论 10.2。

下述**库拉托夫斯基定理**（Kuratowski's theorem）[77] 和**瓦格纳定理**（Wagner's theorem）[78] 给出了可平面图的两个充要条件。

定理 10.4 (库拉托夫斯基定理)　图 G 是可平面图当且仅当 G 不含这样的子图：可通过对 K_5 或 $K_{3,3}$ 进行若干次边剖分得到。

人物简介

库拉托夫斯基（Kazimierz Kuratowski），1896 年出生于波兰。

定理 10.5 (瓦格纳定理)　图 G 是可平面图当且仅当 G 不含这样的子图：可通过若干次边收缩得到 K_5 或 $K_{3,3}$。

✎ **思考题 10.22** ($\blacklozenge$)　证明定理 10.5。

人物简介

瓦格纳（Klaus Wagner），1910 年出生于德国。

例如，图 1.6（a）所示的彼得森图是不可平面图，它含一个子图可通过对 $K_{3,3}$ 进行 4 次边剖分得到，如图 10.6（a）所示；它自身也可通过 5 次边收缩得到 K_5，如图 10.6（b）所示。

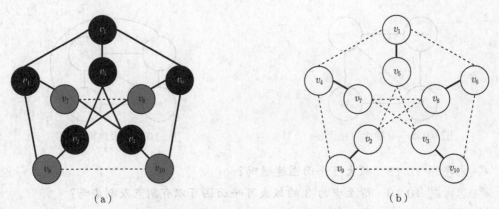

图 10.6　彼得森图的两个不可平面子图

（a）含一个子图可通过对 $K_{3,3}$ 进行 4 次边剖分得到（粗实线—子图的边　黑色顶点—$K_{3,3}$ 的顶点　灰色顶点—剖分增加的顶点）；（b）自身可通过 5 次边收缩得到 K_5（粗实线—收缩的边）

10.1.2　算法

如何判定一个图是否为可平面图？这个问题可以通过 DMP 算法解决。

在介绍该算法前，首先定义片段。对于图 G 的子图 $H = \langle V_H, E_H \rangle$，若 G 的子图 B 恰由不在边集 E_H 中但端点在顶点集 V_H 中的一条边组成，或恰由图 $G - V_H$ 的一个连通分支以及端点分别在该连通分支和 V_H 中的所有边组成，则 B 称作 G 的 H **片段**（fragment），B 和 H 的公共顶点称作 B 的**固定点**（vertex of attachment）。例如，对于图 10.7（a）所示的子图 H，3 个 H 片段如图 10.7（b）所示，它们的固定点集合分别为 $\{v_1, v_4\}$、$\{v_2, v_5\}$、$\{v_2, v_4, v_5\}$。

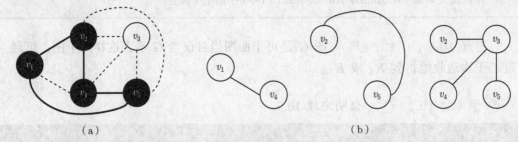

图 10.7　片段

（a）子图 H；（b）3 个 H 片段
黑色顶点—子图 H 的顶点　粗实线—子图 H 的边

📖 思考题 10.23 H 片段连通吗?

📖 思考题 10.24 对于连通图 G, 子图 H 和所有 H 片段的并是什么?

📖 思考题 10.25 子图 H 和 H 片段的边集相交吗? 两个 H 片段的边集相交吗?

DMP 算法(Demoucron-Malgrange-Pertuiset algorithm)[79] 逐步尝试构造图的平面嵌入, 每步尝试将当前已映射到平面上的子图的一个片段中的一条路映射到平面上。

DMP 算法伪代码如算法 10.1所示。对于 2 连通图 G, 该算法从 G 中任意一个圈开始(第 1~2 行), 每轮 while 循环尝试将当前已映射到平面上的子图 H 的一个片段 B 中的一条路 P 映射到平面上(第 17~19 行), 直至 G 全部映射到平面上(第 3 行), 则 G 为可平面图(第 20 行):对于 G 的每个 H 片段 B_i, 仅当 H 的平面图的面 f_j 的边界含 B_i 的所有固定点时, B_i 才有可能映射到平面上的 f_j 内, 满足该条件的所有 f_j 的集合记作 B_i 的 F 属性值(第 4~8 行);若任意一个 B_i 的 F 属性值为空集, 则 G 为不可平面图(第 9~10 行);否则, 优先选择仅能映射到一个面内的 H 片段作为 B(第 11~14 行), 从 B 中选择任意两个固定点间的一条路 P(第 15 行), 从 B 的 F 属性值中选择任

算法 10.1: DMP 算法伪代码

输入: 2 连通图 $G = \langle V, E \rangle$

1   $H = \langle V_H, E_H \rangle \leftarrow G$ 中任意一个圈;

2   将 H 映射到平面上;

3   **while** $H \neq G$ **do**

4   **foreach** $B_i \in G$ 的所有 H 片段 **do**

5          $B_i.\text{F} \leftarrow \varnothing$;

6   **foreach** $f_j \in H$ 的平面图的所有面 **do**

7   **if** f_j 的边界含 B_i 的所有固定点 **then**

8                  $B_i.\text{F} \leftarrow B_i.\text{F} \cup \{f_j\}$;

9   **if** $B_i.\text{F} = \varnothing$ **then**

10   输出(G 是不可平面图);

11   **else if** $|B_i.\text{F}| = 1$ **then**

12           $B \leftarrow B_i$;

13   **if** $B = $ null **then**

14          $B \leftarrow G$ 的任意一个 H 片段;

15      $P \leftarrow B$ 中任意两个固定点间的一条路;

16      $f \leftarrow B.\text{F}$ 中任意一个面;

17   将 P 映射到平面上的 f 内;

18      $V_H \leftarrow V_H \cup P$ 经过的顶点的集合;

19      $E_H \leftarrow E_H \cup P$ 经过的边的集合;

20 输出(G 是可平面图);

意一个面 f（第 16 行），将 P 映射到平面上的 f 内并更新 H（第 17~19 行）。

  ✍ 思考题 10.26　对于非 2 连通图，如何利用 DMP 算法判定其是否为可平面图？

  ✍ 思考题 10.27 (♦)　为什么 H 片段 B 一定有至少 2 个固定点？

  ✍ 思考题 10.28　为什么从 H 片段 B 中只选择一条路映射到平面上？

例如，对于图 10.1（b），DMP 算法运行过程示意图如图 10.8 所示。对于可平面图，该算法构造的平面嵌入是不确定的，具体取决于初始的圈、H 片段 B、路 P、面 f 的选择。

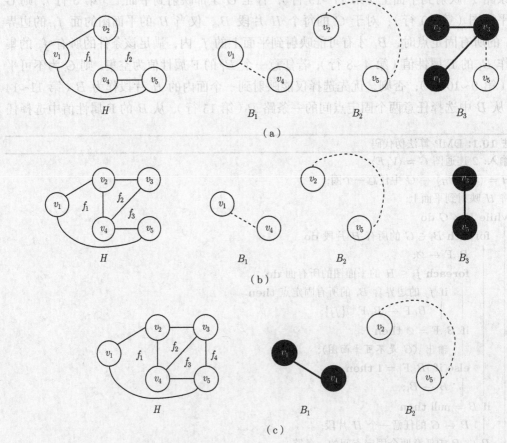

图 10.8　DMP 算法运行过程示意图

(a) 第 1 轮 while 循环，$B_1.\mathrm{F} \leftarrow \{f_1, f_2\}$，$B_2.\mathrm{F} \leftarrow \{f_1, f_2\}$，$B_3.\mathrm{F} \leftarrow \{f_1, f_2\}$，$B \leftarrow B_3$；(b) 第 2 轮 while 循环，$B_1.\mathrm{F} \leftarrow \{f_1, f_3\}$，$B_2.\mathrm{F} \leftarrow \{f_1, f_3\}$，$B_3.\mathrm{F} \leftarrow \{f_3\}$，$B \leftarrow B_3$；(c) 第 3 轮 while 循环，$B_1.\mathrm{F} \leftarrow \{f_1\}$，$B_2.\mathrm{F} \leftarrow \{f_1, f_4\}$，$B \leftarrow B_1$；(d) 第 4 轮 while 循环，$B_1.\mathrm{F} \leftarrow \{f_4\}$，$B \leftarrow B_1$；(e) 第 5 轮 while 循环，$H = G$

黑色顶点—路 P 经过的顶点　粗实线—路 P 经过的边

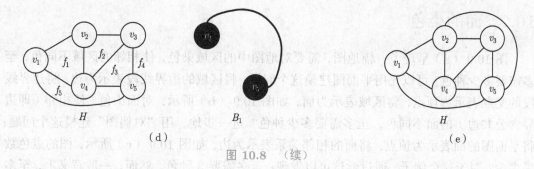

图 10.8 （续）

要理解 DMP 算法的正确性，关键在于注意定理 10.6 给出的事实。

定理 10.6 对于可平面图 G，DMP 算法每轮 while 循环条件判定前，子图 H 的平面图可以扩展为 G 的平面图。

✍ **思考题 10.29** （◇♦） 证明定理 10.6。

对于阶为 n、边数为 $m \in O(n)$ 的图，DMP 算法 while 循环的轮数为 $O(n)$，每轮 while 循环的时间复杂度为 $O(n)$。因此，该算法的时间复杂度为 $O(n^2)$。

✍ **思考题 10.30** 为什么可以假设 $m \in O(n)$？

课外阅读

对可平面图的判定算法感兴趣的读者，还可以参考其他有代表性的算法[80-82]。

¶ **课后练习**

练习 10.1 足球并非球体，而是三十二面体，每个顶角都是三面角，即三个面的公共顶点，每个面都是正六边形或正五边形，这两种面各有多少个？

练习 10.2 用四个圆能画出四集合文氏图吗？

某电路用线路连接若干器件，器件不用线路直连自身，两个器件间的直连线路至多一条。该电路的版图设计较巧妙，仅用单层电路板便可制作，线路间不交叉。

练习 10.3 证明：该电路中有一个器件直连至多 5 个其他器件。

练习 10.4 证明：若该电路包含至多 11 个器件，则有一个器件直连至多 4 个其他器件。

练习 10.5 请编程实现 DMP 算法，并将其适用范围从 2 连通图扩展到所有图。

10.2　面的染色

图 10.9（a）呈现了一幅地图，需要对地图中的区域染色，使相邻的区域不同色，至多需要多少种色？可以先用平面图建模这个问题：将区域的边界线段表示为边，将边界线段的交点表示为顶点，将区域表示为面，如图 10.9（b）所示，对面染色，使相邻（即边界含公共边）的面不同色，至多需要多少种色？进一步地，用"对偶图"建模这个问题：将平面图的面表示为顶点，将面的相邻关系表示为边，如图 10.9（c）所示，图的点色数是多少？对于这个例子，通过尝试可以发现：至多需要 3 种色。然而，一般意义上，至多需要多少种色？可以证明至多需要 4 种色，即四色定理。现在，首先给出对偶图的数学定义。

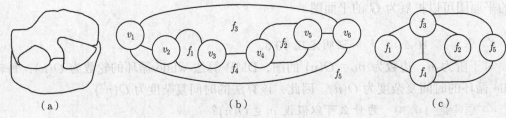

图 10.9　地图染色问题

（a）地图；（b）将区域的边界线段及其交点表示为平面图；（c）将面的相邻关系表示为图

可平面图 $G = \langle V_G, E_G \rangle$ 的平面图 H 的**对偶图**（dual graph）是以 H 的所有面的集合为顶点集的图，记作 H^*：对于每条边 $e \in E_G$，若 e 在 H 的两个面 f_i, f_j 的边界中，则对应 H^* 中的一条边 (f_i, f_j)；若 e 只在 H 的一个面 f_i 的边界中，则对应 H^* 中的一条自环 (f_i, f_i)。例如，图 10.10（a）所示的平面图的对偶图如图 10.10（b）所示。

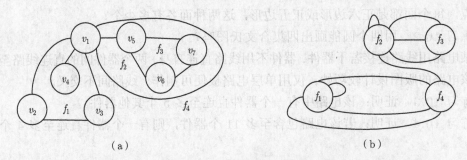

图 10.10　平面图的对偶图

（a）平面图 H；（b）对偶图 H^*

📖 **思考题 10.31**　树的平面图的对偶图有什么特征？

📖 **思考题 10.32**　二分图的平面图的对偶图有什么特征？

✎ **思考题 10.33** 　对偶图连通吗？

✎ **思考题 10.34** 　自环对应的对偶图中的边有什么特征？

✎ **思考题 10.35** 　一个圈经过的所有边对应的对偶图中的边的集合有什么特征？

✎ **思考题 10.36** 　对偶图是可平面图吗？

✎ **思考题 10.37** 　同一平面图的不同对偶图同构吗？

✎ **思考题 10.38** 　同一图的不同平面图的对偶图同构吗？

对于平面图 H 和正整数 k，**k 面染色**（k-face-coloring）是一个函数 $fc : F \mapsto \{1, 2, \cdots, k\}$，定义域是 H 的所有面的集合 F，值域是正整数集的子集 $\{1, 2, \cdots, k\}$，代表 k 种**色**（color），$fc(f)$ 称作面 f 的色。对于 k 面染色 fc，若相邻（即边界含公共边）面的色都不同，则 fc 称作 H 的**正常 k 面染色**（proper k-face-coloring）。若存在 H 的正常 k 面染色，则称 H 是 **k 面色可染**（k-face-colorable）。使 H 是 k 面色可染的最小 k 值称作 H 的**面色数**（face chromatic number）。例如，对于图 10.9（b）所示的平面图，图 10.11（a）所示的是 2 面染色，它不是正常 2 面染色；图 10.11（b）所示的是 4 面染色，它是正常 4 面染色，该平面图是 4 面色可染；图 10.11（c）所示的是 3 面染色，它是正常 3 面染色，该平面图是 3 面色可染，面色数是 3。

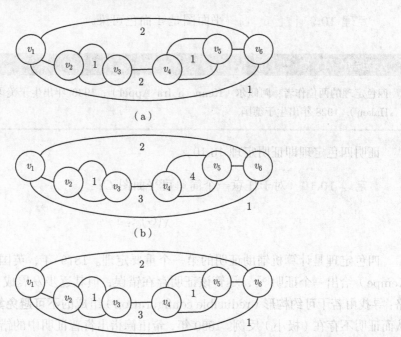

图 10.11　三个面染色

(a) 2 面染色；(b) 正常 4 面染色；(c) 正常 3 面染色

下述**五色定理**（five color theorem）[83] 给出了面色数的一个界。

定理 10.7（五色定理） 平面图是 5 面色可染。

平面图的面染色可以转换为其对偶图（忽略自环和重边）的点染色，而对偶图是可平面图，因此，证明五色定理即证明定理 10.8。

定理 10.8 对于任意一个简单可平面图 G：

$$\chi(G) \leqslant 5 \tag{10.4}$$

✍ 思考题 10.39（◇） 证明定理 10.8。

下述**四色定理**（four color theorem）[84] 给出了面色数的一个更紧的界。

定理 10.9（四色定理） 平面图是 4 面色可染。

证明四色定理即证明定理 10.10。

定理 10.10 对于任意一个简单可平面图 G：

$$\chi(G) \leqslant 4 \tag{10.5}$$

四色定理是计算机辅助证明的第一个重要定理。1879 年，英国数学家肯普（Alfred Kempe）给出一个证明[85]，尽管该证明存在错误，但其逐步发展成为一种主要的证明思路：寻找由若干**可约构形**（reducible configuration）组成的**不可避免集**（unavoidable set），从而证明不存在（极小）反例。1890 年，希伍德指出肯普证明中的错误，并证明了五色定理[83]。20 世纪六七十年代，德国数学家希什（Heinrich Heesch）提出一种构造不可避免集的方法，并设计了算法在计算机的辅助下验证构形的可约性，然而，他没能得到足够的经费支持来完成这项计算任务。1976 年，阿佩尔和哈肯宣布在计算机的辅助下找到了由

1936 个可约构形组成的不可避免集，从而证明了四色定理，相关论文于 1977 年发表[86-87]，并于 1989 年完成错误修订[84]。

> **课外阅读**
>
> 对构造简单可平面图正常 5 点染色或正常 4 点染色的算法感兴趣的读者，可以参考相关论文[88-90]。

A 部分思考题提示

第 1 章

🖾 **思考题 1.4** 若所有顶点的度都不相等，则只能是哪种情况，这种情况自身存在什么矛盾？

🖾 **思考题 1.14** 需要证明同构关系满足自反性、对称性、传递性。

🖾 **思考题 1.24** 如何将自补图的边数写成阶的函数？

第 2 章

🖾 **思考题 2.15** 若与出发点 u 连通的顶点 v 未被访问过，则考虑任意一条 u-v 路经过的第一个未被访问过的顶点，会产生什么矛盾？

🖾 **思考题 2.18** 考虑与任意顶点 u 距离最远的顶点 v，若 v 是割点，则如何由定理 2.3 得出矛盾？

🖾 **思考题 2.21** 分析图 $\overline{G} - v$ 是否连通。

🖾 **思考题 2.24** 考虑 K_2。

🖾 **思考题 2.30** 区别顶点的 3 种状态：visited 属性值为 false（即对其 DFS 调用前）；visited 属性值为 true 且对其 DFS 调用未结束；visited 属性值为 true 且对其 DFS 调用已结束。分析首次访问后向边时，两个端点的状态。

🖾 **思考题 2.31** 利用引理 2.1，分析子顶点 v 及其后代顶点和顶点 u 的祖先顶点间是否有不经过 u 的路。

🖾 **思考题 2.32** 若两个子顶点间有不经过根顶点 u 的路，则会产生什么矛盾？

🖾 **思考题 2.37** 利用距离的三角不等式。

🖾 **思考题 2.45** 分析树边关联的两个顶点的 d 属性值。

🖾 **思考题 2.47** 定理 2.9：若存在顶点不满足，则选择其中和出发点 u 距离最小的顶点 v，对于任意一条最短 u-v 路经过的 v 的前一个邻点 w，比较 v.d 和 w.d，会产生什么矛盾？

第 3 章

📖 思考题 **3.8** 证明等式可用数学归纳法。

📖 思考题 **3.12** 用两种方式将树的边数写成阶的函数。

📖 思考题 **3.21** 充分性：基于距离的奇偶性将顶点集划分为两个子集，若有奇圈，则会产生什么矛盾？

📖 思考题 **3.25** 从任意一个顶点开始尝试划分。

📖 思考题 **3.32** 定理：证明充分性可用数学归纳法，从图中删除一个圈经过的所有边。

📖 思考题 **3.39** 推论：若不连通，则上轮 while 循环条件判定前的顶点 u 关联至少 2 条边且均为割边，考虑图 $G-u$ 的每个（至少 2 个）连通分支和相应的割边组成的子图，分析子图中度为奇数的顶点数量，会产生什么矛盾？

📖 思考题 **3.41** 分析顶点的度的奇偶性。

📖 思考题 **3.54** "复制"图 G 中任意一个顶点。

第 4 章

📖 思考题 **4.10** 第 2 个定义：可用数学归纳法，对距离归纳。第 4、5 个定义：增加一个新顶点，将一条边剖分为两条。

📖 思考题 **4.16** 集合 B_T 中其他顶点表示的块的边集均已出栈并输出。

📖 思考题 **4.25** 考虑 K_1。

📖 思考题 **4.39** $\kappa(G) \leqslant \kappa'(G)$：若选择最小边割集中每条边的一个端点组成点割集，则如何确保每个连通分支中的顶点未被全选？

第 5 章

📖 思考题 **5.10** 充分性：若匹配 M 不是最大匹配，则分析 M 和最大匹配 M' 的对称差的边导出子图是否含 M 增广路。

📖 思考题 **5.14** 分析 M 增广路的起点和终点所属的顶点子集。

📖 思考题 **5.17** 可参考 3.2.2 节的 DFSBpt 算法。

📖 思考题 **5.30** 充分性：若最大匹配 M 未饱和顶点 $u \in X$，则考虑以 u 为起点的所有 M 交错路经过的顶点的集合 R，比较集合 $(R \cap X) \setminus \{u\}$ 和 $R \cap Y$ 的大小，分析集合 $R \cap X$ 和 $R \cap Y$ 的关系。

📖 思考题 **5.33** 分析图 $G-S$ 的每个奇数阶连通分支与顶点子集 S 间的边的数量，利用塔特定理。

第 6 章

✎ 思考题 6.1　考虑负权边。

✎ 思考题 6.3　若存在顶点 v 不满足，则考虑第一个不满足的 v，从集合 Q 中删除 v 的那轮 while 循环条件判定前，基于从顶点 u 到 v 的一条最短路经过的第一个未从 Q 中删除的顶点 y，比较 $y.d$ 和 $v.d$。

✎ 思考题 6.10　若含当前树的最小生成树不含新增加的边，则可通过替换边得到另一棵最小生成树。

✎ 思考题 6.12　若含当前森林的最小生成树不含新增加的边，则可通过替换边得到另一棵最小生成树。

✎ 思考题 6.15　考虑重边的集合 E^M 的边导出子图，分析其中度为奇数的顶点间的路。

✎ 思考题 6.16　若存在两条最短路经过公共边，则如何不经过这条边重新找到两条最短路，会产生什么矛盾？

✎ 思考题 6.19　引理 6.3 和引理 6.5：利用赋权函数的三角不等式。

第 7 章

✎ 思考题 7.12　充分性：从一个圈开始，利用门格尔定理。

✎ 思考题 7.16　引理 7.1：利用树边。引理 7.2：利用后向边和树边。

✎ 思考题 7.18　引理：对于集合 C' 中的顶点表示的强连通分支中的顶点，分析其出邻点。定理：C' 中其他顶点表示的强连通分支的顶点集均已出栈并输出。

✎ 思考题 7.30　第一个等式：考虑顶点子集 S 中其他顶点的净流出量。第二个等式：分析每条弧的流量对等式两侧的贡献。

✎ 思考题 7.32　必要性：利用思考题 7.29。充分性：利用推论 7.2。

✎ 思考题 7.33　利用推论 7.2 和思考题 7.32 的证明。

✎ 思考题 7.34　考虑有理数的分数表示，分析每轮 while 循环后流的值的增量的下界。

✎ 思考题 7.36　运行福特-法尔克森算法。

第 8 章

✎ 思考题 8.7　基于最大边独立集分析边覆盖数。

✎ 思考题 8.9　基于最大边独立集构造边覆盖集，基于最小边覆盖集构造边独立集。

✎ 思考题 8.12　利用思考题 8.11。

🔖 思考题 8.13　定理：将任意一个最小边支配集逐步改造为极大边独立集。推论：利用思考题 8.12的证明。

🔖 思考题 8.16　利用推论 8.2。

🔖 思考题 8.24　利用思考题 8.23。

🔖 思考题 8.28　利用思考题 8.27。

🔖 思考题 8.30　利用思考题 8.29。

🔖 思考题 8.31　基于最大边独立集分析点覆盖数。

🔖 思考题 8.33　基于最小点覆盖集构造边独立集，利用定理 5.5。

🔖 思考题 8.34　基于最大点独立集分析边覆盖数。

🔖 思考题 8.36　利用定理 8.2、定理 8.8、定理 8.12。

🔖 思考题 8.37　基于最小边覆盖集构造点支配集。

🔖 思考题 8.38　基于最大边独立集构造点支配集。

🔖 思考题 8.41　基于 $\Delta(G)$ 和 $|I|$，分析 $\nu(G)$。

🔖 思考题 8.44　基于极大边独立集分析点覆盖数。

第 9 章

🔖 思考题 9.5　可用数学归纳法，对图的边数进行归纳。

🔖 思考题 9.7　基于图 $G - X'$ 的边色数，分析匹配的特征。

🔖 思考题 9.9　分别分析度为奇数和偶数的顶点关联的边在子集 E_1 和 E_2 中的数量。

🔖 思考题 9.28　如何构造所有顶点的一种序，满足在每个顶点之前有至多 $\Delta(G) - 1$ 个邻点。

🔖 思考题 9.29　可用构造法。

第 10 章

🔖 思考题 10.10　定理：可用数学归纳法，对图的阶进行归纳。

🔖 思考题 10.15　考虑只在一个面的边界中的边。

🔖 思考题 10.21　定理：利用连通图的欧拉公式。

🔖 思考题 10.29　若本轮 while 循环对子图 H 的平面图的扩展方式与循环条件判定前 H 的平面图扩展为图 G 的平面图的方式不一致，则如何确保后续 while 循环可以构造出 G 的另一种平面嵌入？

🔖 思考题 10.39　可用数学归纳法，在平面上分析度最小的顶点的邻点的色。

B 部分思考题完整证明

第 1 章

思考题 1.3

证明 先证定理 1.1。对于自环 $(u, u) \in E$，在计算顶点 u 的度时按 2 次计数；对于非自环边 $(u, v) \in E$，在计算顶点 u 和 v 的度时各按 1 次计数。因此，顶点集 V 中所有顶点的度的和等于 $\epsilon(G)$ 的 2 倍。

再证推论 1.1。由定理 1.1，顶点集 V 中所有顶点的度的和为偶数。因此，度为奇数的顶点有偶数个。

思考题 1.4

证明 对于任意一个阶为 n 的简单图 G，每个顶点的度的范围为 $0 \sim n-1$，并且不能同时存在度为 0 的顶点（与其他所有顶点都不相邻）和度为 $n-1$ 的顶点（与其他所有顶点都相邻）。因此，由鸽巢原理，当 $n \geqslant 2$ 时，至少有两个顶点的度相等。

思考题 1.14

证明 首先，证明同构关系具有自反性。对于任意一个简单图 $G = \langle V, E \rangle$，恒等映射 $f: V \mapsto V$ 是 G 到 G 的同构。

其次，证明同构关系具有对称性。对于任意两个简单图 $G = \langle V_G, E_G \rangle$ 和 $H = \langle V_H, E_H \rangle$，若存在 G 到 H 的同构（双射）$f: V_G \mapsto V_H$，则 f 的逆映射 $f^{-1}: V_H \mapsto V_G$ 是 H 到 G 的同构。

再者，证明同构关系具有传递性。对于任意三个简单图 $G = \langle V_G, E_G \rangle$、$H = \langle V_H, E_H \rangle$、$I = \langle V_I, E_I \rangle$，若存在 G 到 H 的同构（双射）$f: V_G \mapsto V_H$ 和 H 到 I 的同构（双射）$g: V_H \mapsto V_I$，则 f 和 g 的复合 $g \circ f: V_G \mapsto V_I$ 是 G 到 I 的同构。

综上，同构关系是等价关系。

第 2 章

✍ 思考题 2.4

证明 首先，证明连通关系具有自反性。对于图 $G = \langle V, E \rangle$ 中任意一个顶点 $v \in V$，存在平凡 v-v 路。

其次，证明连通关系具有对称性。对于任意两个顶点 $u, v \in V$，若存在 u-v 路，则其逆序列是 v-u 路。

再者，证明连通关系具有传递性。对于任意三个顶点 $u, v, w \in V$，若存在 u-v 路和 v-w 路，则这两个序列拼接形成一条 u-w 路线，其包含的一个子序列是一条 u-w 路。

✍ 思考题 2.15

证明 先证与出发点 u 连通的所有顶点都被访问过。采用反证法，假设与 u 连通的顶点 v 未被访问过，则任取一条 u-v 路 P，其经过的第一个未被访问过的顶点记作 w（可能是 v），如图 B.1 所示。根据 DFS 算法，u 被访问过，因此，$w \neq u$，即 w 不是 P 经过的第一个顶点，P 经过的 w 的前一个邻点 x（可能是 u）被访问过，根据 DFS 算法，w 也应被访问过，矛盾。

图 B.1　思考题 2.15证明的示意图

黑色顶点—被访问过的顶点　虚线—路

再证被访问过的所有顶点都与出发点 u 连通。对于每个被访问过的顶点 v，从 u 到 v 的递归调用链对应一条 u-v 路。

✍ 思考题 2.19

证明 先证必要性。顶点 v 是图 G 的割点，图 $G - v$ 有至少 2 个连通分支，任取其中一个连通分支记作 $G_i = \langle V_i, E_i \rangle$，其他连通分支的并记作 $G_j = \langle V_j, E_j \rangle$，如图 B.2 所示。采用反证法，假设存在顶点 $u \in V_i$ 和 $w \in V_j$，某条 u-w 路不经过 v，则 u 和 w 在 $G - v$ 的同一个连通分支中，矛盾。

再证充分性。每条 u-w 路都经过顶点 v，则顶点 u 和 w 在图 $G - v$ 中不连通，即 $G - v$ 不连通，v 是 G 的割点。

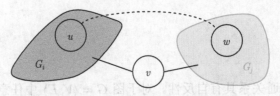

图 B.2   思考题 2.19证明的示意图

虚线——u-w 路

🔖 **思考题 2.27**

证明　先证必要性。边 e 是图 G 的割边，图 $G-e$ 有至少 2 个连通分支，任取其中一个连通分支记作 $G_i = \langle V_i, E_i \rangle$，其他连通分支的并记作 $G_j = \langle V_j, E_j \rangle$，如图 B.3 所示。采用反证法，假设存在顶点 $u \in V_i$ 和 $w \in V_j$，某条 u-w 路不经过 e，则 u 和 w 在 $G-e$ 的同一个连通分支中，矛盾。

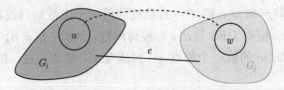

图 B.3   思考题 2.27证明的示意图

虚线——u-w 路

再证充分性。每条 u-w 路都经过边 e，则顶点 u 和 w 在图 $G-e$ 中不连通，即 $G-e$ 不连通，e 是 G 的割边。

🔖 **思考题 2.30**

证明　不失一般性，假设后向边 (u,v) 在对顶点 u 的 DFS 调用中首次被访问，则分情况讨论顶点 v。

若 v 的 visited 属性值为 false，则边 (u,v) 是树边，与是后向边矛盾。

若 v 的 visited 属性值为 true 且对其 DFS 调用已结束，则对 v 的 DFS 调用已访问过边 (u,v)，与首次访问矛盾。

因此，v 的 visited 属性值为 true 且对其 DFS 调用未结束，而 DFS 算法运行过程中所有 visited 属性值为 true 且对其 DFS 调用未结束的顶点都在同一条祖先-后代路上，因此，v 是 u 的祖先顶点。

✍ 思考题 2.31

证明   先证必要性。将顶点 u 的所有后代顶点的集合记作 D，将集合 $V \setminus (\{u\} \cup D)$ 记作 $W \neq \varnothing$，如图 B.4 所示。采用反证法，假设 u 的每个子顶点都不满足，则 u 的每个后代顶点都与 W 中 u 的某个祖先顶点间存在一条经过后向边而不经过 u 的路；根据 DFS 树，W 中任意两个顶点间存在一条不经过 u 的路。综上，集合 $D \cup W = V \setminus \{u\}$ 中任意两个顶点间存在一条不经过 u 的路，与 u 是割点矛盾。

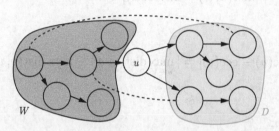

图 B.4   思考题 2.31证明的示意图

实线箭头—树边   虚线—后向边

再证充分性。由引理 2.1，子顶点 v 及其后代顶点不与集合 W 中任何顶点相邻，即 v 及其后代顶点与 W 中顶点间的每条路都经过顶点 u，因此，u 是割点。

✍ 思考题 2.32

证明   先证必要性。采用反证法，假设根顶点 u 没有子顶点，则图 G 是平凡图，与 u 是割点矛盾；假设 u 只有 1 个子顶点，则根据 DFS 树，集合 $V \setminus \{u\}$ 中任意两个顶点间存在一条不经过 u 的路，与 u 是割点矛盾。

再证充分性。采用反证法，假设根顶点 u 不是割点，则 u 的第一个被访问的子顶点 v 和另一个子顶点 w 间存在一条不经过 u 的路，因此，对 v 的 DFS 调用结束时，w 已被访问过，即 w 是 v 的后代顶点，与 w 是 u 的子顶点矛盾。

✍ 思考题 2.35

证明   将长度为 $\mathrm{dist}(u, v)$ 的 u-v 路和长度为 $\mathrm{dist}(v, w)$ 的 v-w 路拼接形成长度为 $\mathrm{dist}(u, v) + \mathrm{dist}(v, w)$ 的 u-w 路线，因此，存在长度不超过 $\mathrm{dist}(u, v) + \mathrm{dist}(v, w)$ 的 u-w 路，即 $\mathrm{dist}(u, w) \leqslant \mathrm{dist}(u, v) + \mathrm{dist}(v, w)$。

✍ 思考题 2.37

证明　对于任意一个顶点 $w \in V$，由思考题 2.35，

$$\text{dist}(u, w) - \text{dist}(v, w) \leqslant \text{dist}(u, v) = 1$$

$$\text{dist}(v, w) - \text{dist}(u, w) \leqslant \text{dist}(v, u) = 1 \tag{B.1}$$

$$|\text{dist}(u, w) - \text{dist}(v, w)| \leqslant 1$$

因此，

$$|\text{ecc}(u) - \text{ecc}(v)| = |\max_{w \in V} \text{dist}(u, w) - \max_{w \in V} \text{dist}(v, w)| \tag{B.2}$$

$$\leqslant 1$$

✍ 思考题 2.38

证明　对于任意一个顶点 $w \in V$，由思考题 2.35，

$$\text{dist}(u, w) - \text{dist}(v, w) \leqslant \text{dist}(u, v)$$

$$\text{dist}(v, w) - \text{dist}(u, w) \leqslant \text{dist}(v, u) \tag{B.3}$$

$$|\text{dist}(u, w) - \text{dist}(v, w)| \leqslant \text{dist}(u, v)$$

因此，

$$|\text{ecc}(u) - \text{ecc}(v)| = |\max_{w \in V} \text{dist}(u, w) - \max_{w \in V} \text{dist}(v, w)| \tag{B.4}$$

$$\leqslant \text{dist}(u, v)$$

✍ 思考题 2.42

证明　先证 $\text{rad}(G) \leqslant \text{diam}(G)$。由半径和直径的定义，

$$\text{rad}(G) = \min_{u \in V} \text{ecc}(u)$$

$$\leqslant \max_{u \in V} \text{ecc}(u) \tag{B.5}$$

$$= \text{diam}(G)$$

再证 $\mathrm{diam}(G) \leqslant 2 \cdot \mathrm{rad}(G)$。由直径的定义，存在两个顶点 $u, v \in V$ 满足 $\mathrm{dist}(u, v) = \mathrm{diam}(G)$。对于图 G 的任意一个中心点 w，由思考题 2.35 以及离心率和中心点的定义，

$$
\begin{aligned}
\mathrm{diam}(G) &= \mathrm{dist}(u, v) \\
&\leqslant \mathrm{dist}(u, w) + \mathrm{dist}(w, v) \\
&\leqslant \mathrm{ecc}(w) + \mathrm{ecc}(w) \\
&= 2 \cdot \mathrm{ecc}(w) \\
&= 2 \cdot \mathrm{rad}(G)
\end{aligned}
\tag{B.6}
$$

思考题 2.46

证明 同思考题 2.15 的证明。

思考题 2.47

证明 先证引理 2.2。对于出发点 u 和每个顶点 v，根据 BFS 算法，BFS 树中 u-v 路经过的顶点的 d 属性值递增，v 的 d 属性值即 u-v 路的长度，是 u 和 v 间的距离的上界。

再证引理 2.3。只需证明每轮 while 循环条件判定前成立。第 1 轮 while 循环条件判定前成立。若本轮 while 循环条件判定前成立，则本轮 while 循环增加到队尾的所有顶点 w 都满足 $w.\mathrm{d} = v.\mathrm{d} + 1$，因此，下轮 while 循环条件判定前仍成立。

再证引理 2.4。顶点的访问顺序即入队列的顺序，由引理 2.3，得证。

最后证定理 2.9。

采用反证法，假设存在顶点的 d 属性值不为其和出发点 u 间的距离，则由引理 2.2，这些顶点的 d 属性值大于其和 u 间的距离，将这些顶点中和 u 间距离最小的顶点记作 v。根据 BFS 算法，$u.\mathrm{d} = 0 = \mathrm{dist}(u, u)$，因此，$v \neq u$，对于任意一条最短 u-v 路经过的 v 的前一个邻点 w（可能是 u），

$$
\begin{aligned}
w.\mathrm{d} &= \mathrm{dist}(u, w) \\
&< \mathrm{dist}(u, v) \\
&< v.\mathrm{d}
\end{aligned}
\tag{B.7}
$$

当顶点 w 出队列时，分情况讨论顶点 v。

若 v 未入队列，则 $v.\mathrm{d} = w.\mathrm{d} + 1$，与式 (B.7) 矛盾。

若 v 已入队列，则由引理 2.3，$v.\text{d} \leqslant w.\text{d} + 1$，与式 (B.7) 矛盾。

若 v 已出队列，则由引理 2.4，$v.\text{d} \leqslant w.\text{d}$，与式 (B.7) 矛盾。

第 3 章

🔖 思考题 3.3

证明　先证必要性。边 e 是图 G 的割边，其端点记作 $u,v \in V$，如图 B.5 所示。由割边的性质，存在两个顶点 $x,y \in V$ 在 G 中连通、在图 $G-e$ 中不连通。采用反证法，假设 e 在圈 C 中，则 C 由两条 u-v 路组成，其中一条不经过 e，因此，可在 $G-e$ 中代替 e 使 x 和 y 仍连通，矛盾。

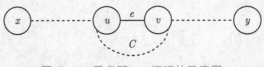

图 B.5　思考题 3.3证明的示意图

虚线—路

再证充分性。边 e 的端点记作 $u,v \in V$，顶点 u 和 v 在图 G 中连通。采用反证法，假设 e 不是割边，则 u 和 v 在图 $G-e$ 中仍连通，即 $G-e$ 中存在 u-v 路且不经过 e，其与 e 组成圈，与 e 不在任何圈中矛盾。

🔖 思考题 3.8

证明　由 1 证明 2。图 G 连通，G 中任意两个顶点 u 和 v 间有路。接下来证明 u 和 v 间只有一条路。采用反证法，假设 u 和 v 间有多条路，则可形成圈，与 G 不含圈矛盾。

由 2 证明 3。

先证图 G 不含圈。采用反证法，假设 G 含圈经过顶点 u 和 v，则 u 和 v 间有至少 2 条路，与 u 和 v 间只有一条路矛盾。

再证 $\epsilon(G) = \nu(G) - 1$。采用数学归纳法，对 $\nu(G)$ 归纳。当 $\nu(G) = 1$ 时，$\epsilon(G) = 0$，成立。假设 $\nu(G) \leqslant k$ 时，$\epsilon(G) = \nu(G) - 1$ 成立，则 $\nu(G) = k+1$ 时，对于任意一条边 $e = (u,v)$，顶点 u 和 v 间只有一条路且经过 e，因此，图 $G-e$ 不连通且有 2 个连通分支 G_u 和 G_v，由归纳假设，

$$\epsilon(G_u) = \nu(G_u) - 1$$

$$\epsilon(G_v) = \nu(G_v) - 1$$

$$\epsilon(G) = \epsilon(G_u) + \epsilon(G_v) + 1 \tag{B.8}$$
$$= (\nu(G_u) - 1) + (\nu(G_v) - 1) + 1$$
$$= \nu(G) - 1$$

由 3 证明 4。采用反证法，假设图 G 不连通，则 G 有至少 2 个连通分支，每个连通分支 G_i 连通且不含圈，由 1 得 2 再得 3，即

$$\epsilon(G_i) = \nu(G_i) - 1$$
$$\epsilon(G) = \sum_i \epsilon(G_i)$$
$$= \sum_i (\nu(G_i) - 1) \tag{B.9}$$
$$= \nu(G) - \sum_i 1$$
$$< \nu(G) - 1$$

与 $\epsilon(G) = \nu(G) - 1$ 矛盾。

由 4 证明 5。采用反证法，假设删除某条边 e 后，图 $G-e$ 连通且 $\epsilon(G-e) = \nu(G-e) - 2$，而练习 2.1 证明了 $G - e$ 连通的必要条件是 $\epsilon(G - e) \geqslant \nu(G - e) - 1$，矛盾。

由 5 证明 6。先证图 G 不含圈。采用反证法，假设 G 含圈 C，则删除 C 经过的一条边，G 仍连通，与 G 极小连通矛盾。再证增加任意一条边均形成圈。由 1 得 2，即 G 中任意两个顶点间均有路，增加边会形成圈。

由 6 证明 1。对于图 G 中任意两个顶点 u 和 v，若 u 和 v 相邻，则 u 和 v 连通。若 u 和 v 不相邻，则增加边 (u,v) 会形成圈，其中有一条 u-v 路不经过 (u,v)，因此，u 和 v 在 G 中连通。

🔖 **思考题 3.21**

证明 先证必要性。二分图 $G = \langle X \cup Y, E \rangle$ 的每条边的两个端点分属于顶点子集 X 和 Y，则 G 中每个圈的顶点序列交替属于 X 和 Y，因此是偶圈。

再证充分性。只需证明图 G 的每个非平凡连通分支 $G_i = \langle V_i, E_i \rangle$ 是二分图。采用构造法，任取一个顶点 $u \in V_i$，根据每个顶点和 u 间的距离的奇偶性，将顶点集 V_i 划分为

$$X_i = \{v \in V_i \mid \mathrm{dist}(v, u) \text{是偶数}\}$$
$$Y_i = \{v \in V_i \mid \mathrm{dist}(v, u) \text{是奇数}\} \tag{B.10}$$

为证明 $G_i = \langle X_i \cup Y_i, E_i \rangle$ 是二分图，采用反证法，假设 G_i 不是二分图，则存在一条边 $(x,y) \in E_i$ 满足 $x,y \in X_i$ 或 $x,y \in Y_i$。对于由一条最短 $u\text{-}x$ 路、边 (x,y)、一条最短 $y\text{-}u$ 路拼接形成的闭路线，其长度为奇数，因此包含一个奇圈（可通过数学归纳法证明，对闭路线的长度归纳），与 G 不含奇圈矛盾。

思考题 3.28

证明　若 DFSBpt 算法运行结束时判定图 G 为二分图，则顶点集 V 已被划分为两个子集：samePart 属性值为 true 的顶点子集 X 和 samePart 属性值为 false 的顶点子集 Y。其中，X 含出发点，$X \neq \varnothing$；由于 G 是非平凡连通图，根据 DFSBpt 算法，出发点的第一个被访问的邻点的 samePart 属性值为 false，$Y \neq \varnothing$。算法运行结束时，已检查每条边的两个端点分属于 X 和 Y。综上，判定结果正确。

若 DFSBpt 算法在比较顶点 u 和 v 的 samePart 属性值时判定图 G 非二分图，则由引理 2.1，v 是 u 的祖先顶点。根据 DFSBpt 算法，DFS 树中的路交替经过 samePart 属性值为 true 和 false 的顶点，因此，DFS 树中 $v\text{-}u$ 路的长度是偶数，该路和后向边 (u,v) 组成奇圈，因此，G 非二分图，判定结果正确。

思考题 3.32

证明　先证定理 3.5。

先证必要性。欧拉回路每经过一次顶点需要经过其关联的 2 条边，而欧拉回路经过图 G 的每条边恰一次，因此，所有顶点的度均为偶数。

再证充分性。采用数学归纳法，对 $\epsilon(G)$ 进行归纳。当 $\epsilon(G) = 2$ 时，只有一种非空连通图 G 的所有顶点的度均为偶数，如图 B.6（a）所示，该图有欧拉回路，成立。假设 $\epsilon(G) \leqslant k$ 时成立，则 $\epsilon(G) = k+1$ 时，G 的所有顶点的度至少为 2，而练习 3.2证明了这样的 G 含圈，从 G 中删除任意一个圈 C 经过的所有边 E_C，对于图 $G - E_C$ 的每个非平凡连通分支 G_i，由归纳假设，G_i 含欧拉回路 C_i，且 C_i 与 C 有公共顶点，如图 B.6（b）所示，否则 G 不连通。因此，C 和所有 C_i 组成 G 的欧拉回路。

再证推论 3.1。

先证必要性。除起点和终点外，欧拉迹每经过一次顶点需要经过其关联的 2 条边，而欧拉迹经过图 G 的每条边恰一次，因此，不考虑起点和终点，所有其他顶点的度均为偶数，即 G 有至多 2 个顶点的度为奇数。

再证充分性。分两种情况。若图 G 没有顶点的度为奇数，则由定理 3.5，得证。若 G 有 2 个顶点 u 和 v 的度为奇数，则向 G 中增加一条边 (u,v) 得到图 G'，其所有顶点的度均为偶数，由定理 3.5，G' 含欧拉回路，其中不经过 (u,v) 的 $u\text{-}v$ 迹是 G 的欧拉迹。

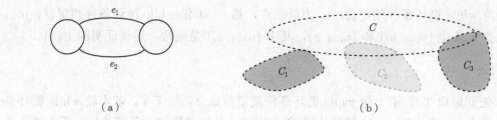

图 B.6 思考题 3.32证明的示意图

(a) $\epsilon(G) = 2$; (b) $\epsilon(G) = k+1$

✍ 思考题 3.39

证明 先证定理。第 1 轮 while 循环条件判定前成立。接下来，若本轮 while 循环条件判定前成立，将下轮 while 循环条件判定前的顶点 u 记作 u'，则本轮 while 循环从图 G 中删除边 e 后，u 和 u' 的度的奇偶性都发生改变：若 u 的度由奇变偶，u' 的度由奇变偶，则下轮 while 循环条件判定前，G 没有顶点的度为奇数；若 u 的度由奇变偶，u' 的度由偶变奇，则下轮 while 循环条件判定前，G 恰有 2 个顶点（包括 u'）的度为奇数；若 u 的度由偶变奇，则 u' 的度只能也由偶变奇，下轮 while 循环条件判定前，G 恰有 2 个顶点（包括 u'）的度为奇数。

再证推论。第 1 轮 while 循环条件判定前成立。接下来，采用反证法，对于非空图 G，先假设 G 的边集的边导出子图不连通首次发生在第 i 轮 while 循环条件判定前（$i > 1$），将第 $i-1$ 轮和第 i 轮 while 循环条件判定前的顶点 u 分别记作 u_{i-1} 和 u_i，则第 $i-1$ 轮 while 循环条件判定前，u_{i-1} 关联至少 2 条边 (u_{i-1}, u_i) 和 (u_{i-1}, v)，其中 (u_{i-1}, u_i) 是割边，因此，(u_{i-1}, v) 也是割边，将图 $G - u_{i-1}$ 中含顶点 u_i 和含顶点 v 的连通分支分别记作 G_i 和 G_v，如图 B.7 所示。在 G_i 和边 (u_{i-1}, u_i) 组成的子图中，u_{i-1} 的度为 1，因此，G_i 含至少 1 个度为奇数的顶点；同理，G_v 含至少 1 个度为奇数的顶点。因此，第 $i-1$ 轮 while 循环条件判定前，无论 u_{i-1} 的度是否为奇数，都与定理 3.6矛盾。

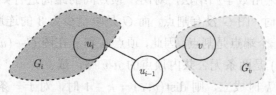

图 B.7 思考题 3.39证明的示意图

再假设图 G 的边集的边导出子图连通但不含顶点 u 首次发生在第 i 轮 while 循环条件判定前（$i > 1$），将第 $i-1$ 轮和第 i 轮 while 循环条件判定前的 u 分别记作 u_{i-1} 和 u_i，

则第 i 轮 while 循环条件判定前, u_i 为孤立点, 第 $i-1$ 轮 while 循环条件判定前, u_{i-1} 关联至少 2 条边 (u_{i-1}, u_i) 和 (u_{i-1}, v), 其中 (u_{i-1}, u_i) 是割边, 后续证明同上。

🕮 思考题 3.40

证明　先证定理 3.7。第 1 轮 while 循环条件判定前成立。接下来, 若本轮 while 循环条件判定前成立, 则本轮 while 循环从图 G 中删除一条闭迹经过的所有边后, 所有顶点的奇偶性不变, 因此, 下轮 while 循环条件判定前仍成立。

　　再证定理 3.8。采用反证法, 假设某轮 while 循环条件判定前, 非空图 G 的边集的边导出子图的某个连通分支和迹 T 没有公共顶点, 则原图的边集的边导出子图不连通, 与原图含欧拉迹矛盾。

🕮 思考题 3.50

证明　在哈密尔顿圈的顶点序列中, 首次进入图 $G-V'$ 的每个连通分支之前的一个顶点在顶点子集 V' 中, 因此, $G-V'$ 含至多 $|V'|$ 个连通分支。

第 4 章

🕮 思考题 4.9

证明　首先, 对于每条边, 均存在含这条边的极大的没有割点的连通子图。因此, 每条边都在某个块中。

　　其次, 由思考题 4.8, 块的边集不相交。

　　综上, 所有非平凡块的边集构成图的边集的一种划分, 即为边集定义了一种等价关系。

🕮 思考题 4.10

证明　由 1 证明 2。采用数学归纳法, 对两个顶点间的距离进行归纳。

　　当 $\text{dist}(u,v)=1$ 时, 图 G 没有割点, 而 G 是阶至少为 3 的连通图, 因此, G 也没有割边, 否则割边至少一个端点是割点。因此, 顶点 u 和 v 在图 $G-(u,v)$ 中连通, $G-(u,v)$ 中的 u-v 路与边 (u,v) 是两条无公共内顶点的 u-v 路, 成立。

　　假设 $\text{dist}(u,v)=k$ 时成立, 则 $\text{dist}(u,v)=k+1$ 时, 对于一条最短 u-v 路, 其经过的顶点 v 的前一个邻点记作 w, 则 $\text{dist}(u,w)=k$, 由归纳假设, 存在两条无公共内顶点的 u-w 路 P 和 Q, 如图 B.8 (a) 所示。若 P 或 Q 经过 v, 则得证。若 P 和 Q 不经过 v, 而图 G 没有割点, 则 u 和 v 在图 $G-w$ 中连通, $G-w$ 中的 u-v 路记作 P', 其与 P 和 Q 的最后一个公共顶点记作 x。

若 $x = u$，则路 P'，以及路 Q 和边 (w, v) 拼接形成的路，是两条无公共内顶点的 u-v 路，得证。

若 $x \neq u$，则路 P 和 Q 不同时经过 x，不失一般性，假设 P 经过 x 而 Q 不经过 x，如图 B.8（a）所示，路 P 中的 u-x 路和路 P' 中的 x-v 路拼接形成的路，以及路 Q 和边 (w, v) 拼接形成的路，是两条无公共内顶点的 u-v 路，得证。

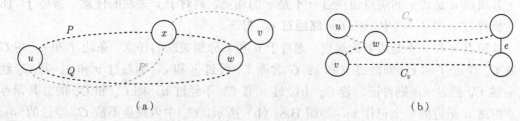

图 B.8　思考题 4.10证明的示意图
（a）由 1 证明 2；（b）由 5 证明 6
虚线—路

由 2 证明 1。采用反证法，假设顶点 $w \in V$ 是割点，则存在顶点 $u, v \in V$ 在图 $G - w$ 中不连通，而图 G 含两条无公共内顶点的 u-v 路，其中至少有一条在 $G - w$ 中，即 u 和 v 在 $G - w$ 中连通，矛盾。

由 2 证明 3。两条无公共内顶点的 u-v 路组成一个经过顶点 u 和 v 的圈。

由 3 证明 2。经过顶点 u 和 v 的圈含两条无公共内顶点的 u-v 路。

由 3 证明 4。

若顶点 v 是边 e 的端点，则 e 的另一个端点记作 u，经过 u 和 v 的圈或经过 e，或其中一条 u-v 路与 e 组成一个经过 e 的圈，得证。

若顶点 v 不是边 e 的端点，则 e 的两个端点记作 u 和 w，对 e **剖分**（subdivision），即删除 e，再增加顶点 x、边 (u, x)、边 (x, w)，如图 B.9 所示，形成的图记作 G'。由 3 得 2 再得 1，即图 G 没有割点，而 G' 仍连通且没有割点，由 1 得 2 再得 3，即 G' 含圈经过 v 和 x，其对应 G 中经过 v 和 e 的圈，得证。

图 B.9　边的剖分
（a）剖分边 e 前；（b）剖分边 e 后

由 4 证明 3。对于顶点 u 关联的任意一条边 e，图 G 含圈经过顶点 v 和 e，即经过顶点 v 和 u。

由 4 证明 5。对边 f 剖分，增加的顶点记作 v，形成的图记作 G'。由 4 得 3 得 2 再得 1，即图 G 没有割点，而 G' 仍连通且没有割点，由 1 得 2 得 3 再得 4，即 G' 含圈经过顶点 v 和边 e，其对应 G 中经过 f 和 e 的圈，得证。

由 5 证明 6。

若顶点 u 和 v 是边 e 的端点，则得证。

若顶点 u 是边 e 的端点而顶点 v 不是 e 的端点，则对于 v 关联的任意一条边 f，图 G 含圈经过 e 和 f，其中一条 u-v 路经过 e，得证。

若顶点 u 和 v 不是边 e 的端点，则对于 u 和 v 分别关联的任意一条边 f 和 g，图 G 含圈 C_u 经过 f 和 e，即经过 u 和 e；G 含圈 C_v 经过 g 和 e，即经过 v 和 e。若 C_u 经过 v 或 C_v 经过 u，则得证。若 C_u 不经过 v 且 C_v 不经过 u，则 C_u 和 C_v 的公共顶点中，距离 u 最近的一个记作 w，如图 B.8（b）所示，C_u 中内顶点不被 C_v 经过的 u-w 路和 C_v 中经过 e 的 w-v 路无公共内顶点，拼接形成一条经过 e 的 u-v 路，得证。

由 6 证明 7。对于顶点 w 关联的任意一条边 e，图 G 含 u-v 路经过 e，即经过 w。

由 7 证明 8。图 G 含 u-w 路经过顶点 v，其中的 u-v 路不经过 w。

由 8 证明 1。采用反证法，假设顶点 $w \in V$ 是割点，则存在顶点 $u, v \in V$ 在图 $G - w$ 中不连通，而图 G 含 u-v 路不经过 w，该 u-v 路在 $G - w$ 中，即 u 和 v 在 $G - w$ 中连通，矛盾。

⌥ 思考题 4.14

证明 先证必要性。采用反证法，假设图 G 只有一个块含 G 的割点 v，则在 G 的块-割点图中，v 是叶顶点，与思考题 4.13 矛盾。

再证充分性。由思考题 4.7，块的公共顶点是图的割点。

⌥ 思考题 4.15

证明 将上述时间段内发现的边的集合记作 E_1，将集合 B_T 中的顶点表示的所有块的边集的并集记作 E_2。

先证 $E_1 \subseteq E_2$，由割点的性质，即定理 2.5，得证。

再证 $E_2 \subseteq E_1$，由 DFS 算法的性质，即定理 2.2，得证。

⌥ 思考题 4.16

证明 采用数学归纳法，对上述时间段内发现的边的集合 E_1 的大小进行归纳。

当 $|E_1| = 1$ 时，$E_1 = \{(u, v)\}$，成立。

假设 $|E_1| \leqslant k$ 时成立，则 $|E_1| = k+1$ 时，由归纳假设，集合 $B_T \setminus \{b\}$ 中的顶点表示的所有块的边集均已出栈并输出，得证。

🔖 思考题 4.39

证明　若图 G 不连通或是平凡图，则 $\kappa(G) = \kappa'(G) = 0 \leqslant \delta(G)$，得证。

若图 G 是完全图 K_n，则 $\kappa(G) = \kappa'(G) = \delta(G) = n - 1$，得证。

若图 G 是连通的非完全图，则 G 有点割集和边割集，且 $\delta(G) < \nu(G) - 1$。

先证 $\kappa'(G) \leqslant \delta(G)$。对于图 G 中度最小的顶点 v，$d(v) = \delta(G)$，v 关联的边的集合是 G 的边割集，因此，$\kappa'(G) \leqslant \delta(G)$。

再证 $\kappa(G) \leqslant \kappa'(G)$。对于图 G 的最小边割集 S'，图 $G - S'$ 恰含 2 个连通分支 G_u 和 G_v。接下来证明：G_u 含顶点 u，G_v 含顶点 v，满足 u 和 v 在 G 中不相邻。采用反证法，假设 G_u 中任意一个顶点 u 和 G_v 中任意一个顶点 v 相邻，则

$$
\begin{aligned}
|S'| &= \nu(G_u) \cdot \nu(G_v) \\
&= \nu(G_u) \cdot (\nu(G) - \nu(G_u)) \\
&\geqslant \nu(G) - 1
\end{aligned}
\tag{B.11}
$$

与 $|S'| = \kappa'(G) < \nu(G) - 1$ 矛盾。

既然顶点 u 和 v 不相邻，对于最小边割集 S' 中的每条边 e，取 e 的一个端点，如图 B.10 所示：若 u 是 e 的端点，则取 e 的另一个端点，该端点必不是 v；若 u 不是 e 的端点，则取 e 在连通分支 G_u 中的端点。这样取得的至多 $|S'|$ 个顶点的集合记作 S，u 和 v 不在 S 中，且在图 $G - S$ 中不连通，因此，S 是图 G 的点割集，$\kappa(G) \leqslant |S| \leqslant |S'| = \kappa'(G)$。

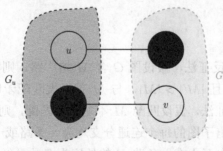

图 B.10　思考题 4.39证明的示意图

实线—最小边割集 S'　黑色顶点—点割集 S

📖 思考题 4.41

证明 先证必要性。采用反证法，假设图 $G = \langle V, E \rangle$ 中存在两个顶点 u 和 v 间存在至多 $k-1$ 条两两无公共内顶点的路。

若顶点 u 和 v 不相邻，则由门格尔定理，使 u 和 v 不连通只需从图 G 中删除至多 $k-1$ 个顶点，与 G 是 k 连通图矛盾。

若顶点 u 和 v 相邻，则在图 $G-(u,v)$ 中 u 和 v 间存在至多 $k-2$ 条两两无公共内顶点的路，由门格尔定理，$G-(u,v)$ 的连通度至多为 $k-2$，即 $G-(u,v)$ 有顶点子集 S 满足 $|S| \leqslant k-2$ 且图 $G-(u,v)-S$ 不连通。

接下来证明：图 $G-(S \cup \{u\})$ 和 $G-(S \cup \{v\})$ 中，至少有一个不连通。

若顶点 $u \in S$ 或 $v \in S$，则图 $G-(S \cup \{u\}) = G-S = G-(u,v)-S$ 或图 $G-(S \cup \{v\}) = G-S = G-(u,v)-S$ 不连通。

若顶点 $u, v \notin S$，则由图 G 是 k 连通图，$\nu(G) \geqslant k+1$，而 $|S| \leqslant k-2$，因此，顶点子集 $V \setminus (S \cup \{u,v\})$ 不为空。采用反证法，假设图 $G-(S \cup \{u\})$ 和 $G-(S \cup \{v\})$ 都连通，则对于 $V \setminus (S \cup \{u,v\})$ 中任意一个顶点 w，存在不经过 S 中顶点和边 (u,v) 的 $w\text{-}v$ 路，也存在不经过 S 中顶点和边 (u,v) 的 $w\text{-}u$ 路，因此，图 $G-(u,v)-S$ 连通，矛盾。

既然图 $G-(S \cup \{u\})$ 和 $G-(S \cup \{v\})$ 中，至少有一个不连通，因此，顶点子集 $S \cup \{u\}$ 或 $S \cup \{v\}$ 是图 G 的点割集，G 的连通度至多为 $k-1$，与 G 是 k 连通图矛盾。

再证充分性。采用反证法，假设图 G 不是 k 连通图，则 G 的最小点割集 S 满足 $|S| \leqslant k-1$。对于图 $G-S$ 的不同连通分支中的顶点 u 和 v，由门格尔定理，G 中两两无公共内顶点的 $u\text{-}v$ 路至多有 $k-1$ 条，矛盾。

第 5 章

📖 思考题 5.10

证明 先证必要性。采用反证法，假设图 G 含 M 增广路，则其经过的边的集合与匹配 M 的对称差 M' 是匹配，且 $|M'| > |M|$，与 M 是最大匹配矛盾。

再证充分性。采用反证法，假设匹配 M 不是最大匹配，则由思考题 5.7，M 与最大匹配 M' 的对称差的边导出子图的每个连通分支均为一条路或一个偶圈，且交替经过 M 中的边和 M' 中的边，其中至少有一条路 P 的长度为奇数且经过的 M' 中的边多于经过的 M 中的边。

接下来证明：路 P 是 M 增广路，从而与图 G 不含 M 增广路矛盾。采用反证法，不失一般性，假设 P 的起点 u 被匹配 M 饱和，即 u 关联一条边 $e \in M$，而 e 不在匹配 M 与 M' 的对称差中，因此，$e \in M'$。而 u 已关联一条 P 经过的边 $e' \in M'$，即 $e, e' \in M'$ 相邻，与 M' 是匹配矛盾。

✍ 思考题 5.13

证明 考虑图 G 的定向 H：对于集合 $E \setminus M$ 中的每条边，以其在顶点子集 X 中的端点为尾、在顶点子集 Y 中的端点为头形成一条弧；对于匹配 M 中的每条边，以其在 Y 中的端点为尾、在 X 中的端点为头形成一条弧。因此，G 中的交错路对应 H 中的有向路，在 G 中对顶点 r 调用 DFSAP 算法对应在 H 中对 r 调用适用于有向图的 DFS 算法，DFSAP 算法返回 null 当且仅当未被 M 饱和的所有顶点（除 r 外）在 H 中从 r 都不可达，对应 G 不含以 r 为起点的 M 增广路。

✍ 思考题 5.14

证明 M 增广路的长度是奇数，起点和终点分属于顶点子集 X 和 Y，因此，若只从 X 中的顶点出发运行 DFSAP 算法找不到 M 增广路，则从 Y 中的顶点出发运行 DFSAP 算法也找不到 M 增广路。

✍ 思考题 5.15

证明 先证集合 M 是 G 的匹配。第 1 轮 do-while 循环开始前，成立。若本轮 do-while 循环开始前成立，则本轮 do-while 循环计算 M 增广路 P 经过的边的集合和 M 的对称差仍是匹配，因此，下轮 do-while 循环条件判定前仍成立。

再证匹配 M 是 G 的最大匹配。采用反证法，假设匈牙利算法运行结束时，M 不是最大匹配，则由贝尔热定理，G 含 M 增广路，因此，最后一轮 do-while 循环开始前，G 含 M 增广路。由思考题 5.13和思考题 5.14，最后一轮 do-while 循环结束时，路 P 不为 null，矛盾。

✍ 思考题 5.19

证明 采用反证法，假设花梗的最后一条边不在匹配 M 中，而花是由两条 M 交错路形成的奇圈，则花托关联的花中的两条边都在 M 中，与 M 是匹配矛盾。

☝ 思考题 5.20

证明 花中顶点都被匹配 M 饱和，因此，除花梗的最后一条边外，花中顶点与花外顶点间的边都不在 M 中。

☝ 思考题 5.30

证明 先证必要性。根据饱和顶点子集 X 中所有顶点的匹配，顶点子集 S 中的顶点与邻点集 $N(S)$ 中的某些顶点一一对应，因此，$|N(S)| \geqslant |S|$。

再证充分性。采用反证法，假设顶点 $u \in X$ 未被图 G 的最大匹配 M 饱和，则以 u 为起点的所有 M 交错路经过的顶点的集合记作 R，如图 B.11 所示。

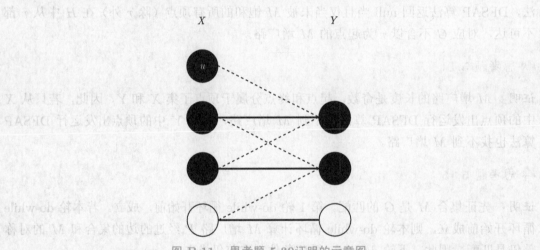

图 B.11 思考题 5.30证明的示意图

粗实线—最大匹配 M 黑色顶点—以顶点 u 为起点的所有 M 交错路经过的顶点的集合 R

接下来，首先证明：$|(R \cap X) \setminus \{u\}| = |R \cap Y|$。一方面，上述 M 交错路经过匹配 M 中不同的边从集合 $R \cap Y$ 中的顶点到集合 $(R \cap X) \setminus \{u\}$ 中的每个顶点，这些边的集合记作匹配 $M' \subseteq M$，则 $|M'| = |(R \cap X) \setminus \{u\}|$。另一方面，上述 M 交错路经过不在 M 中的边从集合 $R \cap X$ 中的顶点到集合 $R \cap Y$ 中的每个顶点，且 M 是最大匹配，即没有 M 增广路，因此，$R \cap Y$ 中的每个顶点被 M' 中不同的边饱和，$|M'| = |R \cap Y|$。综上，$|(R \cap X) \setminus \{u\}| = |R \cap Y|$。

其次证明：$N(R \cap X) = R \cap Y$。由上述证明可知 $R \cap Y \subseteq N(R \cap X)$，只需证明 $N(R \cap X) \subseteq R \cap Y$。采用反证法，假设存在顶点 $y \in N(R \cap X)$ 满足 $y \notin R \cap Y$，则 y 在集合 $R \cap X$ 中的任意一个邻点记作 x。接下来证明：边 $(x, y) \notin M$。

若 $x = u$，则由于顶点 u 未被匹配 M 饱和，因此，$(x, y) \notin M$。

若 $x \in (R \cap X) \setminus \{u\}$，则由于顶点 x 已通过匹配 M' 中的一条边与集合 $R \cap Y$ 中的某个顶点相邻，因此，$(x, y) \notin M$。

既然边 $(x, y) \notin M$，从顶点 u 到 x 的 M 交错路和边 (x, y) 拼接形成一条 M 交错路，因此，$y \in R \cap Y$，与 $y \notin R \cap Y$ 矛盾。

综上，

$$
\begin{aligned}
|N(R \cap X)| &= |R \cap Y| \\
&= |(R \cap X) \setminus \{u\}| \\
&= |R \cap X| - 1 \\
&< |R \cap X|
\end{aligned}
\tag{B.12}
$$

与 $|N(R \cap X)| \geqslant |R \cap X|$ 矛盾。

第 6 章

思考题 6.3

证明　采用反证法，假设从集合 Q 中删除的第一个不满足的顶点为 v，则 $v \neq u$。在从 Q 中删除 v 的那轮 while 循环条件判定前，对于一条最短 $u\text{-}v$ 路，将其经过的第一个未从 Q 中删除的顶点记作 y（可能是 v），如图 B.12 所示；经过的 y 的前一个邻点记作 x（可能是 u），该顶点已从 Q 中删除，因此，$x.\mathrm{d} = \mathrm{dist}(u, x)$。根据迪杰斯特拉算法，

$$
\begin{aligned}
y.\mathrm{d} &\leqslant x.\mathrm{d} + w((x, y)) \\
&= \mathrm{dist}(u, y) \\
&\leqslant \mathrm{dist}(u, v) \\
&\leqslant v.\mathrm{d} \\
&\leqslant y.\mathrm{d}
\end{aligned}
\tag{B.13}
$$

则 $\mathrm{dist}(u, v) = v.\mathrm{d}$，与 v 不满足矛盾。

图 B.12　思考题 6.3证明的示意图

黑色顶点—已从 Q 中删除的顶点　虚线—路

📖 **思考题 6.10**

证明 第 1 轮 while 循环结束后，当前树由顶点 r 组成，成立。

若上轮 while 循环结束后成立，当前树 T_i 是赋权图 G 的最小生成树 T^* 的子图，则本轮 while 循环结束后：若当前树 T_{i+1} 是 T^* 的子图，则成立；若 T_{i+1} 不是 T^* 的子图，则对于本轮 while 循环选择的顶点 v 和输出的边 $e = (v.\text{parent}, v)$，T^* 不含 e，向 T^* 中增加 e 形成圈 C，如图 B.13 所示，从 C 中删除 T^* 含而 T_i 不含的一条恰有一个端点在 T_i 中的边 e'，将 T^* 变为 G 的另一棵生成树 $T^\#$，将 e' 的不在 T_i 中的端点记作 v'，根据普里姆算法，

$$w(e) = v.\text{mw}$$

$$\leqslant v'.\text{mw} \tag{B.14}$$

$$\leqslant w(e')$$

因此，$T^\#$ 也是 G 的最小生成树且 T_{i+1} 是 $T^\#$ 的子图，成立。

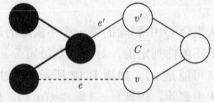

图 B.13   思考题 6.10 证明的示意图

实线—最小生成树 T^* 中的边   黑色顶点—已增加到当前树 T_i 中的顶点   粗实线—已增加到当前树 T_i 中的边

📖 **思考题 6.12**

证明 第 1 轮 foreach 循环开始前，当前森林由顶点集 V 中所有顶点组成，成立。

若本轮 foreach 循环条件判定前成立，当前森林 F_i 是赋权图 G 的最小生成树 T^* 的子图，则下轮 foreach 循环条件判定前：若当前森林 F_{i+1} 是 T^* 的子图，则成立；若 F_{i+1} 不是 T^* 的子图，则对于本轮 foreach 循环选择的边 $e = (u, v)$，T^* 不含 e，向 T^* 中增加 e 形成圈 C，如图 B.14 所示，从 C 中删除 T^* 含而 F_i 不含的一条边 e'，将 T^* 变为 G 的另一棵生成树 $T^\#$，根据克拉斯克尔算法，e' 是未被选择的边，否则，选择 e' 时应将这条两个端点在不同的树中的边增加到 F_i 中，因此，$w(e) \leqslant w(e')$，$T^\#$ 也是 G 的最小生成树且 F_{i+1} 是 $T^\#$ 的子图，成立。

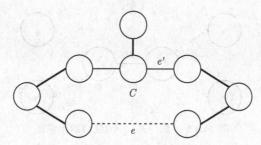

图 B.14   思考题 6.12证明的示意图

实线—最小生成树 T^* 中的边   粗实线—当前森林 F_i 中的边

思考题 6.15

证明   重边的集合 E^M 的边导出子图记作 $G[E^M]$，即 $G \cup G[E^M] = G^E$。

首先，不失一般性，假设边导出子图 $G[E^M]$ 不含圈。若 $G[E^M]$ 含圈 C，则将 C 从 $G[E^M]$ 中删除，G^E 仍不含度为奇数的顶点，仍是赋权欧拉图且边权和不大于删除 C 前的边权和，因此，仍对应一条最优邮递路线。

其次，将赋权图 G 中所有 $2k$ 个度为奇数的顶点的集合记作 V^O，由于 G^E 是欧拉图，因此，G^E 不含度为奇数的顶点，边导出子图 $G[E^M]$ 中所有度为奇数的顶点的集合也是 V^O。对于 $G[E^M]$ 中以 V^O 中任意一个顶点 u 为起点的一条极长迹 P_1，证明其具有三条性质。第一，P_1 的终点 v 是 $G[E^M]$ 中另一个度为奇数的顶点，即 $v \in V^O \setminus \{u\}$；否则，$v$ 还关联至少一条 P_1 未经过的边，与 P_1 是极长迹矛盾。第二，P_1 是路；否则，与 $G[E^M]$ 不含圈矛盾。第三，P_1 对应 G 中 u 和 v 间的最短路；否则，将 P_1 从 $G[E^M]$ 中删除，再向 $G[E^M]$ 中增加 u 和 v 间的一条最短路，G^E 仍不含度为奇数的顶点，仍是赋权欧拉图且边权和小于删除 P_1 前的边权和，因此，对应一条更短的邮递路线，与删除 P_1 前对应最优邮递路线矛盾。

再者，采用构造法，路 P_1 即要找的第 1 条最短路。将 P_1 经过的所有边从边导出子图 $G[E^M]$ 中删除，$G[E^M]$ 中剩余 $2k - 2$ 个度为奇数的顶点。重复该过程，依次得到第 2 条最短路 $P_2, \cdots$，第 k 条最短路 P_k。至此，$G[E^M]$ 不含度为奇数的顶点，且 $G[E^M]$ 不含圈，因此，$G[E^M]$ 不含边。综上，$\{P_1, P_2, \cdots, P_k\}$ 是以 G 中所有 $2k$ 个度为奇数的顶点为起点和终点的 k 条无公共边的最短路，其经过的边的集合是 E^M，得证。

思考题 6.16

证明   采用反证法，假设找到的最短 u-v 路 $P_{u,v}$ 和最短 x-y 路 $P_{x,y}$ 经过权不为 0 的公共边 e，如图 B.15 所示，则 $P_{u,v}$ 和 $P_{x,y}$ 经过的除 e 外的边可重新组成一条 u-x 路和一条 v-y 路，对应存在权和更小的完美匹配，与最小权完美匹配矛盾。

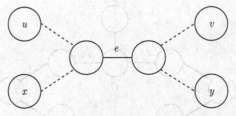

图 B.15　思考题 6.16证明的示意图

虚线—路

📖 **思考题 6.19**

证明　先证引理 6.2。从赋权图 G 的最短哈密尔顿圈 H^* 中删除任意一条边形成的路是 G 的一棵生成树，因此，G 的最小生成树 T 的边权和不超过 H^* 的长度。

再证引理 6.3。若赋权图 G 的最短哈密尔顿圈 H^* 经过顶点 $v \notin V^O$，如图 B.16 所示，则对于 H^* 经过的 v 的前一个邻点 x 和后一个邻点 y，从 H^* 中删除 v 再增加边 (x, y)，由于赋权函数 w 满足三角不等式，因此 H^* 的长度不会增加。重复该操作，直至 H^* 只经过集合 V^O 中的顶点，即 H^* 变为 G 的点导出子图 $G[V^O]$ 的哈密尔顿圈。

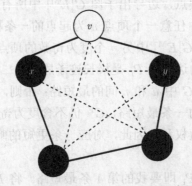

图 B.16　思考题 6.19证明的示意图

黑色顶点—最小生成树 T 中所有度为奇数的顶点的集合 V^O　　粗实线—赋权图 G 的最短哈密尔顿圈 H^* 经过的边

再证引理 6.4。从赋权图 G 的点导出子图 $G[V^O]$ 的任意一个哈密尔顿圈 H' 的边序列中间隔地取出一半，将 H' 经过的边的集合划分为 $G[V^O]$ 的两个完美匹配，其权和均不小于 $G[V^O]$ 的最小权完美匹配 M 的权和，因此，M 的权和不超过 H' 的长度的一半。

再证引理 6.5。图 $\langle V, E_T \cup M \rangle$ 的欧拉回路 C 对应赋权图 G 中的闭路线 C'。G 的较短哈密尔顿圈 H 的顶点序列是 C' 的顶点序列的子序列，对于 H 经过的每条边 (x, y) 及其在 C' 中对应的边序列 $(x, v_1), (v_1, v_2), \cdots, (v_n, y)$，由于赋权函数 w 满足三角不等式，

$$
\begin{aligned}
w((x,y)) &\leqslant w((x,v_1)) + w((v_1,y)) \\
&\leqslant w((x,v_1)) + w((v_1,v_2)) + w((v_2,y)) \\
&\leqslant \cdots \\
&\leqslant w((x,v_1)) + w((v_1,v_2)) + \cdots + w((v_n,y))
\end{aligned}
\tag{B.15}
$$

因此，H 的长度不超过 C' 的长度。

最后证定理 6.6。由引理 6.2~6.5，

$$
\begin{aligned}
H\text{的长度} &\leqslant C\text{对应的 } G \text{ 中闭路线的长度} \\
&= T\text{的边权和} + M\text{的权和} \\
&\leqslant H^*\text{的长度} + H^*\text{的长度} \times 0.5 \\
&= H^*\text{的长度} \times 1.5
\end{aligned}
\tag{B.16}
$$

第 7 章

✐ 思考题 7.3

证明   先证定理 7.1。每条弧在计算所有顶点的入度和与出度和时各按 1 次计数。因此，顶点集 V 中所有顶点的入度和与出度和都等于 $\epsilon(G)$。

再证推论 7.1。顶点集 V 中所有顶点的度的和等于所有顶点的入度与出度的和，由定理 7.1，该和等于有向图 G 的弧数的 2 倍。

✐ 思考题 7.9

证明   先证必要性。有向图 G 强连通，即对于顶点集 V 中所有 n 个顶点 $v_1, v_2, \cdots, v_n$，G 含 v_1-v_2 有向路、……、v_n-v_1 有向路，拼接形成一条经过 V 中所有顶点的有向闭路线。

再证充分性。有向图 G 含一条有向闭路线经过顶点集 V 中所有顶点，即 V 中每对顶点 u 和 v 间都存在 u-v 有向路线和 v-u 有向路线，它们是上述有向闭路线的子序列。因此，u 和 v 互相可达，即 G 强连通。

🔖 **思考题 7.12**

证明　先证必要性。采用反证法，假设图 G 有割边 (u,v)，则图 $G - (u,v)$ 的两个连通分支分别含顶点 u 和 v。不失一般性，假设 G 的强连通定向 H 含弧 $\langle u,v \rangle$，则 H 不含 v-u 有向路，否则与 (u,v) 是 G 的割边矛盾。因此，H 不是强连通定向，矛盾。

再证充分性。若图 G 是平凡图，则 G 的定向是空有向图，是强连通定向。若 G 是非平凡连通图，则由于 G 没有割边，因此，G 含圈 C 且 G 是 2 边连通图。采用构造法，逐步为 G 中的边赋予方向，当前已具有方向的边的导出子图记作 G_i，其定向记作 H_i。首先，对 C 经过的边赋予方向，形成一个有向圈，此时 H_i 强连通。接下来，若 G_i 不是 G 的生成子图，即存在顶点 v，其关联的边都不具有方向，如图 B.17 所示，则由门格尔定理，v 和 G_i 中任意一个顶点 u 间存在 2 条无公共边的路，对其中一条路经过的所有不具有方向的边赋予从 u 到 v 的方向，对另一条路经过的所有不具有方向的边赋予从 v 到 u 的方向，此时 H_i 仍强连通。重复该过程，直至 G_i 是 G 的生成子图。最后，对剩余不具有方向的边赋予任意方向，形成 G 的强连通定向。

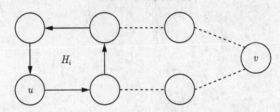

图 B.17　思考题 7.12证明的示意图

实线箭头—已具有方向的边　虚线—不具有方向的边

🔖 **思考题 7.16**

证明　先证引理 7.1。在 DFS 树中，从根顶点 s 到其他每个顶点都存在一条路，对应定向中的一条有向路。

再证引理 7.2。若图 G 是平凡图，则引理 7.2 成立。若 G 非平凡图，则由于 G 连通且没有割边，因此，G 的阶至少为 3 且没有割点。由定理 2.6，DFS 树的根顶点 s 只有一个子顶点，该顶点非叶顶点。由定理 2.5，s 的每个后代非叶顶点均可通过一条先经过若干条（可能是 0 条）树边再经过一条后向边的路到达其祖先顶点，对应定向中的一条有向路；s 的每个后代叶顶点均可通过一条后向边到达其父顶点的祖先顶点，对应定向中的一条有向边。因此，s 的每个后代顶点 u 均可通过重复该操作拼接形成一条 u-s 有向路线，引理 7.2 成立。

✍ 思考题 7.17

证明　将上述时间段内访问的顶点的集合记作 V_1，将集合 C' 中的顶点表示的所有强连通分支的顶点集的并集记作 V_2。

先证 $V_1 \subseteq V_2$，对于浓缩 H 中从顶点 c 不可达的顶点表示的强连通分支中的每个顶点，在有向图 G 中从顶点 u 不可达，得证。

再证 $V_2 \subseteq V_1$，对于浓缩 H 中从顶点 c 可达的顶点表示的强连通分支中的每个顶点，在有向图 G 中从顶点 u 可达，由适用于有向图的 DFS 算法的性质，即类似于定理 2.2，得证。

✍ 思考题 7.18

证明　先证引理 7.3。

对于顶点 u，由定理 7.4，上述时间段内访问的每个顶点及其出邻点都是 u 的后代顶点，其 d 属性值和 low 属性值不小于 u 的 d 属性值，因此，$u.\text{low} \geqslant u.\text{d}$。根据 DFSSCC 算法，$u.\text{low} \leqslant u.\text{d}$。综上，$u.\text{low} = u.\text{d}$。

对于顶点 c 表示的强连通分支中除顶点 u 外的顶点 v，v 是 u 的后代顶点。由于 u 从 v 可达，因此，存在一条尾是 v 或其后代顶点、头不是 v 或其后代顶点的弧 $\langle x, y \rangle$，否则，仅 v 或其后代顶点从 v 可达，v 的祖先顶点 u 从 v 不可达，矛盾。若顶点 y 是 x 的祖先顶点，如图 B.18（a）所示，由于 y 不是 v 或其后代顶点，因此 y 是 v 的祖先顶点，$y.\text{d} < v.\text{d}$；若 y 不是 x 的祖先顶点，如图 B.18（b）所示，则 $y.\text{d} < v.\text{d}$，否则，采用反证法，假设 $y.\text{d} > v.\text{d}$，而 y 从 v 可达，则由适用于有向图的 DFS 算法的性质，y 是 v 的后代顶点，矛盾。综上，$y.\text{d} < v.\text{d}$，因此，

$$
\begin{aligned}
v.\text{low} &\leqslant x.\text{low} \\
&\leqslant y.\text{d} \\
&< v.\text{d}
\end{aligned}
\tag{B.17}
$$

再证定理 7.5。

采用数学归纳法，对上述时间段内访问的顶点的集合 V_1 的大小进行归纳。

当 $|V_1| = 1$ 时，$V_1 = \{u\}$，成立。

假设 $|V_1| \leqslant k$ 时成立，则 $|V_1| = k + 1$ 时，由归纳假设，集合 $C' \setminus \{c\}$ 中的顶点表示的所有强连通分支的顶点集均已出栈并输出，得证。

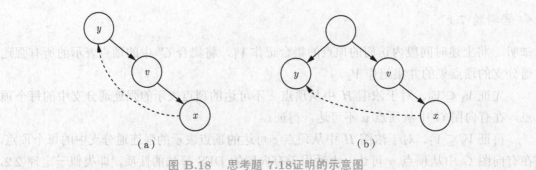

（a）　　　　　　　　　（b）

图 B.18　思考题 7.18证明的示意图

实线箭头—DFS 树中的弧　　虚线箭头—不在 DFS 树中的弧

思考题 7.30

证明　先证第一个等式。由可行流的定义，对于集合 $S \setminus \{s\}$ 中任意一个顶点 v，$f^+(v) = f^-(v)$，因此，

$$f^+(s) - f^-(s) = f^+(s) - f^-(s) + \sum_{v \in S \setminus \{s\}} (f^+(v) - f^-(v))$$

$$= \sum_{v \in S} (f^+(v) - f^-(v))$$

(B.18)

再证第二个等式。分四种情况分析流网络 G 中每条弧 $a = \langle u, v \rangle \in A$ 的流量 $f(a)$ 对等式两侧的贡献。

若顶点 $u, v \in S$，则 $f(a)$ 对等式左侧的贡献正负相抵为 0，对等式右侧无贡献。

若顶点 $u, v \in T$，则 $f(a)$ 对等式两侧无贡献。

若顶点 $u \in S$ 且 $v \in T$，则 $f(a)$ 对等式两侧的贡献均为 $f(a)$。

若顶点 $u \in T$ 且 $v \in S$，则 $f(a)$ 对等式两侧的贡献均为 $-f(a)$。

综上，第二个等式成立。

思考题 7.31

证明　由流的值的定义和引理 7.4，得

$$\begin{aligned}
\mathrm{val}(f) &= f^+(s) - f^-(s) \\
&= f^+(S) - f^-(S) \\
&\leqslant f^+(S) \\
&\leqslant c(S, T)
\end{aligned}$$

(B.19)

🔖 思考题 7.32

证明 先证必要性。采用反证法，假设剩余网络 G_f 含 f 增广路，则由思考题 7.29，可得到值更大的流，与流 f 是最大流矛盾。

再证充分性。将剩余网络 G_f 中从源 s 可达的顶点的集合记作 S，从 s 不可达的顶点的集合记作 T，则汇 $t \in T$，且 G_f 中不存在尾在 S 中、头在 T 中的弧。由剩余网络的定义，在流网络 G 中，源汇割 $C_{S,T}$ 中每条弧的流量都等于容量，即 $f^+(S) = c(S,T)$；每条头在 S 中、尾在 T 中的弧的流量均为 0，即 $f^-(S) = 0$。因此，由引理 7.4，$\mathrm{val}(f) = c(S,T)$。由推论 7.2，任意一个可行流 f' 都满足 $\mathrm{val}(f') \leqslant c(S,T)$，因此，$f$ 是最大流。

🔖 思考题 7.33

证明 将最大流记作 $f_{\max}$，将所有源汇割的容量的最小值记作 $c_{\min}$。

先证 $\mathrm{val}(f_{\max}) \leqslant c_{\min}$。由推论 7.2，得证。

再证 $\mathrm{val}(f_{\max}) \geqslant c_{\min}$。由思考题 7.32的证明，存在源汇割 $C_{S,T}$ 满足 $\mathrm{val}(f_{\max}) = c(S,T) \geqslant c_{\min}$，得证。

🔖 思考题 7.36

证明 运行福特-法尔克森算法，每轮 while 循环中，每条弧的流量的增量和流的值的增量均为整数，因此，算法运行结束时，输出的最大流是整数流且值是整数。

基于算法输出的最大流 f，构造一个新的有向图 $H = \langle V, A' \rangle$，如图 B.19 所示，其中：$V$ 是顶点集，即流网络 G 的顶点集；A' 是弧集，对于顶点 $u,v \in V$，若 G 中存在弧 $a = \langle u,v \rangle \in A$ 且 $f(a) > 0$，则 A' 中有 $f(a)$ 条重弧 $\langle u,v \rangle$。从 H 中删除所有有向圈后，

$$d^+(s) - d^-(s) = d^-(t) - d^+(t) = \mathrm{val}(f)$$
$$\forall v \in V \setminus \{s,t\},\ d^+(v) = d^-(v)$$

(B.20)

因此，对于 H 中以源 s 为起点的一条极长有向迹 P_1：P_1 的终点是汇 t，否则该终点还关联至少一条以其为尾的 P_1 未经过的弧，与 P_1 是极长有向迹矛盾；P_1 是有向路，否则与 H 不含有向圈矛盾。P_1 对应 G 的一个单位流，将 P_1 经过的弧从 H 中删除。重复该过程，依次得到第 2 条 s-t 有向路 P_2、……、第 $\mathrm{val}(f)$ 条 s-t 有向路 $P_{\mathrm{val}(f)}$。至此，H 中所有顶点的出度和入度相等，且 H 不含有向圈，因此，H 不含弧。综上，f 可表示为上述 $\mathrm{val}(f)$ 条 s-t 有向路对应的单位流的和，得证。

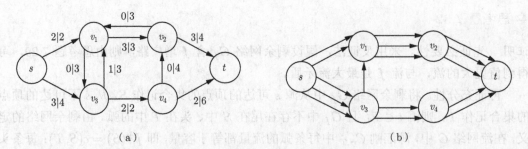

图 B.19　思考题 7.36证明的示意图

（a）流网络 G 的最大流；（b）有向图 H

第 8 章

✐ **思考题 8.7**

证明　最大边独立集饱和 $2 \cdot \alpha'(G)$ 个顶点，关联这些顶点至少需要 $\alpha'(G)$ 条边，即边覆盖数至少为 $\alpha'(G)$。

✐ **思考题 8.9**

证明　先证 $\alpha'(G) + \beta'(G) \leqslant \nu(G)$，即 $\beta'(G) \leqslant \nu(G) - \alpha'(G)$，只需证明存在由至多 $\nu(G) - \alpha'(G)$ 条边组成的边覆盖集。图 G 不含孤立点，因此，G 的每个顶点至少关联一条边。对于未被 G 的最大边独立集 I' 饱和的每个顶点，向 I' 中增加其关联的任意一条边，形成的边覆盖集的大小是

$$\alpha'(G) + (\nu(G) - 2 \cdot \alpha'(G)) = \nu(G) - \alpha'(G) \tag{B.21}$$

再证 $\alpha'(G) + \beta'(G) \geqslant \nu(G)$，即 $\alpha'(G) \geqslant \nu(G) - \beta'(G)$，只需证明存在由至少 $\nu(G) - \beta'(G)$ 条边组成的边独立集。由思考题 8.6，图 G 的最小边覆盖集 C' 的边导出子图 $G[C']$ 的每个连通分支 G_i 是完全二分图 K_{1,k_i}，因此，$G[C']$ 含 $\nu(G) - \beta'(G)$ 个连通分支，从每个连通分支中任取一条边形成的集合是边独立集。

✐ **思考题 8.10**

证明　由定理 8.2，$\alpha'(G) + \beta'(G) = \nu(G)$，因此，$\alpha'(G) = \beta'(G)$ 当且仅当 $\alpha'(G) = \dfrac{\nu(G)}{2}$，即图 G 有完美匹配。

✍ 思考题 8.12

证明　由思考题 8.11，极大边独立集是边支配集，因此，最大边独立集是边支配集，$\alpha'(G) \geqslant \gamma'(G)$。

✍ 思考题 8.13

证明　先证定理 8.4。

对于图 $G = \langle V, E \rangle$ 的任意一个最小边支配集 D'，若 D' 是边独立集，则由边支配集的定义，D' 是极大边独立集，得证。

若最小边支配集 D' 不是边独立集，则存在边 $(u, v) \in D'$ 和边 $(w, v) \in D'$ 相邻。采用构造法，只需证明顶点 w 关联一条边 (w, x) 满足 $x \neq v$ 且与集合 $D' \setminus \{(w, v)\}$ 中的每条边都不相邻，如图 B.20 所示，则集合 $(D' \setminus \{(w, v)\}) \cup \{(w, x)\}$ 也是一个最小边支配集且其中相邻的边的对数比 D' 更少。重复该过程，直至形成一个边独立集，由边支配集的定义，该边独立集是极大边独立集，得证。

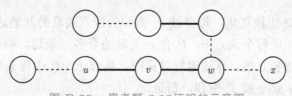

图 B.20　思考题 8.13证明的示意图

粗实线—最小边支配集 D'

为证明顶点 w 关联一条边 (w, x) 满足 $x \neq v$ 且与集合 $D' \setminus \{(w, v)\}$ 中的每条边都不相邻，先证 w 关联一条边 (w, x) 满足 $x \neq v$。采用反证法，假设边 (w, v) 是 w 关联的唯一一条边，则 $D' \setminus \{(w, v)\}$ 也是边支配集，与 D' 是最小边支配集矛盾。

再证顶点 w 关联一条边与集合 $D' \setminus \{(w, v)\}$ 中的每条边都不相邻。采用反证法，假设 w 关联的每条边都与 $D' \setminus \{(w, v)\}$ 中的某条边相邻，则 $D' \setminus \{(w, v)\}$ 也是边支配集，与 D' 是最小边支配集矛盾。

再证推论 8.2。

由定理 8.4，存在一个最小边支配集 D' 是极大边独立集，因此，边支配数是某个极大边独立集包含的边数。采用反证法，假设边支配数不是最小的极大边独立集包含的边数，则存在极大边独立集 I' 满足 $|I'| < |D'|$。由思考题 8.11，I' 是边支配集，与 D' 是最小边支配集矛盾。

⚖ 思考题 8.14

证明　先证集合 C' 是边覆盖集。对于被最大边独立集 I' 饱和的每个顶点 v，I' 含 v 关联的一条边，已向 C' 中增加该边；对于未被 I' 饱和的每个顶点 v，已向 C' 中增加 v 关联的一条边 e。因此，C' 是边覆盖集。

再证 C' 是最小边覆盖集。由定理 8.2，有

$$\begin{aligned}
|C'| &= |I'| + (\nu(G) - 2 \cdot |I'|) \\
&= \alpha'(G) + (\nu(G) - 2 \cdot \alpha'(G)) \\
&= \nu(G) - \alpha'(G) \\
&= \beta'(G)
\end{aligned} \tag{B.22}$$

⚖ 思考题 8.15

证明　先证集合 I' 是边独立集。每个被 I' 饱和的顶点关联的其他边不会再被增加到 I' 中，即对于顶点集 V 中每个顶点 v，I' 含 v 关联的至多一条边，得证。

再证 I' 是极大边独立集。算法运行结束时，集合 $E \setminus I'$ 中每条边 (u,v) 未被增加到 I' 中的原因是端点 u 或 v 被 I' 饱和，得证。

⚖ 思考题 8.16

证明　对于图 G 的任意一个最小的极大边独立集 I_m'，由推论 8.2，有

$$\gamma'(G) = |I_m'| \tag{B.23}$$

对于算法输出的极大边独立集 I'，

$$|I'| \leqslant 2 \cdot |I_m'| \tag{B.24}$$

采用反证法，假设 $|I'| > 2 \cdot |I_m'|$，而 I_m' 饱和 $2 \cdot |I_m'|$ 个顶点，则这些顶点关联至多 $2 \cdot |I_m'|$ 条两两不相邻的边，因此，I' 中至少一条边的两个端点都未被 I_m' 饱和，如图 B.21 所示，与 I_m' 的极大性矛盾。

由式 (B.23) 和式 (B.24)，有

$$|I'| \leqslant 2 \cdot \gamma'(G) \tag{B.25}$$

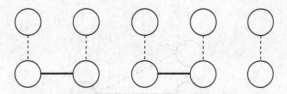

图 B.21　思考题 8.16证明的示意图

粗实线—最小的极大边独立集 I'_m　　虚线—算法输出的极大边独立集 I'

🕮 思考题 8.24

证明　由思考题 8.23，点独立集和点覆盖集互为补集，因此，最大点独立集和最小点覆盖集互为补集，$\alpha(G) + \beta(G) = \nu(G)$。

🕮 思考题 8.28

证明　由思考题 8.27，极大点独立集是点支配集，因此，最大点独立集是点支配集，$\alpha(G) \geqslant \gamma(G)$。

🕮 思考题 8.30

证明　由思考题 8.29，点覆盖集是点支配集，因此，最小点覆盖集是点支配集，$\beta(G) \geqslant \gamma(G)$。

🕮 思考题 8.31

证明　由边独立集的定义，最大边独立集 I' 中的边两两不相邻，至少需要 $|I'| = \alpha'(G)$ 个顶点才能关联 I' 中所有边，因此，$\beta(G) \geqslant \alpha'(G)$。

🕮 思考题 8.33

证明　由定理 8.11，只需证明 $\beta(G) \leqslant \alpha'(G)$。

对于二分图 $G = \langle X \cup Y, E \rangle$ 的任意一个最小点覆盖集 C，考虑点导出子图 $H = G[(C \cap X) \cup (Y \setminus C)]$ 和 $H' = G[(C \cap Y) \cup (X \setminus C)]$，如图 B.22 所示。

接下来分情况构造子图 H 的匹配 M。

若 $C \cap X \neq \varnothing$ 且 $Y \setminus C \neq \varnothing$，则子图 H 是二分图。对于任意一个顶点子集 $S \subseteq C \cap X$，其在 H 中所有邻点的集合记作 $N_H(S)$。S 中的顶点关联而集合 $C \cap Y$ 中的顶点不关联的所有边均关联 $N_H(S)$ 中的顶点，即集合 $(C \setminus S) \cup N_H(S)$ 也是点覆盖集且 $|(C \setminus S) \cup N_H(S)| \geqslant |C|$，因此，$|N_H(S)| \geqslant |S|$。由定理 5.5，$H$ 有饱和集合 $C \cap X$ 中所有顶点的匹配 M。

若 $C \cap X = \varnothing$，则 $C \subseteq Y$，令 $M = \varnothing$。

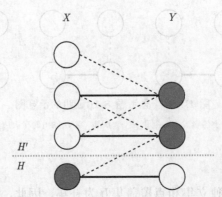

图 B.22   思考题 8.33证明的示意图

灰色顶点—最小点覆盖集 C 粗实线—匹配 M 和 M'

若 $C \cap X \neq \varnothing$ 且 $Y \setminus C = \varnothing$，则 $Y \subset C$，而顶点子集 Y 是 G 的点覆盖集，与 C 是最小点覆盖集矛盾，因此，该情况不存在。

同理，分情况构造子图 H' 的匹配 M'：若 $C \cap Y \neq \varnothing$ 且 $X \setminus C \neq \varnothing$，则 H' 有饱和集合 $C \cap Y$ 中所有顶点的匹配 M'；若 $C \cap Y = \varnothing$，则 $C \subseteq X$，令 $M' = \varnothing$。

对于匹配 M 和 M' 的所有情况的每种组合，集合 $M \cup M'$ 均为 G 的边独立集且 $|M \cup M'| = |C|$，因此，$\beta(G) \leqslant \alpha'(G)$。

✍ **思考题 8.34**

证明   由点独立集的定义，最大点独立集 I 中的顶点两两不相邻，至少需要 $|I| = \alpha(G)$ 条边才能关联 I 中所有顶点，因此，$\beta'(G) \geqslant \alpha(G)$。

✍ **思考题 8.36**

证明   由定理 8.2和定理 8.8，得 $\alpha'(G) + \beta'(G) = \alpha(G) + \beta(G)$。再由定理 8.12，得证。

✍ **思考题 8.37**

证明   从最小边覆盖集 C' 中每条边任取一个端点形成的集合 D 是点支配集，且 $|D| \leqslant |C'|$，因此，$\gamma(G) \leqslant \beta'(G)$。

✍ **思考题 8.38**

证明   从图 G 的任意一个最大边独立集 M 中的每条边按如下方式取一个端点形成的集合记作 D，如图 B.23 所示：若该端点有邻点未被 M 饱和，且这条边的另一个端点不存在这样的邻点，则取该端点；否则，任取一个端点。接下来只需证明 D 是点支配集。

图 B.23　思考题 8.38证明的示意图

粗实线—最大边独立集 M　　灰色顶点—点支配集 D

首先，所有被边独立集 M 饱和的顶点都在集合 D 中或与 D 中的顶点相邻。

其次，对于任意一个未被边独立集 M 饱和的顶点 v，由于图 G 不含孤立点，因此，v 有邻点 u，且 u 被 M 饱和，否则与 M 是最大边独立集矛盾。接下来证明 $u \in D$。采用反证法，假设 $u \notin D$，则由集合 D 的构造方法，存在边 $(u, w) \in M$ 且顶点 w 也有邻点 x 未被 M 饱和，则路 x, w, u, v 是 M 增广路，与 M 是最大边独立集矛盾。

✍ 思考题 8.40

证明　只需证明每轮 while 循环条件判定前，集合 I 是图 G 的点独立集，集合 V 中顶点不与 I 中顶点相邻。第 1 轮 while 循环条件判定前成立。接下来，若本轮 while 循环条件判定前成立，则本轮 while 循环将 V 中顶点 v 增加到 I 中，I 仍是点独立集；再从 G 中删除 v 及其所有邻点，V 中顶点仍不与 I 中顶点相邻。因此，下轮 while 循环条件判定前仍成立。

✍ 思考题 8.41

证明　算法每轮 while 循环从图 G 中删除至多 $\Delta(G) + 1$ 个顶点，对于算法输出的较大点独立集 I，$|I|$ 轮 while 循环共删除 $\nu(G) \leqslant (\Delta(G) + 1) \cdot |I|$ 个顶点，因此，

$$
\begin{aligned}
\frac{\alpha(G)}{|I|} &\leqslant \frac{\alpha(G)}{\dfrac{\nu(G)}{\Delta(G) + 1}} \\
&\leqslant \frac{\nu(G)}{\dfrac{\nu(G)}{\Delta(G) + 1}} \\
&= \Delta(G) + 1
\end{aligned}
\tag{B.26}
$$

✍ 思考题 8.43

证明　采用反证法，假设集合 C 不是点覆盖集，则存在一条边 $(u, v) \in E$ 的两个端点 u 和 v 都不在 C 中，根据算法，u 和 v 关联的所有边都不在极大边独立集 I' 中，集合 $I' \cup \{(u, v)\}$ 是边独立集，与 I' 是极大边独立集矛盾。

🔖 思考题 8.44

证明 对于算法输出的较小点覆盖集 C，由定理 8.11，有

$$
\begin{aligned}
\frac{|C|}{\beta(G)} &\leqslant \frac{|C|}{\alpha'(G)} \\
&= \frac{2 \cdot |I'|}{\alpha'(G)} \\
&\leqslant \frac{2 \cdot \alpha'(G)}{\alpha'(G)} \\
&= 2
\end{aligned}
\tag{B.27}
$$

🔖 思考题 8.46

证明 只需证明每轮 while 循环条件判定前，不在集合 D 中且不与 D 中任何顶点相邻的顶点都在集合 V 中。第 1 轮 while 循环条件判定前成立。接下来，若本轮 while 循环条件判定前成立，则本轮 while 循环将 V 中顶点 v 增加到 D 中，并从图 G 中删除 v 及其所有邻点，这些顶点或在 D 中（例如 v），或与 D 中顶点 v 相邻，因此，下轮 while 循环条件判定前仍成立。

第 9 章

🔖 思考题 9.5

证明 只需证明 $\chi'(G) \leqslant \Delta(G)$。采用数学归纳法，对 $\epsilon(G)$ 进行归纳。

当 $\epsilon(G) = 0$ 时，$\chi'(G) = \Delta(G) = 0$，成立。

假设 $\epsilon(G) = k$ 时成立，则 $\epsilon(G) = k+1$ 时，采用构造法，只需构造图 G 的正常 k' 边染色且 $k' \leqslant \Delta(G)$。对于 G 中任意一条边 (u,v)，由归纳假设，存在图 $G-(u,v)$ 的正常 $\chi'(G-(u,v))$ 边染色且 $\chi'(G-(u,v)) \leqslant \Delta(G-(u,v)) \leqslant \Delta(G)$。在 $G-(u,v)$ 中，$d(u), d(v) \leqslant \Delta(G)-1$，因此，存在色 $1 \leqslant i, j \leqslant \Delta(G)$，顶点 u 关联的边没有染过色 i，顶点 v 关联的边没有染过色 j。

若 $i = j$，则边 (u,v) 可染色 i，得到 G 的正常 k' 边染色且 $k' \leqslant \Delta(G)$，得证。

若不存在 $i = j$，即 $i \neq j$，则顶点 u 关联一条色为 j 的边。对于图 $G-(u,v)$ 中以 u 为起点、交替经过色为 j 和 i 的边的极长路线 P，如图 B.24（a）所示，证明其具有三条性质。第一，P 不重复经过除 u 外的其他顶点，因为这些顶点只能关联至多 2 条色为 j

或 i 的边。第二，P 不重复经过 u，因为 u 关联的边没有染过色 i 且 u 只能关联 1 条色为 j 的边。综上，P 是路。第三，P 不经过 v，否则，P 只能经过色为 i 的边到达 v，这条长度为偶数的 u-v 路与边 (u,v) 形成奇圈，如图 B.24（b）所示，与 G 是二分图矛盾。由 P 的极长性和上述分析可知 P 经过的所有顶点关联的所有色为 j 或 i 的边都被 P 经过，因此，将 P 经过的色为 j 的边的色改为 i、色为 i 的边的色改为 j，得到 $G-(u,v)$ 的另一个正常 $\chi'(G-(u,v))$ 边染色且 $\chi'(G-(u,v)) \leqslant \Delta(G)$，使 u 和 v 关联的边都没有染过色 j，则边 (u,v) 可染色 j，得到 G 的正常 k' 边染色且 $k' \leqslant \Delta(G)$，得证。

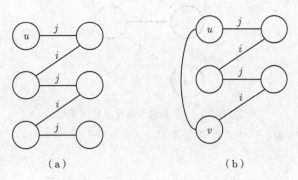

图 B.24　思考题 9.5 证明的示意图

（a）以顶点 u 为起点、交替经过色为 j 和 i 的边的极长路线 P；（b）长度为偶数的 u-v 路 P 与边 (u,v) 形成奇圈

📖 **思考题 9.7**

证明　图 $G-X'$ 是二分图且 $\Delta(G-X') = \Delta(G)$。由定理 9.1，有

$$\chi'(G-X') = \Delta(G-X')$$
$$= \Delta(G) \tag{B.28}$$

因此，$G-X'$ 的边集可划分为 $\Delta(G)$ 个两两不相交的匹配。在 $G-X'$ 中，顶点子集 $X \setminus X'$ 中每个顶点的度都是 $\Delta(G)$，因此，上述每个匹配都饱和 $X \setminus X'$ 中所有顶点，最大匹配也饱和 $X \setminus X'$ 中所有顶点。

📖 **思考题 9.8**

证明　对于长度为偶数的 u-v 路，顶点 u 和 v 或都在顶点子集 X 中，或都在顶点子集 Y 中，不失一般性，假设都在 X 中且该路经过的边 $e_1 \in M_1 \setminus M_2$ 关联 u 但不关联 v、经过的边 $e_2 \in M_2 \setminus M_1$ 关联 v 但不关联 u，如图 B.25 所示，则 u 在图 G 中满足 $d = \Delta(G)$。接下来证明 v 在 G 中不满足 $d = \Delta(G)$。采用反证法，假设满足，则匹配 M_1 也饱和 v，

而在边导出子图 $G[M']$ 中，v 不关联 M_1 中的边，因此，v 关联边 $e_3 \in M_1 \cap M_2$，即 v 关联 $e_2, e_3 \in M_2$，与 M_2 是匹配矛盾。

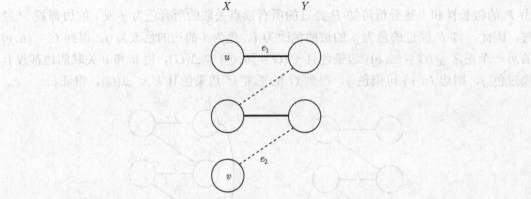

图 B.25　思考题 9.8证明的示意图

粗实线—饱和 X 中满足 $d = \Delta(G)$ 的所有顶点的匹配 M_1　　虚线—饱和 Y 中满足 $d = \Delta(G)$ 的所有顶点的匹配 M_2

思考题 9.9

证明　对于图 G 中度为偶数的顶点 v，其关联的边均分在子集 E_1 和 E_2 中，因此，在边导出子图 $G[E_1]$ 和 $G[E_2]$ 中都满足 $d(v) \leqslant \dfrac{\Delta(G)}{2}$。

　　对于图 G 中度为奇数的顶点 v，根据分治算法，若 v 满足 $d(v) = \Delta(G)$，则在计算欧拉划分前已从 G 中删除 v 关联的一条边，v 关联的边在 E_1 和 E_2 中共有至多 $\Delta(G) - 1$ 条；若 v 满足 $d(v) < \Delta(G)$，则 v 关联的边在 E_1 和 E_2 中也共有至多 $\Delta(G) - 1$ 条。综上，由于 v 关联的边在 E_1 和 E_2 中的数量相差至多 1，因此，v 在边导出子图 $G[E_1]$ 和 $G[E_2]$ 中都满足 $d(v) \leqslant \left\lceil \dfrac{\Delta(G) - 1}{2} \right\rceil \leqslant \dfrac{\Delta(G)}{2}$。

思考题 9.10

证明　将图 G 中度为奇数的顶点数量记作 $2 \cdot i$。

　　先证对于前 i 轮 while 循环，每轮 while 循环找出的非平凡迹 P 的起点和终点恰是图 G 中度为奇数的两个不同顶点，循环结束后 G 中度为奇数的顶点数量减少 2。由迹的极长性，每轮 while 循环找出的 P 的起点和终点的度为奇数，成立；从 G 中删除 P 经过的所有边后，P 的起点和终点的度变为偶数，其他顶点的度的奇偶性不变，G 中度为奇数的顶点数量减少 2，成立。

再证对于后续 while 循环，每轮 while 循环条件判定前图 G 中所有顶点的度都为偶数，循环找出的迹 P 是闭迹。对于第 $i+1$ 轮 while 循环，由上述证明，循环条件判定前 G 中度为奇数的顶点数量减少为 0，成立；由迹的极长性，循环找出的 P 是闭迹，成立。接下来，若本轮 while 循环成立，则从 G 中删除 P 经过的所有边后，G 中所有顶点的度的奇偶性不变，下轮 while 循环仍成立。

综上，集合 $\mathcal{P}$ 中的迹经过的边的集合满足欧拉划分的性质。

思考题 9.11

证明　采用数学归纳法，对 $\Delta(G)$ 进行归纳。

当 $\Delta(G) = 1$ 时，边集 E 是一个匹配，E 中所有边染 1 号色，函数 ec 是图 G 的正常 $\Delta(G)$ 边染色，成立。

假设 $\Delta(G) \leqslant i$ 时成立，则 $\Delta(G) = i+1$ 时，若 $\Delta(G)$ 是偶数，则 $E = E_1 \cup E_2$，$\Delta(G[E_1]) = \Delta(G[E_2]) = \dfrac{\Delta(G)}{2}$，由归纳假设，对边导出子图 $G[E_1]$ 和 $G[E_2]$ 的递归调用分别构造 $G[E_1]$ 和 $G[E_2]$ 的正常 $\dfrac{\Delta(G)}{2}$ 边染色，ec 是 G 的正常 $2 \cdot \dfrac{\Delta(G)}{2} = \Delta(G)$ 边染色，成立。若 $\Delta(G)$ 是奇数，则 $E = M \cup E_1 \cup E_2$，匹配 M 中所有边染 1 种色，$\Delta(G[E_1]) = \Delta(G[E_2]) = \dfrac{\Delta(G)-1}{2}$，由归纳假设，对 $G[E_1]$ 和 $G[E_2]$ 的递归调用分别构造 $G[E_1]$ 和 $G[E_2]$ 的正常 $\dfrac{\Delta(G)-1}{2}$ 边染色，ec 是 G 的正常 $1 + 2 \cdot \dfrac{\Delta(G)-1}{2} = \Delta(G)$ 边染色，成立。

思考题 9.13

证明　由 u 扇的定义，对于所有 $1 \leqslant i \leqslant l$，顶点 v_{i-1} 关联的边在旋转前没有染过边 (u, v_i) 的色，旋转后其关联的边染过的色仍都不同。

对于顶点 v_l，旋转后其关联的边仅边 (u, v_l) 的染色被取消，染过的色仍都不同。

对于顶点 u，旋转后其关联的边染过的色的序列不变，仍都不同。

旋转不影响其他顶点关联的边，染过的色仍都不同。

思考题 9.14

证明　采用反证法，假设顶点 v_k 不在该极大 u 扇中，而顶点 v_l 关联的边没有染过边 (u, v_k) 的色 c_l，则 $v_0, v_1, \cdots, v_l, v_k$ 也是 u 扇，与 u 扇 $v_0, v_1, \cdots, v_l$ 的极大性矛盾。

✍ 思考题 9.15

证明　对于路 P 的起点和终点，其关联的色为 c_l 或 c_u 的边只有一条，翻转后其关联的边染过的色仍都不同。

对于路 P 的内顶点，其关联的色为 c_l 和 c_u 的边各一条，翻转后其关联的边染过的色仍都不同。

翻转不影响其他顶点关联的边，染过的色仍都不同。

✍ 思考题 9.16

证明　对于所有 $0 \leqslant i \leqslant k-1$，由于顶点 u 关联的边没有染过色 c_u，因此，边 (u, v_i) 的色不是 c_u；由于 u 已关联色为 c_l 的边 (u, v_k)，因此，(u, v_i) 的色不是 c_l。综上，翻转不改变 (u, v_i) 的色。

对于所有 $1 \leqslant i \leqslant k-1$，翻转前，顶点 v_{i-1} 关联的边没有染过边 (u, v_i) 的色，而 (u, v_i) 的色在翻转后不变且不为 c_u 或 c_l，因此，翻转后，v_{i-1} 关联的边仍没有染过 (u, v_i) 的色，得证。

✍ 思考题 9.18

证明　只需证明路 P 不经过顶点 v_l。采用反证法，假设 P 经过 v_l，而 v_l 关联的边没有染过色 c_l，则 v_l 是 P 的终点且关联一条色为 c_u 的边，与顶点 v_{k-1} 是终点矛盾。

✍ 思考题 9.19

证明　对于所有 $0 \leqslant i \leqslant l$ 且 $i \neq k$，由于顶点 u 关联的边没有染过色 c_u，因此，边 (u, v_i) 的色不是 c_u；由于 u 已关联色为 c_l 的边 (u, v_k)，因此，(u, v_i) 的色不是 c_l。综上，翻转不改变 (u, v_i) 的色。

对于所有 $1 \leqslant i \leqslant l$ 且 $i \neq k$，翻转前，顶点 v_{i-1} 关联的边没有染过边 (u, v_i) 的色，而 (u, v_i) 的色在翻转后不变且不为 c_u 或 c_l，因此，翻转后，v_{i-1} 关联的边仍没有染过边 (u, v_i) 的色。

对于顶点 v_{k-1}，翻转前，v_{k-1} 关联一条色为 c_u 的边，且关联的边没有染过色 c_l，因此，翻转后，v_{k-1} 关联的边没有染过边 (u, v_k) 的色 c_u。

综上，得证。

🔖 思考题 9.20

证明　只需证明每轮 while 循环条件判定前，所有相邻的已染过的边的色都不同，且色的数量不超过 $\Delta+1$。第 1 轮 while 循环条件判定前成立。接下来，若本轮 while 循环条件判定前成立，则由思考题 9.13 和思考题 9.15，本轮 while 循环旋转和翻转后，所有相邻的已染过的边的色仍都不同；由思考题 9.16、思考题 9.18、思考题 9.19 及相关描述，旋转 u 扇 $v_0, v_1, \cdots, v_w$ 并对边 (u, v_w) 染色 c_l 后，仍成立。因此，下轮 while 循环条件判定前仍成立。

🔖 思考题 9.28

证明　对于图 $G = \langle V, E \rangle$，若 $\Delta(G) \leqslant 1$，则 G 是完全图，不符合题设。

若 $\Delta(G) = 2$，则由于图 G 非恰由一个奇圈组成，因此，G 恰由一个偶圈或一条路组成，$\chi(G) = 2$，成立。

若 $\Delta(G) \geqslant 3$，则只需证明顶点集 V 中所有顶点存在一种序满足在每个顶点之前有至多 $\Delta(G) - 1$ 个邻点，因此，可按该序对每个顶点染与所有相邻的已染过的顶点的色都不同的最小号色，得到图 G 的正常 k 点染色且 $k \leqslant \Delta(G)$。

接下来分情况证明。

若图 G 非 $\Delta(G)$ 正则图，则存在顶点 $v \in V$ 满足 $d(v) < \Delta(G)$，如图 B.26（a）所示。由于 G 是连通图，因此，从 v 出发运行 2.3.2 节介绍的 BFS 算法可访问顶点集 V 中的所有顶点，对于该访问顺序的逆序：v 之前有 $d(v) < \Delta(G)$ 个邻点；集合 $V \setminus \{v\}$ 中每个顶点之后有至少一个邻点，之前有至多 $\Delta(G) - 1$ 个邻点。得证。

若图 G 是 $\Delta(G)$ 正则图且有割点 v，则对于图 $G - v$ 的每个连通分支 $G_i = \langle V_i, E_i \rangle$，点导出子图 $G[V_i \cup \{v\}]$ 非 $\Delta(G)$ 正则图，如图 B.26（b）所示。可如上构造 $G[V_i \cup \{v\}]$ 的正常 k_i 点染色 vc_i 且 $k_i \leqslant \Delta(G)$，若 v 的色 $vc_i(v)$ 不为 1 号色，则互换色为 $vc_i(v)$ 和 1 号色的顶点的色，使 $vc_i(v)$ 为 1 号色。所有 vc_i 的并形成 G 的正常 k 点染色且 $k \leqslant \Delta(G)$。

若图 G 是 $\Delta(G)$ 正则图且无割点，则若存在顶点 $v \in V$ 满足 v 有两个邻点 u 和 w 不相邻且图 $G - \{u, w\}$ 连通，则从 v 出发运行 BFS 算法可访问 $G - \{u, w\}$ 中所有顶点，对于该访问顺序的逆序，向序列最前端增加 u 和 w：v 之前有 $\Delta(G)$ 个邻点，但 u 和 w 可染相同的色；集合 $V \setminus \{v\}$ 中每个顶点之后至少有一个邻点，之前至多有 $\Delta(G) - 1$ 个邻点。

接下来只需证明上述顶点 v, u, w 的存在性。由于 $\Delta(G) \geqslant 3$，因此，$\nu(G) \geqslant 4$，无割点的图 G 是 2 连通图。任取一个顶点 $x \in V$，图 $G - x$ 连通。接下来分情况证明。

若 $\kappa(G-x) \geqslant 2$，则取 x 为顶点 u。连通图 G 非完全图且是正则图，因此，G 中每个顶点都与其他至少一个顶点不相邻且距离为 2，取与 u 不相邻且距离为 2 的顶点为顶点 w。取 u 和 w 的公共邻点为顶点 v。由于 $\kappa(G-u) \geqslant 2$，因此，图 $G-\{u,w\}$ 连通，得证。

若 $\kappa(G-x) = 1$，则取 x 为顶点 v。图 $G-v$ 的块-割点图有至少 2 个叶顶点表示 $G-v$ 的 2 个块 G_i 和 G_j，如图 B.26（c）所示。由于图 G 无割点，因此，G_i 和 G_j 分别含 v 的邻点且非 $G-v$ 的割点，取这两个邻点为顶点 u 和 w，u 和 w 不相邻且图 $G-\{v,u,w\}$ 连通。由于 G 是 $\Delta(G)$ 正则图且 $\Delta(G) \geqslant 3$，因此，$G-\{v,u,w\}$ 含 v 的邻点，图 $G-\{u,w\}$ 连通，得证。

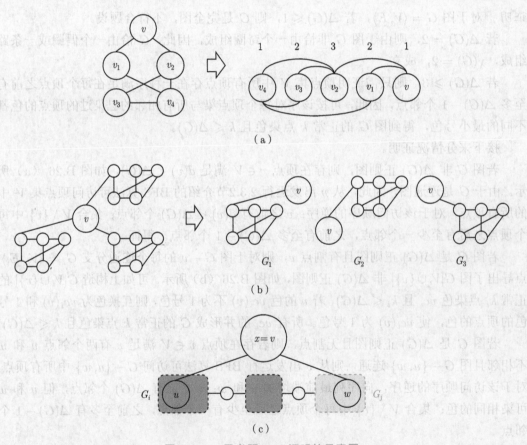

图 B.26　思考题 9.28证明的示意图
(a) 非 $\Delta(G)$ 正则图；(b) $\Delta(G)$ 正则图且有割点；(c) $\Delta(G)$ 正则图且无割点，$\kappa(G-x)=1$
虚线—块

🔖 **思考题 9.32**

证明 第 1 轮 foreach 循环条件判定前成立。接下来，若本轮 foreach 循环条件判定前成立，则本轮 foreach 循环中，$|C| < \Delta + 1$，因此，存在满足 $c \notin C$ 的色 $1 \leqslant c \leqslant \Delta(G) + 1$，使顶点 v 与其所有相邻的已染过的顶点的色都不同，下轮 foreach 循环条件判定前仍成立。

第 10 章

🔖 **思考题 10.10**

证明 先证定理 10.1。采用数学归纳法，对 $\nu(G)$ 进行归纳。

当 $\nu(G) = 1$ 时，图 G 的每条边均为自环，每条自环映射到平面上将一个极大相连区域分隔为两个，如图 B.27 所示，因此，$\phi(H) = \epsilon(G) + 1$，$\nu(G) - \epsilon(G) + \phi(H) = 2$ 成立。

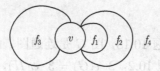

图 B.27　思考题 10.10证明的示意图

假设 $\nu(G) = k$ 时，$\nu(G) - \epsilon(G) + \phi(H) = 2$ 成立，则 $\nu(G) = k+1$ 时，对图 G 的任意一条非自环边 (u, v) **收缩**（contraction），即删除 (u, v)，再将顶点 u 和 v 合并为一个新顶点并关联原来 u 和 v 关联的边，如图 B.28 所示。收缩后，G 的阶和边数减少 1，平面图 H 的面的数量不变，由归纳假设，收缩前 $\nu(G) - \epsilon(G) + \phi(H) = 2$ 成立。

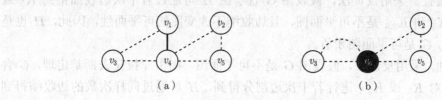

图 B.28　边的收缩
（a）收缩前；（b）收缩后
粗实线—被收缩的边　黑色顶点—新顶点

再证推论 10.1。由定理 10.1，图 G 的每个连通分支 G_i 的平面图 H_i 满足 $\nu(G_i) - \epsilon(G_i) + \phi(H_i) = 2$，因此，考虑重复计数的外部面，

$$w \cdot 2 = \sum_{i=1}^{w} \nu(G_i) - \epsilon(G_i) + \phi(H_i)$$

$$= \sum_{i=1}^{w} \nu(G_i) - \sum_{i=1}^{w} \epsilon(G_i) + \sum_{i=1}^{w} \phi(H_i) \tag{B.29}$$

$$= \nu(G) - \epsilon(G) + (\phi(H) + (w-1))$$

即 $\nu(G) - \epsilon(G) + \phi(H) = w + 1$。

✎ 思考题 10.16

证明 由思考题 10.11，图 G 的每条割边只在一个面的边界中，在计算该面的长度时计两次；每条非割边在两个面的边界中，在计算这两个面的长度时各计一次，得证。

✎ 思考题 10.21

证明 先证定理 10.3。由思考题 10.18，图 G 是连通图。由思考题 10.20，G 的平面图 H 的每个面的长度均为 3，由定理 10.2，$2 \cdot \epsilon(G) = 3 \cdot \phi(H)$，即 $\phi(H) = \frac{2}{3} \cdot \epsilon(G)$，代入连通图的欧拉公式可得 $\epsilon(G) = 3n - 6$。

再证推论 10.2。采用反证法，假设存在阶为 $n\,(n \geqslant 3)$ 的简单可平面图 G 满足 $\epsilon(G) > 3n - 6$，则向 G 中增加边直至 G 成为极大可平面图，与定理 10.3 矛盾。

✎ 思考题 10.22

证明 先证必要性。采用反证法，假设图 G 含子图 H 可通过若干次边收缩得到 K_5 或 $K_{3,3}$，则由于 K_5 和 $K_{3,3}$ 是不可平面图，且边收缩不改变图的可平面性，因此，H 也是不可平面图，与 G 是可平面图矛盾。

再证充分性。采用反证法，假设图 G 是不可平面图，则由库拉托夫斯基定理，G 含子图 H 可通过对 K_5 或 $K_{3,3}$ 进行若干次边剖分得到，H 可通过同样次数的边收缩得到 K_5 或 $K_{3,3}$，与 G 不含这样的子图矛盾。

✎ 思考题 10.27

证明 采用反证法。

假设 H 片段 B 没有固定点，则图 G 不连通，与 G 是 2 连通图矛盾。

假设 B 只有 1 个固定点，则该顶点为图 G 的割点，与 G 是 2 连通图矛盾。

🕮 **思考题 10.29**

证明 第 1 轮 while 循环条件判定前成立。接下来，若本轮 while 循环条件判定前成立，图 G 的子图 H 的平面图可以扩展为 G 的平面图 H_1，则对于本轮 while 循环选择的 H 片段 B：若 $|B.F| = 1$，则本轮 while 循环将路 P 映射到的面与 H_1 中 P 映射到的面一致，因此，下轮 while 循环条件判定前，H 的平面图仍可以扩展为 H_1；若 $|B.F| > 1$，且本轮 while 循环将 P 映射到的面 f 与 H_1 中 P 映射到的面 f' 不一致，则 f 和 f' 的边界都含 B 的所有固定点，因此，下轮 while 循环条件判定前，虽然 H 的平面图不可以扩展为 H_1，但可以扩展为 G 的另一个平面图 H_2，其与 H_1 的区别仅在于映射到 f 和 f' 内的 H 片段关于 f 和 f' 的公共边界对称，如图 B.29 所示。

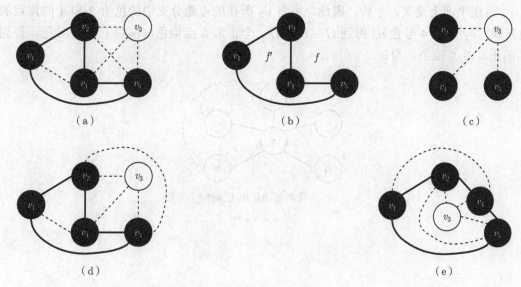

图 B.29   思考题 10.29证明的示意图

(a) 图 G 和子图 H；(b) H 的平面图；(c) H 片段 B；(d) G 的平面图 H_1；(e) G 的平面图 H_2

黑色顶点—子图 H 的顶点   粗实线—子图 H 的边

🕮 **思考题 10.39**

证明 采用数学归纳法，对 $\nu(G)$ 进行归纳。

当 $\nu(G) \leqslant 5$ 时，$\chi(G) \leqslant 5$ 成立。

假设 $\nu(G) = k$ 时成立，则 $\nu(G) = k+1$ 时，由练习 10.3，图 G 中存在顶点 v 满足 $d(v) \leqslant 5$，由归纳假设，$\chi(G-v) \leqslant 5$。接下来将图 $G-v$ 的正常 $\chi(G-v)$ 点染色扩展为 G 的正常 k' 点染色且 $k' \leqslant 5$。

若 $d(v) \leqslant 4$，或 $d(v) = 5$ 且顶点 v 有邻点的色相同，则对 v 染 1 到 5 号色间与 v 的所有邻点的色都不同的色，得到图 G 的正常 k' 点染色且 $k' \leqslant 5$，得证。

若 $d(v) = 5$ 且顶点 v 的所有邻点的色互不相同，则不失一般性，假设图 G 的平面图如图 B.30 所示，v 的邻点 v_1, v_2, v_3, v_4, v_5 的色分别为 $1, 2, 3, 4, 5$。将图 $G - v$ 中色为 1 或 3 的顶点子集记作 $V_{1,3}$，将 $V_{1,3}$ 的点导出子图记作 $G_{1,3}$。若 v_1 和 v_3 在 $G_{1,3}$ 的不同连通分支中，则将 v_1 所在的连通分支中的色为 1 和 3 的顶点的色互换（v_1 变为 3 号色），得到 $G - v$ 的另一个正常 5 点染色，再对 v 染 1 号色，得到 G 的正常 5 点染色，得证。若 v_1 和 v_3 在 $G_{1,3}$ 的同一个连通分支中，则 $G - v$ 中存在一条 v_1-v_3 路，映射到平面上如图 B.30 所示。将 $G - v$ 中色为 2 或 4 的顶点子集记作 $V_{2,4}$，将 $V_{2,4}$ 的点导出子图记作 $G_{2,4}$，v_2 和 v_4 在 $G_{2,4}$ 的不同连通分支中；否则，$G - v$ 中存在一条 v_2-v_4 路，与上述 v_1-v_3 路在平面上交叉，矛盾。因此，可将 v_2 所在的连通分支中的色为 2 和 4 的顶点的色互换（v_2 变为 4 号色），得到 $G - v$ 的另一个正常 5 点染色，再对 v 染 2 号色，得到 G 的正常 5 点染色，得证。

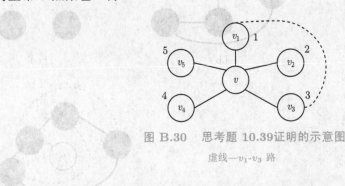

图 B.30　思考题 10.39 证明的示意图

虚线——v_1-v_3 路

术语小结

Δ-TSP

埃德蒙兹-约翰逊算法 Edmonds-Johnson algorithm

BFS 树 BFS tree
BFS 算法 BFS algorithm
半径 radius
饱和 saturated
贝尔曼-福特算法 Bellman-Ford algorithm
贝尔热定理 Berge's theorem
彼得森图 Petersen graph
闭迹 closed trail
闭路线 closed walk
边 edge
边导出子图 edge-induced subgraph
边独立集 edge independent set
边独立数 edge independence number
边覆盖集 edge cover
边覆盖数 edge covering number
边割集 edge cut
边界 boundary
边连通度 edge connectivity
边色数 edge chromatic number
边数 size
边缘点 peripheral vertex
边支配集 edge dominating set
边支配数 edge domination number
并 union
补图 complement
不交并 disjoint union
不可避免集 unavoidable set
不可近似性 inapproximability
不可平面图 non-planar graph
不连通 disconnected

不连通图 disconnected graph
布鲁克斯定理 Brooks' theorem

长度 length
超汇 super-sink
超源 super-source
重边 multiple edges
重弧 multiple arcs
出度 outdegree
出度序列 outdegree sequence
出弧 outgoing arc
出邻点 out-neighbor

DFS 树 DFS tree
DFS 算法 DFS algorithm
DMP 算法 Demoucron-Malgrange-Pertuiset algo-
    rithm
迪杰斯特拉算法 Dijkstra's algorithm
代数图论 algebraic graph theory
单位路径流 unit path flow
单向搜索 unidirectional search
单源单汇流网络 single-source single-sink flow net-
    work
导出子图 induced subgraph
底图 underlying graph
第二类图 class 2 graph
第一类图 class 1 graph
点导出子图 vertex-induced subgraph
点独立集 vertex independent set
点独立数 vertex independence number
点覆盖集 vertex cover
点覆盖数 vertex covering number
点割集 vertex cut
点连通度 vertex connectivity

209

点色数 vertex chromatic number

点支配集 vertex dominating set

点支配数 vertex domination number

顶点 vertex

定向 orientation

独立集 independent set

独立数 independence number

度 degree

度量 metric

度量旅行商问题 metric traveling salesperson problem

度序列 degree sequence

端点 endpoint

对偶图 dual graph

多重集 multiset

多项式时间 polynomial-time

多源多汇流网络 multi-source multi-sink flow network

二分图 bipartite graph

翻转 invert

反向弧 inverse arc

非确定性多项式时间 nondeterministic polynomial-time

分离集 separating set

弗勒里算法 Fleury's algorithm

弗洛伊德-沃舍尔算法 Floyd-Warshall algorithm

福特-法尔克森算法 Ford-Fulkerson algorithm

父顶点 parent

覆盖集 cover

覆盖数 covering number

赋权长度 weighted length

赋权函数 weight function

赋权图 weighted graph

割边 cut edge

割点 cut vertex

根顶点 root

孤立点 isolated vertex

固定点 vertex of attachment

关节点 articulation point

关联 incident

关联矩阵 incidence matrix

哈密尔顿路 Hamiltonian path

哈密尔顿圈 Hamiltonian cycle

哈密尔顿图 Hamiltonian graph

和 sum

后代顶点 descendant

后向边 back edge

弧 arc

弧数 size

花 blossom

花梗 stem

花算法 blossom algorithm

花托 base

画法 drawing

回路 circuit、tour

汇 sink

霍尔定理 Hall's theorem

霍普克罗夫特-卡普算法 Hopcroft-Karp algorithm

奇圈 odd cycle

极大边独立集 maximal edge independent set

极大点独立集 maximal vertex independent set

极大可平面图 maximal planar graph

极大匹配 maximal matching

集合覆盖问题 set cover problem

极小边覆盖集 minimal edge cover

极小边割集 minimal edge cut

极小边支配集 minimal edge dominating set

极小点覆盖集 minimal vertex cover

极小点割集 minimal vertex cut

极小点支配集 minimal vertex dominating set

迹 trail

简单图 simple graph

简单有向图 simple directed graph

交 intersection

交错路 alternating path

阶 order

结点 node

近似比 approximation ratio

近似算法 approximation algorithm

距离 distance

k 边连通图 k-edge-connected graph

k 边染色 k-edge-coloring

k 边色可染 k-edge-colorable

k 点连通图 k-vertex-connected graph

k 点染色 k-vertex-coloring

k 点色可染 k-vertex-colorable

k 连通图 k-connected graph

k 面染色 k-face-coloring

k 面色可染 k-face-colorable

k 染色 k-coloring

k 色可染 k-colorable

k 色图 k-chromatic graph

柯尼斯堡七桥问题 Seven Bridges of Königsberg

柯尼希-艾盖尔瓦里定理 König-Egerváry theorem

可达 reachable

可平面图 planar graph

可行流 feasible flow

可约构形 reducible configuration

可增量 tolerance

克拉斯克尔算法 Kruskal's algorithm

克里斯托菲德斯-谢尔久科夫算法 Christofides-
        Serdyukov algorithm

空图 empty graph

库拉托夫斯基定理 Kuratowski's theorem

块 block

块-割点图 block-cut graph

宽度优先搜索算法 breadth-first search algorithm

L 归约 L-reduction

离心率 eccentricity

联 join

连通 connected

连通度 connectivity

连通分支 connected component

连通图 connected graph

邻点 neighbor

邻接表 adjacency list

邻接矩阵 adjacency matrix

零流 zero flow

零图 null graph

流 flow

流量 flow

流网络 flow network

路 path

路径 path

路线 walk

罗宾斯定理 Robbins' theorem

旅行商问题 traveling salesperson problem

曼哈顿距离 Manhattan distance

门格尔定理 Menger's theorem

米什拉-格赖斯算法 Misra-Gries algorithm

面 face

面色数 face chromatic number

面数 number of faces

NP

NPC

NP 难 NP-hard

NP 完全 NP-complete

内部面 inner face

内顶点 internal vertex

浓缩 condensation

欧几里得距离 Euclidean distance

欧拉公式 Euler's formula

欧拉划分 Euler partition

欧拉回路 Eulerian circuit

欧拉迹 Eulerian trail

欧拉图 Eulerian graph

偶圈 even cycle

P
匹配 matching
片段 fragment
平凡连通分支 trivial connected component
平凡路线 trivial walk
平凡图 trivial graph
平面嵌入 planar embedding
平面图 plane graph
平行边 parallel edges
平行弧 parallel arcs
剖分 subdivision
普里姆算法 Prim's algorithm

起点 starting vertex
强连通 strongly connected
强连通分支 strongly connected component
强连通图 strongly connected graph
桥 bridge
圈 cycle
权 weight

容量 capacity
容量函数 capacity function
容量约束 capacity constraint
入度 indegree
入度序列 indegree sequence
入弧 incoming arc
入邻点 in-neighbor
弱连通 weakly connected
弱连通分支 weakly connected component
弱连通图 weakly connected graph

色 color
色数 chromatic number
森林 forest
删除 delete
扇 fan
深度优先搜索算法 depth-first search algorithm

生成树 spanning tree
生成子图 spanning subgraph
剩余容量 residual capacity
剩余网络 residual network
收缩 contraction
守恒约束 conservation constraint
树 tree
树边 tree edge
双向搜索 bidirectional search
四色定理 four color theorem

TSP
塔尔真强连通分支算法 Tarjan's strongly connected components algorithm
塔特定理 Tutte's theorem
同构 isomorphic, isomorphism
头 head
图 graph
团 clique

瓦格纳定理 Wagner's theorem
外部面 outer face
完美匹配 perfect matching
完全二分图 complete bipartite graph
完全图 complete graph
完全有向图 complete directed graph
网络 network
围长 girth
维辛定理 Vizing's theorem
尾 tail
无限面 unbounded face
五色定理 five color theorem

希尔霍尔策算法 Hierholzer's algorithm
相邻 adjacent
匈牙利算法 Hungarian algorithm
旋转 rotate

叶顶点 leaf
已匹配 matched

邮递路线 post walk

有限面 bounded face

有向边 directed edge

有向闭迹 directed closed trail

有向闭路线 directed closed walk

有向回路 directed circuit、directed tour

有向迹 directed trail

有向路 directed path

有向路径 directed path

有向路线 directed walk

有向圈 directed cycle

有向图 directed graph

有向踪迹 directed trail

源 source

源汇割 source-sink cut

增广路 augmenting path

真子图 proper subgraph

整数流 integer flow

正常 k 边染色 proper k-edge-coloring

正常 k 点染色 proper k-vertex-coloring

正常 k 面染色 proper k-face-coloring

正常 k 染色 proper k-coloring

正则图 regular graph

支配集 dominating set

支配数 domination number

值 value

直径 diameter

终点 ending vertex

中国邮递员问题 Chinese postman problem

中心 center

中心点 central vertex

周长 circumference

子顶点 child

子图 subgraph

自补图 self-complementary graph

自环 loop

自同构 automorphism

踪迹 trail

最大边独立集 maximum edge independent set

最大出度 maximum outdegree

最大点独立集 maximum vertex independent set

最大度 maximum degree

最大流 maximum flow

最大流最小割定理 max-flow min-cut theorem

最大匹配 maximum matching

最大入度 maximum indegree

最大团 maximum clique

最短路 shortest path

最短有向路 shortest directed path

最近邻点算法 nearest neighbor algorithm

最小边覆盖集 minimum edge cover

最小边割集 minimum edge cut

最小边支配集 minimum edge dominating set

最小出度 minimum outdegree

最小点覆盖集 minimum vertex cover

最小点割集 minimum vertex cut

最小点支配集 minimum vertex dominating set

最小度 minimum degree

最小权完美匹配 minimum-weight perfect matching

最小入度 minimum indegree

最小生成树 minimum spanning tree

最优邮递路线 optimum post walk

祖先顶点 ancestor

参 考 文 献

[1] Euler L. Solutio Problematis ad Geometriam Situs Pertinentis[J]. Commentarii Academiae Scientiarum Imperialis Petropolitanae, 1736, 8: 128-140.

[2] Grohe M, Schweitzer P. The Graph Isomorphism Problem[J]. Communications of the ACM, 2020, 63(11): 128-134.

[3] Hopcroft J, Tarjan R. Efficient Algorithms for Graph Manipulation [H] (Algorithm 447)[J]. Communications of the ACM, 1973, 16(6): 372-378.

[4] König D. Theorie der Endlichen und Unendlichen Graphen[M]. Leipzig: Akademische Verlagsgesellschaft, 1936.

[5] Fleury. Deux Problèmes de Géométrie de Situation[J]. Journal de Mathématiques Élémentaires, Série 2, 1883, 2: 257-261.

[6] Hierholzer C, Wiener C. Ueber die Möglichkeit, einen Linienzug ohne Wiederholung und ohne Unterbrechung zu umfahren[J]. Mathematische Annalen, 1873, 6(1): 30-32.

[7] Ore O. Note on Hamilton Circuits[J]. The American Mathematical Monthly, 1960, 67(1): 55.

[8] Dirac G. Some Theorems on Abstract Graphs[J]. Proceedings of the London Mathematical Society, 1952, s3-2(1): 69-81.

[9] Gould R. Updating the Hamiltonian Problem - A Survey[J]. Journal of Graph Theory, 1991, 15(2): 121-157.

[10] Gould R. Advances on the Hamiltonian Problem - A Survey[J]. Graphs and Combinatorics, 2003, 19(1): 7-52.

[11] Gould R. Recent Advances on the Hamiltonian Problem: Survey III[J]. Graphs and Combinatorics, 2014, 30(1): 1-46.

[12] Karp R. Reducibility among Combinatorial Problems[C]//Miller R, Thatcher J, Bohlinger J. Proceedings of a Symposium on the Complexity of Computer Computations. New York: Springer, 1972, 85-103.

[13] Whitney H. Congruent Graphs and the Connectivity of Graphs[J]. American Journal of Mathematics, 1932, 54(1): 150-168.

[14] Menger K. Zur allgemeinen Kurventheorie[J]. Fundamenta Mathematicae, 1927, 10(1): 96-115.

[15] Berge C. Two Theorems in Graph Theory[J]. Proceedings of the National Academy of Sciences, 1957, 43(9): 842-844.

[16] Kuhn H. The Hungarian Method for the Assignment Problem[J]. Naval Research Logistics, 1955, 2(1-2): 83-97.

[17] Hopcroft J, Karp R. An $n^{5/2}$ Algorithm for Maximum Matchings in Bipartite Graphs[J]. SIAM Journal on Computing, 1973, 2(4): 225-231.

[18] Edmonds J. Paths, Trees, and Flowers[J]. Canadian Journal of Mathematics, 1965, 17: 449-467.

[19] Ahuja R, Magnanti T, Orlin J. Network Flows: Theory, Algorithms, and Applications[M]. Upper Saddle River: Prentice Hall, 1993.

[20] Hall P. On Representatives of Subsets[J]. Journal of the London Mathematical Society, 1935, s1-10(1): 26-30.

[21] Tutte W. The Factorization of Linear Graphs[J]. Journal of the London Mathematical Society, 1947, s1-22(2): 107-111.

[22] Dijkstra E. A Note on Two Problems in Connexion with Graphs[J]. Numerische Mathematik, 1959, 1: 269-271.

[23] Bellman R. On a Routing Problem[J]. Quarterly of Applied Mathematics, 1958, 16(1): 87-90.

[24] Ford L Jr. Network Flow Theory[M]. Santa Monica: RAND Corporation, 1956.

[25] Floyd R. Algorithm 97: Shortest Path[J]. Communications of the ACM, 1962, 5(6): 345.

[26] Warshall S. A Theorem on Boolean Matrices[J]. Journal of the ACM, 1962, 9(1): 11-12.

[27] Jarník V. O Jistém Problému Minimálním. (Z Dopisu Panu O. Borůvkovi)[J]. Práce Moravské Přírodovědecké Společnosti, 1930, 6(4): 57-63.

[28] Prim R. Shortest Connection Networks and Some Generalizations[J]. The Bell System Technical Journal, 1957, 36(6): 1389-1401.

[29] Kruskal J. On the Shortest Spanning Subtree of a Graph and the Traveling Salesman Problem[J]. Proceedings of the American Mathematical Society, 1956, 7: 48-50.

[30] 管梅谷. 奇偶点图上作业法 [J]. 数学学报, 1960, 10(3): 263-266.

[31] Edmonds J, Johnson E. Matching, Euler Tours and the Chinese Postman[J]. Mathematical Programming, 1973, 5(1): 88-124.

[32] Edmonds J. Maximum Matching and a Polyhedron With 0,1-Vertices[J]. Journal of Research of the National Bureau of Standard, Section B, 1965, 69B(1-2): 125-130.

[33] Gabow H. Data Structures for Weighted Matching and Nearest Common Ancestors with Linking[C]//Johnson D. Proceedings of the 1st Annual ACM-SIAM Symposium on Discrete Algorithms (SODA). New York: ACM, 1990, 434-443.

[34] Cook W, Rohe A. Computing Minimum-Weight Perfect Matchings[J]. INFORMS Journal on Computing, 1999, 11(2): 138-148.

[35] Kolmogorov V. Blossom V: A New Implementation of a Minimum Cost Perfect Matching Algorithm[J]. Mathematical Programming Computation, 2009, 1(1): 43-67.

[36] Cook W. In Pursuit of the Traveling Salesman: Mathematics at the Limits of Computation[M]. Princeton and Oxford: Princeton University Press, 2012.

[37] Rosenkrantz D, Stearns R, Lewis P II. Approximate Algorithms for the Traveling Salesperson Problem[C]//Proceedings of the 15th Annual Symposium on Switching and Automata Theory (SWAT). New York: IEEE, 1974, 33-42.

[38] Christofides N. Worst-Case Analysis of a New Heuristic for the Travelling Salesman Problem[R]. Pittsburgh: Graduate School of Industrial Administration, Carnegie Mellon University, 1976, Technical Report 388.

[39] Serdyukov A. Онекоторых экстремальных обходах в графах[J]. Управляемые системы, 1978, 17: 76-79.

[40] Karpinski M, Lampis M, Schmied R. New Inapproximability Bounds for TSP[J]. Journal of Computer and System Sciences, 2015, 81(8): 1665-1677.

[41] Robbins H. A Theorem on Graphs, with an Application to a Problem of Traffic Control[J]. The American Mathematical Monthly, 1939, 46(5): 281-283.

[42] Roberts F. Discrete Mathematical Models with Applications to Social, Biological, and Environmental Problems[M]. Upper Saddle River: Prentice Hall, 1976.

[43] Tarjan R. Depth-First Search and Linear Graph Algorithms[J]. SIAM Journal on Computing, 1972, 1(2): 146-160.

[44] Ford L Jr., Fulkerson D. Maximal Flow through a Network[J]. Canadian Journal of Mathematics, 1956, 8: 399-404.

[45] Zwick U. The Smallest Networks on Which the Ford-Fulkerson Maximum Flow Procedure May Fail to Terminate[J]. Theoretical Computer Science, 1995, 148(1): 165-170.

[46] Edmonds J, Karp R. Theoretical Improvements in Algorithmic Efficiency for Network Flow Problems[J]. Journal of the ACM, 1972, 19(2): 248-264.

[47] Dinitz Y. Алгоритм решения задачи о максимальном потоке в сети со степенной оценкой[J]. Доклады Академии наук, 1970, 194(4): 754-757.

[48] Goldberg A, Tarjan R. A New Approach to the Maximum-Flow Problem[J]. Journal of the ACM, 1988, 35(4): 921-940.

[49] Goldberg A, Rao S. Beyond the Flow Decomposition Barrier[J]. Journal of the ACM, 1998, 45(5): 783-797.

[50] Orlin J. Max Flows in $O(nm)$ Time, or Better[C]//Boneh D, Roughgarden T, Feigenbaum J. Proceedings of the 45th Annual ACM Symposium on Theory of Computing (STOC). New York: ACM, 2013, 765-774.

[51] Chen L, Kyng R, Liu Y, et al. Maximum Flow and Minimum-Cost Flow in Almost-Linear Time[C]//Proceedings of the IEEE 63rd Annual Symposium on Foundations of Computer Science (FOCS). New York: IEEE, 2022, 612-623.

[52] Gallai T. Über extreme Punkt- und Kantenmengen[J]. Annales Universitatis Scientiarum Budapestinensis, Sectio Mathematica, 1959, 2: 133-138.

[53] Yannakakis M, Gavril F. Edge Dominating Sets in Graphs[J]. SIAM Journal on Applied Mathematics, 1980, 38(3): 364-372.

[54] Norman R, Rabin M. An Algorithm for a Minimum Cover of a Graph[J]. Proceedings of the American Mathematical Society, 1959, 10(2): 315-319.

[55] Dudycz S, Manurangsi P, Marcinkowski J. Tight Inapproximability of Minimum Maximal Matching on Bipartite Graphs and Related Problems[C]//Koenemann J, Peis B. Proceedings of the 19th International Workshop on Approximation and Online Algorithms (WAOA). Cham: Springer, 2021, 48-64.

[56] König D. Graphokés Matrixok[J]. Matematikai és Fizikai Lapok, 1931, 38: 116-119.

[57] Egerváry J. Matrixok Kombinatorius Tulajdonságairól[J]. Matematikai és Fizikai Lapok, 1931, 38: 16-28.

[58] Halldórsson M, Radhakrishnan J. Greed is Good: Approximating Independent Sets in Sparse and Bounded-Degree Graphs[J]. Algorithmica, 1997, 18(1): 145-163.

[59] Zuckerman D. Linear Degree Extractors and the Inapproximability of Max Clique and Chromatic Number[C]//Kleinberg J. Proceedings of the 38th Annual ACM Symposium on Theory of Computing (STOC). New York: ACM, 2006, 681-690.

[60] Dinur I, Safra S. On the Hardness of Approximating Minimum Vertex Cover[J]. Annals of Mathematics, 2005, 162(1): 439-485.

[61] Khot S, Regev O. Vertex Cover Might Be Hard to Approximate to within $2 - \epsilon$[J]. Journal of Computer and System Sciences, 2008, 74(3): 335-349.

[62] Garey M, Johnson D. Computers and Intractability: A Guide to the Theory of NP-Completeness[M]. New York: W. H. Freeman and Company, 1979.

[63] Chvátal V. A Greedy Heuristic for the Set-Covering Problem[J]. Mathematics of Operations Research, 1979, 4(3): 233-235.

[64] Slavík P. A Tight Analysis of the Greedy Algorithm for Set Cover[C]//Miller G. Proceedings of the 28th Annual ACM Symposium on Theory of Computing (STOC). New York: ACM, 1996, 435-441.

[65] Dinur I, Steurer D. Analytical Approach to Parallel Repetition[C]//Shmoys D. Proceedings of the 46th Annual ACM Symposium on Theory of Computing (STOC). New York: ACM, 2014, 624-633.

[66] Paz A, Moran S. Non Deterministic Polynomial Optimization Problems and their Approximations[J]. Theoretical Computer Science, 1981, 15: 251-277.

[67] König D. Über Graphen und ihre Anwendung auf Determinantentheorie und Mengenlehre[J]. Mathematische Annalen, 1916, 77: 453-465.

[68] Визинг В. Об оценке хроматического класса p-графа[J]. Дискретный анализ, 1964, 3: 25-30.

[69] Erdős P, Wilson R. On the Chromatic Index of Almost All Graphs[J]. Journal of Combinatorial Theory, Series B, 1977, 23(2-3): 255-257.

[70] Gabow H. Using Euler Partitions to Edge Color Bipartite Multigraphs[J]. International Journal of Computer & Information Sciences, 1976, 5(4): 345-355.

[71] Cole R, Hopcroft J. On Edge Coloring Bipartite Graphs[J]. SIAM Journal on Computing, 1982, 11(3): 540-546.

[72] Cole R, Ost K, Schirra S. Edge-Coloring Bipartite Multigraphs in $O(E \log D)$ Time[J]. Combinatorica, 2001, 21(1): 5-12.

[73] Holyer I. The NP-Completeness of Edge-Coloring[J]. SIAM Journal on Computing, 1981, 10(4): 718-720.

[74] Misra J, Gries D. A Constructive Proof of Vizing's Theorem[J]. Information Processing Letters, 1992, 41(3): 131-133.

[75] Brooks R. On Colouring the Nodes of a Network[J]. Mathematical Proceedings of the Cambridge Philosophical Society, 1941, 37(2): 194-197.

[76] Euler L. Elementa Doctrinae Solidorum[J]. Novi Commentarii Academiae Scientiarum Imperialis Petropolitanae, 1752-1753, 4: 109-140.

[77] Kuratowski K. Sur le Problème des Courbes Gauches en Topologie[J]. Fundamenta Mathematicae, 1930, 15: 271-283.

[78] Wagner K. Über eine Eigenschaft der ebenen Komplexe[J]. Mathematische Annalen, 1937, 114: 570-590.

[79] Demoucron G, Malgrange Y, Pertuiset R. Graphes Planaires: Reconnaissance et Construction de

Représentations Planaires Topologiques[J]. Revue Francaise de Recherche Operationnelle, 1964, 8(30): 33-47.

[80] Hopcroft J, Tarjan R. Efficient Planarity Testing[J]. Journal of the ACM, 1974, 21(4): 549-568.

[81] Even S, Tarjan R. Computing an st-Numbering[J]. Theoretical Computer Science, 1976, 2(3): 339-344.

[82] Boyer J, Myrvold W. On the Cutting Edge: Simplified $O(n)$ Planarity by Edge Addition[J]. Journal of Graph Algorithms and Applications, 2004, 8(3): 241-273.

[83] Heawood P. Map-Colour Theorem[J]. The Quarterly Journal of Pure and Applied Mathematics, 1890, 24: 332-338.

[84] Appel K, Haken W. Every Planar Map Is Four Colorable[M]. Providence: American Mathematical Society, 1989.

[85] Kempe A. On the Geographical Problem of the Four Colours[J]. American Journal of Mathematics, 1879, 2(3): 193-200.

[86] Appel K, Haken W. Every Planar Map Is Four Colorable. Part I: Discharging[J]. Illinois Journal of Mathematics, 1977, 21(3): 429-490.

[87] Appel K, Haken W, Koch J. Every Planar Map Is Four Colorable. Part II: Reducibility[J]. Illinois Journal of Mathematics, 1977, 21(3): 491-567.

[88] Matula D, Shiloach Y, Tarjan R. Two Linear-Time Algorithms for Five-Coloring a Planar Graph[R]. Stanford: Department of Computer Science, Stanford University, 1980, Technical Report STAN-CS-80-830.

[89] Chiba N, Nishizeki T, Saito N. A Linear 5-Coloring Algorithm of Planar Graphs[J]. Journal of Algorithms, 1981, 2(4): 317-327.

[90] Robertson N, Sanders D, Seymour P, et al. Efficiently Four-Coloring Planar Graphs[C]//Miller G. Proceedings of the 28th Annual ACM Symposium on Theory of Computing (STOC). New York: ACM, 1996, 571-575.